轻而易举

五笔打字与
Word排版

七心轩文化　编著

U0332791

电子工业出版社
Publishing House of Electronics Industry
北京·BEIJING

内 容 简 介

　　本书从键盘布局和指法练习讲起，详细介绍了五笔字型输入法和文档处理的相关知识。全书共分9章，主要内容包括：键盘结构与指法练习、认识汉字输入法、五笔输入法入门、汉字拆分与五笔输入、提高五笔输入速度、初识Word 2016、设置文档格式、实现图文混排，以及页面设置与文档打印。

　　本书注重原理的讲解和技能的提高，采用"试一试+学一学+练一练+想一想"模式，结合办公实例，图文并茂地介绍了使用五笔打字和Word排版的具体操作方法。本书适合广大五笔打字与Word排版爱好者，以及各行各业需要学习五笔打字与Word排版的人员使用。

图书在版编目（CIP）数据

五笔打字与Word排版：畅销升级版 / 七心轩文化编著. -- 北京：电子工业出版社, 2016.1
（轻而易举）

ISBN 978-7-121-27743-6

Ⅰ . ①五… Ⅱ . ①七… Ⅲ . ①五笔字型输入法 - 基本知识②文字处理系统 - 基本知识 Ⅳ . ①TP391.1

中国版本图书馆CIP数据核字(2015)第288429号

策划编辑：牛　勇
责任编辑：石　倩
印　　刷：三河市兴达印务有限公司
装　　订：三河市兴达印务有限公司
出版发行：电子工业出版社
　　　　　北京市海淀区万寿路173信箱　　　　邮编：100036
开　　本：787×1092　　1/16　　　　印张：13.5　　　　字数：320千字
版　　次：2011年1月第1版
　　　　　2016年1月第3版
印　　次：2016年12月第2次印刷
定　　价：35.00元（含光盘1张）

致 读 者

还在为不知如何学电脑而**发愁**吗？

面对电脑问题经常**不知所措**吗？

现在，**不用再烦恼了！** 答案就在眼前。"轻而易举"丛书能帮助你轻松、快速地学会电脑的多方面应用。也许你从未接触过电脑，或者对电脑略知一二，这套书都可以帮助你**轻而易举地学会使用电脑**。

丛书特点

如果你想快速掌握电脑的使用，"轻而易举"丛书一定会带给你意想不到的收获。因为，这套书具有众多突出的优势。

◤ 专为电脑初学者量身打造

本套丛书面向电脑初学者，无论是对电脑一无所知的读者，还是有一定基础、想要了解更多知识的电脑用户，都可以从书中轻松获取需要的内容。

◤ 图书结构科学、合理

凭借深入细致的市场调查和研究，以及丰富的相关教学和出版的成功经验，我们针对电脑初学者的特点和需求，精心安排了最优的学习结构，通过学练结合、巩固提高等方式帮助读者轻松快速地进行学习。

◤ 精选最实用、最新的知识点

图书中不讲空洞无用的知识，不讲深奥难懂的理论，不讲脱离实际的案例，只讲电脑初学者迫切需要掌握的，在实际生活、工作和学习中用得上的知识和技能。

◤ 学练结合，理论联系实际

本丛书以实用为宗旨，大量知识点都融入贴近实际应用的案例中讲解，并提供了众多精彩、颇具实用价值的综合实例，有助于读者轻而易举地理解重点和难点，并能有效提高动手能力。

◤ 版式精美，易于阅读

图书采用双色印刷，版式精美大方，内容含量大且不显拥挤，易于阅读和查询。

◤ 配有精彩、超值的多媒体自学光盘

各书配有多媒体自学光盘，包含数小时的图书配套精彩视频教程，学习知识更加轻松自如！光盘中还免费赠送丰富的电脑应用教学视频或模板等资源。

阅读指南

"轻而易举"丛书采用了创新的学习结构，图书的各章设置了4个教学模块，引领读者由浅入深、循序渐进地学习电脑知识和技能。

■ 试一试

学电脑是为了什么？当然是为了使用。可是，你知道所学的知识都是做什么用的吗？很多电脑用户都是在实际应用中学到了最有价值的知识。这个模块就是通过一个简单实例带你入门，让你了解本章要学习的知识在实际应用中的用途或效果，也起到了"引人入胜"的目的。

■ 学一学

学习通常都是枯燥的，但是，"轻而易举"丛书打破了这个"魔咒"。通过完成一个个在使用电脑时经常会遇到的任务，使你在不知不觉中已经掌握了很多必要的知识和技能。这个模块就是将实用的知识融入大大小小的案例，让读者在轻松的氛围中进行学习。

■ 练一练

实践是最有效的学习方法，这个模块通过几个综合案例帮助读者融会贯通所学的重点知识，还会介绍一些提高性知识和小技巧。各案例讲解细致、效果典型、贴近实际应用，通常是用户使用电脑最经常用到的操作。

■ 想一想

这个模块包括两部分内容："疑难解答"就读者在学习过程中最常遇到的问题进行解答，所列举的问题大部分来源于广大网友的热门提问；"学习小结"帮助读者梳理所学的知识，了解这些知识的用途。

丛书作者

本套丛书的作者和编委会成员均是多年从事电脑应用教学和科研的专家或学者，有着丰富的教学经验和实践经验，这些作品都是他们多年科研成果和教学经验的结晶。本书由七心轩文化工作室编著，参加本书编写工作的有：罗亮、孙晓南、谭有彬、贾婷婷、刘霞、黄波、朱维、李彤、宋建军、范羽林、叶飞、刘文敏、宗和长、徐晓红、欧燕等。由于作者水平有限，书中疏漏和不足之处在所难免，恳请广大读者及专家不吝赐教。

结束语

亲爱的读者，电脑没有你想象的那么神秘，不必望而生畏，赶快拿起这本书，投身于电脑学习的轻松之旅吧！

目 录

第1章 键盘结构与指法练习

第2章 认识汉字输入法

第3章　五笔输入法入门

第4章　汉字拆分与五笔输入

第5章　提高五笔输入速度

第8章　实现图文混排

第9章　页面设置与文档打印

试一试 学一学 练一练 想一想

试一试 学一学 练一练 想一想

试一试 学一学 练一练 想一想

第1章

键盘结构与指法练习

本章要点：
- ◪ 键盘结构
- ◪ 键盘操作
- ◪ 指法训练

Chapter

1

学生：老师，我最近想学五笔字型输入法，该从何学起呢？

老师：键盘是电脑最基本的输入设备之一，因此要想学好五笔打字，首先就要熟练掌握键盘的使用方法。

学生：键盘上的按键太多了，怎样才能熟练使用键盘呢？

老师：学任何知识都要循序渐进，你要通过学习和训练来熟记各按键的位置，并在一开始使用键盘时就要严格按照手指分工进行操作，逐渐养成"盲打"的习惯。

键盘是电脑最基本的输入设备，由一些按键组成。我们通过操作键盘，可以向电脑发出指令，也可以直接输入英文字母、数字和标点符号等信息。本章将对键盘的结构及指法练习进行介绍，掌握本章知识，可以为学习五笔字型输入法打下良好的基础。

试一试 1.1 初识键位并尝试输入英文字母 》》

目前市场上常见的键盘包括104键盘和107键盘，如图1.1所示为107键盘的外观。在该图中，你能找到"Enter"键吗？能找到印有英文字母"A"的键位吗？

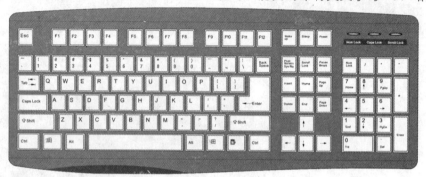

☑ 图1.1

试着按下面的操作步骤在"记事本"程序中输入一些字母。

01 单击"开始"按钮，在弹出的"开始"菜单中单击"所有应用"命令，如图1.2所示。

☑ 图1.2

02 在展开的程序列表中单击"Windows 附件"命令，在展开的列表中单击"记事本"命令，如图1.3所示。

☑ 图1.3

03 此时将打开"记事本"窗口，如图1.4所示。该窗口的组成非常简单，由标题栏、菜单栏和编辑区3部分组成。编辑区中有一个闪烁的竖线"I"，叫作光标插入点，在光标插入点处便可输入相应的内容。

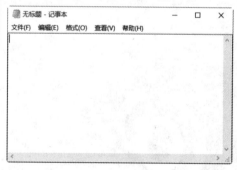

☑ 图1.4

04 在键盘上找到对应的按键并敲击，尝试在"记事本"窗口中输入字母"wo ai wo de guo"（"我爱我的国"的拼音），在两个词之间要敲击空格键，最终效果如图1.5所示。

提示

键盘是实现电脑操作的重要工具，每个按键都具有一定的功能。在英文输入状态下，每敲击一次键盘上的按键，便可输入对应的英文字母。

■ 图1.5

学一学 1.2 认识键盘 》》

　　键盘上有许多按键，按照各按键的功能和排列位置，可将键盘划分为主键盘区、编辑控制键区、数字小键盘区、功能键区和状态指示灯区5个部分，如图1.6所示。

■ 图1.6

1.2.1 主键盘区 》》》

　　主键盘区也称打字键区，是键盘的基本区域，也是使用最频繁的一个区域，主要用于文字、符号及数据等内容的输入。主键盘区是键盘中键位最多的一个区域，由字母键"A"~"Z"、数字与符号键，以及一些特殊控制键组成，如图1.7所示。

■ 图1.7

>> >> **■ 字母键 ■**

　　字母键位于主键盘区的中心，键面上印有大写英文字母，包括从"A"~"Z"的26个字母键，如图1.8所示。按下某个键位，便可输入对应的小写英文字母。

■ 图1.8

[技巧]

如果要输入大写英文字母，先按住"Shift"键不放，再按下相应的字母键即可。

>> >> **■ 数字与符号键 ■**

　　数字与符号键位于字母键的上方和右方，共计21个，且每个键面上都有上下两种字符，因而又称双字符键，如图1.9所示。

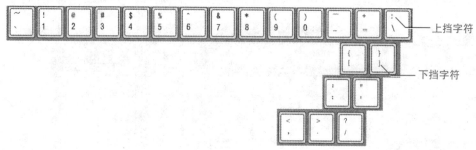

上挡字符

下挡字符

■ 图1.9

　　在数字与符号键的键面上，上面的符号称为上挡字符，下面的符号称为下挡字符，主要包括数字、标点符号、运算符号和其他符号。如果直接按下数字与符号键，会输入相应键的下挡字符，即对应的数字或符号；如果按住"Shift"键的同时再按下数字与符号键，会输入上挡字符。

>> >> **■ 特殊控制键 ■**

　　特殊控制键主要包括"Tab"键、"Caps Lock"键、"Shift"键、"Ctrl"键、Windows键、"Alt"键和空格键等，如图1.10所示。

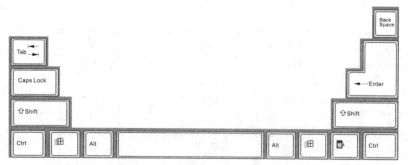

■ 图1.10

　　■ **"Tab"键**：称为制表键，每按一次该键，光标向右移动8个字符。该键多用于文字处理中的格式对齐操作，也可用于文本框间的切换。

　　■ **"Caps Lock"键**：称为大写字母锁定键，用于大小写字母输入状态的切换。系统默认状态下，输入的英文字母为小写，按下该键后，可将字母键锁定为大写状态，此时输入的字母为大写字母；再次按下该键可取消大写锁定状态。

- **"Shift"键**：称为上挡键，在主键盘区的左下边和右下边各有一个，作用相同。该键用于输入上挡字符，及大小写字母的临时切换。
- **"Ctrl"键**：称为控制键，在主键盘区的左下角和右下角各有一个，通常和其他键组合使用，是一个供发布指令用的特殊控制键。
- **Windows键**：又称"开始"菜单键，位于"Ctrl"键和"Alt"键之间，该键键面上标有Windows徽标。在Windows操作系统中，按下该键可弹出"开始"菜单。
- **"Alt"键**：称为转换键，在主键盘区的左右各有一个，通常与其他键组合使用。
- **空格键**：位于主键盘区的最下方，是键盘上唯一没有标识且最长的键。按下该键时会输入一个空格，同时光标向右移动一个字符。
- **右键菜单键**：该键位于右"Ctrl"键的左边，按下该键后会弹出相应的快捷菜单，其功能相当于单击鼠标右键。
- **"Enter"键**：称为回车键，位于右"Shift"键的上方，是电脑操作中较为常用的键。该键有两个作用，一是确认并执行输入的命令，二是在录入文字时按下该键可实现换行，即光标移至下一行行首。
- **"BackSpace"键**：称为退格键，位于"Enter"键的上方，按下该键可删除光标前1个字符或选中的文本。

1.2.2 编辑控制键区 >>>

编辑控制键区位于主键盘区右侧，集合了所有对光标进行操作的键位及一些页面操作功能键，用于在进行文字处理时控制光标的位置，如图1.11所示。

- **"Print Screen SysRq"键**：称为屏幕复制键，按下该键可将当前屏幕内容以图片的形式复制到剪贴板中。

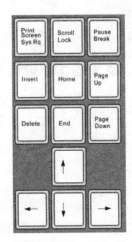

▪ 图1.11

提示

将屏幕内容以图片的形式复制到剪贴板后，可在画图软件、其他图像处理软件或Word等程序中粘贴该图片。

- **"Scroll Lock"键**：称为滚屏锁定键。一些软件会采用相关技术让屏幕自行滚动，按下该键可让屏幕停止滚动，再次按下该键可让屏幕恢复滚动。

提示

一般情况下，电脑处于开机或待机状态时，该键对应的指示灯为发亮状态，因此很多用户把它作为电脑运行状态的指示灯。

- **"Pause Break"键**：称为暂停键，开机时，在没进入操作系统之前的DOS界面中显示自检内容时按下此键，会暂停信息翻滚，之后按任意键即可继续。
- **"Insert"键**：称为插入键。编辑文档时，按下该键可在插入状态与改写状态之间进行切换。

> **注意**
>
> 若处于插入状态，输入字符时光标右侧的字符将向右移动一个字符位置；若处于改写状态，输入的字符将覆盖光标后的字符。

- **"Delete"键**：称为删除键。在录入文字时，按下该键会删除光标右侧的一个字符。
- **"Home"键**：称为行首键。在文字处理软件环境下，按下该键，光标会快速移至当前行的行首。按下"Ctrl+Home"组合键，光标会快速移至整篇文档的首行行首。
- **"End"键**：称为行尾键，该键的作用与"Home"键相反，按下该键后光标会快速移至当前行的行尾。按下"Ctrl+End"组合键，光标会快速移至整篇文档的最后一行行尾。
- **"Page Up"键**：称为向上翻页键。编辑文档时，按下该键可将文档向前翻一页。
- **"Page Down"键**：称为向下翻页键，该键的作用与"Page Up"键相反，按下该键可将文档向后翻一页。
- **"↑"键**：称为光标上移键，按下该键，光标上移一行。
- **"↓"键**：称为光标下移键，按下该键，光标下移一行。
- **"→"键**：称为光标右移键，按下该键，光标向右移一个字符。
- **"←"键**：称为光标左移键，按下该键，光标向左移一个字符。

> **提示**
>
> "↑"、"↓"、"→"和"←"键统称为光标移动键，移动光标位置时，文字和图片不会随之一起移动。

1.2.3 数字小键盘区 》》》

数字小键盘区位于光标控制键区的右边，共17个键位，主要包括数字键和运算符号键等，适合银行职员、财会人员等经常接触大量数据信息的专业用户使用，如图1.12所示。

数字小键盘区中有一个"Num Lock"键，称为数字锁定键，用于控制数字小键盘区上下挡的切换。系统默认状态下，按下某个数字键后可直接输入相应的数字。按下"Num Lock"键后，数字键区处于光标控制状态，此时无法输入数字。再次按下该键，可返回数字输入状态。

图1.12

1.2.4 功能键区 》》》

功能键区位于主键盘区的上方，由"Esc"、"F1"～"F12"键，以及"Power"、"Sleep"和"Wake Up"3个电源控制键组成，主要用来完成某些特殊的功能，如图1.13所示。

图1.13

- ✏ **"Esc"键**：称为强行退出键，其功能是取消输入的指令、退出当前环境或返回原菜单。
- ✏ **"F1"~"F12"键**：在不同的程序或软件中，"F1"~"F12"键各自的功能有所不同。例如按下"F1"键一般会打开帮助菜单，按下"F5"键会刷新当前窗口，按下"F10"键会激活当前程序的菜单栏。

提示

"F1"~"F12"键还常与其他控制键组合使用，例如使用"Alt+F4"组合键可关闭当前窗口。

- ✏ **"Wake Up"键**：称为唤醒睡眠键，按下该键可使电脑从睡眠状态恢复到初始状态。
- ✏ **"Sleep"键**：称为睡眠键，按下该键可使电脑处于睡眠状态。
- ✏ **"Power"键**：称为关机键，按下该键可关闭电脑电源。

1.2.5 状态指示灯区 »»

状态指示灯区位于功能键区的右侧，共有3个指示灯，主要用于提示键盘的工作状态，如图1.14所示。

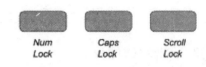

✏ 图1.14

- ✏ **"Num Lock"指示灯**：由数字小键盘区的"Num Lock"键控制，该灯亮时，表示数字小键盘区处于数字输入状态。
- ✏ **"Caps Lock"指示灯**：由主键盘区的"Caps Lock"键控制，该灯亮时，表示字母键处于大写状态。
- ✏ **"Scroll Lock"指示灯**：由编辑控制键区的"Scroll Lock"键控制，该灯亮时，表示屏幕被锁定。

学一学 1.3 键盘操作 »»

经过前面的学习，我们已经了解了键盘的键位分布，以及各个键位的功能。为了能熟练地操作键盘，还应掌握手指的键位分工、操作键盘的正确姿势等知识。

1.3.1 认识基准键位 »»

主键盘区是最常用的键区，通过它可以实现各种文字和控制信息的录入。在主键盘区的正中央有8个基准键位，包括"A"、"S"、"D"、"F"、"J"、"K"、"L"和";"，如图1.15所示。其中，"A"、"S"、"D"和"F"键为左手的基准键位，"J"、"K"、"L"和";"为右手的基准键位。

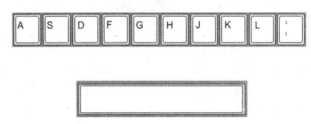

✏ 图1.15

基准键位的正确指法为：开始打字前，先将左手食指轻放在"F"键上，右手食指轻放在"J"键上，然后将左手的小指、无名指和中指依次放在"A"、"S"和"D"键上，右手的中指、无名指和小指依次放在"K"、"L"和";"键上，最后将双手的大拇指轻放在空格键上，如图1.16所示。

◢ 图1.16

技巧

基准键位中的"F"键和"J"键键面上各有一个突起的小横杠或小圆点，这是两个定位点。操作者在不看键盘的情况下，可通过凭借手指触觉迅速定位左右手食指，从而寻找到基准键位。

1.3.2 手指的键位分工 >>>

手指的键位分工是指手指和键位的搭配，即将键盘上的按键合理地分配给10个手指，让每个手指都有明确的分工，在击键时各司其职。

除了已经分配的8个基本键位外，主键盘区中的其他按键都将采用与8个基准键位相对应的位置（简称相对位置）来记忆。例如，放置于"D"键上的左手中指，往上移动可敲击"E"键，往下移动可敲击"C"键。

除了两个大拇指只负责空格键外，其余8个手指各有一定的活动范围，每个手指负责一定范围的键位，如图1.17所示。

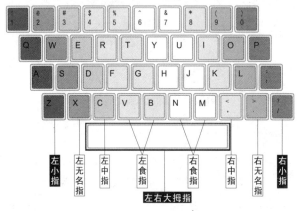

◢ 图1.17

◢ **左手食指**："4"、"5"、"R"、"T"、"F"、"G"、"V"和"B"键。

◢ **左手中指**："3"、"E"、"D"和"C"键。

◢ **左手无名指**："2"、"W"、"S"和"X"键。

◢ **左手小指**："1"、"Q"、"A"、"Z"键及其左边的所有键。

◢ **右手食指**："6"、"7"、"Y"、"U"、"H"、"J"、"N"和"M"键。

◢ **右手中指：** "8"、"I"、"K"和","键。

◢ **右手无名指：** "9"、"O"、"L"和"."键。

◢ **右手小指：** "0"、"P"、";"、"/"键及其右边的所有键。

提示

除了主键盘区有明确的手指分工外，数字小键盘区也讲究手指分工。数字小键盘区由右手操作，大拇指负责"0"键，食指负责"1"、"4"和"7"键，中指负责"2"、"5"和"8"键，无名指负责"3"、"6"和"9"键。其中，"4"、"5"和"6"3个键为基准键位，而"5"键为定位键，与主键盘区中"F"键和"J"键的作用相同，如图1.18所示。

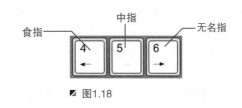
◢ 图1.18

1.3.3 操作键盘的正确姿势 >>>

无论是娱乐还是办公，操作键盘时都应该保持正确的坐姿，这样能减轻使用电脑的疲劳，防止长期使用电脑对身体造成的危害，并能提高击键速度和准确性。如图1.19所示为正确的操作姿势。

掌握正确的操作姿势，要做到以下几点。

◢ 人体正对键盘，腰背挺直，双脚自然落地，身体距离键盘20cm左右。

◢ 两臂放松自然下垂，两肘轻贴于体侧，与身体保持5~10cm距离，两肘关节接近垂直弯曲，敲打键盘时，手腕与键盘下边框保持1cm左右的距离。

◢ 椅子高度适当，眼睛稍向下俯视显示器，应在水平视线以下15°～20°左右，尽量使用标准的电脑桌椅。

◢ 图1.19

◢ 将键盘空格键对准身体正中，手指保持弯曲、形成勺状放于键盘的基本键位上，左右手的拇指则轻放在空格键上，然后稳、快、准地击键，力求实现"盲打"。

◢ 将文稿稍斜放于电脑桌的左边，使文稿与视线处于平行，打字时眼观文稿，身体不要跟着倾斜。

注意

长时间使用电脑，容易使眼睛产生疲劳，对视力造成影响。因此，在使用电脑一段时间后，可以采用远眺、做眼保健操等方式减轻眼睛的负担。

1.3.4 盲打技巧 >>>

熟悉键盘的用户（如打字员）在电脑上输入文字时，眼睛注视文稿和屏幕而不看键盘，这种键盘输入法称为"触觉式输入法"（俗称"盲打"）。盲打的输入速度非常快，要求操作者对键盘上的各个键位都非常熟悉，并能够快速准确地击键。

初学者在操作键盘时，一定要严格按照手指分工进行操作，逐渐养成"盲打"的习惯。采用正确的击键方法，主要需要做到以下几点。

- 击键前，除拇指外的8个手指垂放在各自的基准键上。指关节自然弯曲，略微拱起，指头放在按键中部。
- 击键时，只有击键手指做动作，其他手指放在基准键位上不动，且手指和手腕要灵活，不要靠手臂的运动来找键位。
- 击键后，手指要立刻回到基准键位上，准备下一次击键。

注意

击键时应以指头快速击键，而不要以指尖击键，要体会是"敲"键位，而不是用力"按"。

1.4 指法练习 >>

初学者在掌握了手指的键盘分工和正确的击键方法后，还需要进行大量的输入练习，才能熟记各键的位置，实现"运指如飞"。在练习过程中，应注重提高准确率，在正确的前提下逐步提高输入速度。

在电脑上练习指法时，需要先打开练习软件，如"记事本"程序（打开方法为：单击"开始"按钮，在弹出的"开始"菜单中依次单击"所有程序"→"附件"→"记事本"命令），然后将光标插入点定位在文本编辑区就可以开始练习了。

1.4.1 练习输入英文字符 >>>

启动"记事本"程序后，默认为英文输入状态，可直接输入英文，此时读者便可按照由简到繁、由易到难的顺序练习指法，培养手感。只要读者按照顺序反复练习，相信不久就能达到"运指如飞"的境界。

>>> **基准键位练习**

双手大拇指轻放在空格键上，其余8个手指分别放在相应的基准键位上，重复输入基准键位上的字符，培养手指的感觉。

aaaa ssss dddd ffff jjjj kkkk llll ;;;; ffff jjjj aaaa kkkk
dddd llll ssss jjjj dddd ffff kkkk aaaa llll ;;;; dddd jjjj

>>> **基准键位的混合练习**

混合输入8个基准键位上的字符。左右手协同按键，以加深对基准键位的印象。

asdf jkl; alds jl;d klja dak; sjkl ;asj dds; jaal jal; sa;j
dlfa fkjj kfs; lakj djsl f;as lk;a dlaf jks laf; s;kd kds;

>>> **非基准键位的练习**

严格按照手指分工，重复输入以下字符，以熟悉每个手指应敲击的键位。

bqer yuzp mtvt icox nuiq wgve uect cqhv zuyi xige ponc
mwrt yihw qion euxz mhng ione vxnt chtv wipc ebuz pnbq

>>> **混合练习**

尽量不看键盘，严格按照手指分工，凭记忆输入以下字符。

moze uinz finq wapg hsrx ydkv tl;b u;zy ifoz szvb dyju

best coin folk junk lift w;ev xqzm hd;c rsgp lqge hgcw

>>> **输入大写字母**

按下"Caps Lock"键切换至英文大写字母输入状态，反复输入以下大写字母。

JIQF MATE POZR WHSD LBKY CENB FMGX OAEU VLJT

NIDJ PNQE HIQC MRAS XTZV GDKY BOWH IWCV NOPF

>>> **大、小写混合练习**

在不使用"Caps Lock"键的情况下，可通过按下"Shift"键来输入大写字母，以便在大、小写字母间快速切换。按照击键规则，反复输入以下字符，练习大、小写字母的输入。

mOjW Coin UJae rXZP keDf hGVl SqEz Yaer XqZM LQge

BQgP Uifr nEmq Dxve pwNu KtAG ArTq fJOz ndYf yaEr

1.4.2 练习输入数字和符号 >>>

在练习输入数字和符号时，注意结合"Shift"键输入上挡符号。

>>> **利用主键盘区输入数字和符号**

利用主键盘区中的数字和符号键，练习输入以下数字和符号，熟悉数字和符号的输入方法。

`123 4567 890- =\[] ;/,' .~!@ #$%^ &*() _+!? {}:" <>@5

8.61 9+4= 25>6 8/9* 2!+? {3}0 51%< |1l& " " :: 7^$; 8\0.

>>> **使用数字小键盘区输入数字**

按照数字小键盘区的击键规则，反复输入以下数字和运算符号，以熟悉数字小键盘区的操作。

6523 1892 470* 70.9 1*/2 0759 1357 2468 5+63 4*97 20-8

47/6 92-5 8*67 2/10 2.94 12*9 36/1 67+8 47-9 10.9 28/9

1.4.3 使用金山打字通练习键盘操作 >>>

为了能熟记键盘各键位的位置，并提高手指的击键速度，可使用专业指法练习软件练习指法，如金山打字通、五笔打字员等，这些软件均可在网上下载。

下面以"金山打字通2013"程序为例，讲解如何通过软件进行指法练习。

01 在系统桌面上双击"金山打字通2013"图标，启动该程序，如图1.20所示。

▪ 图1.20

02 进入"金山打字通2013"主界面，第一次进入时会弹出"登录"窗口，设置用户名后单击"下一步"按钮，如图1.21所示。

▨ 图1.21

如果已经注册了金山打字通的账户，可以单击右上角的"登录"按钮，输入用户名和密码后登录。

03 单击"新手入门"命令，第一次使用时会弹出"自由模式"和"关卡模式"进行选择，用户可根据自身情况选择，如图1.22所示。

▨ 图1.22

04 "新手入门"窗口中包含了"打字常识"、"字母键位"、"数字键位"、"符号键位"和"键位纠错"选项，用户可以依次练习，也可以选择某一个选项练习，此处单击"字母键位"，如图1.23所示。

▨ 图1.23

05 进入"字母键位"界面，需要练习的键位和该键位应该使用的手指均以蓝色强调显示，按下该键之后自动跳至下一键位。如果输入错误会在键盘上显示错误符号。成功完成第一关的输入后，会自动进入下一关的练习。在键盘的下方，显示了练习的时间、速度、进度和正确率，以查看练习情况，如图1.24所示。

▨ 图1.24

06 "字母键位"的练习完成后，单击左上角的"返回"按钮可以返回"新手入门"界面，此处可选择其他选项进行练习，再次单击左上角的"返回"按钮可以返回金山打字通主界面，选择"英文打字"进入更复杂的练习，如图1.25所示。

■ 图1.25

提示

在"新手入门"界面单击"数字键盘"按钮，可在打开的键盘中进行数字输入练习。单击键盘下方的"小键盘"按钮，可以进行数字小键盘区的指法练习。

07 在"英文打字"界面中有单词练习、语句练习和文章练习三个选项，难度由简至难，此处先选择"单词练习"，如图1.26所示。

■ 图1.26

08 在"单词练习"界面中，上方的文本框显示需要输入的英文单词，单词对应的键盘呈蓝色显示，并在文本框下方显示该单词的释意，如图1.27所示。

■ 图1.27

提示

单词练习中区分大小写输入，当示范单词显示大写时，按下Caps Lolck进入大写输入法状态。

完成练习后，单击练习界面右上角的"关闭"按钮，可退出练习，并将金山打字通软件最小化到右下角的通知区域。如果要再次显示金山打字通软件，可在桌面上单击金山打字通图表，或单击通知区域的金山打字通小图标。

练一练 **1.5** 输入一篇英文文章 >>

请读者严格按照手指分工，练习输入下面的一段英文。注意，每个单词之间必须留一个空格（按下空格键即可），每段输入完成后，按下"Enter"键换行。在输入过程中应尽量不看键盘，以实现盲打。

Managing Your Stress

Put problems in perspective

Sometimes we worry about things that never happen. In reviewing the problems causing you stress, think about the advice you would give a friend in the same situation. How important is the situation in the course of your life? In a year? In a week? Decide what is worth struggling for and let go of unimportant hassles. Research has shown that the act of writing about an event has helped individuals cope with trauma or stressful times. Writing for some people can be therapeutic and may help put problems in perspective.You may want to keep a personal journal where you can express your deepest thoughts and feelings. You do not have to write well. Just try to let your thoughts and feelings flow uninhibited, without judgement!

Keep a positive attitude

If you are someone who tends to focus on the negative, thinking positively may be a new skill for you. One way to keep a positive attitude about yourself is by writing down and saying several affirmations.Affirmations are strong, supportive statements about yourself such as "I am a confident and capable person who can handle challenges." It's hard to feel defeated when your self-talk is positive. Another technique for reducing stress is positive visualization. When confronted with a problem, try to visualize the outcome that you want.This technique is used by sport professionals with tremendous success. You too can champion your cause by mentally picturing positive results.Sometimes people are faced with unfortunate circumstances that can not be changed. In these instances, it may help to think about some of the assets and resources that you have that can support you and help you cope(e.g.family, friends, skills, education, money, good health).

想一想 1.6 疑难解答 >>

问 104键盘和107键盘有什么区别？

答 通过前面的学习，相信用户已经对107键盘的结构有所了解了。与107键盘相比，104键盘仅仅是少了"Power"、"Sleep"和"Wake Up"3个电源控制键，其他大部分键位及其功能都是相同的，键盘手指分工与操作方法也一样。104键盘的外观如图1.28所示。

◢ 图1.28

问 进行打字练习时还需注意哪些方面？

答 对于初学者来说，只有使用正确的方法，加以大量的练习才能提高打字速度，并在练习过程中熟记各键位的位置，才不易遗忘。初学者在进行打字练习时，还应注意以下几点。

▧ 一定要按照键位分工将手指放在正确的键位上。

▧ 有意识慢慢地记忆键盘上各个字符的位置，体会不同键位被敲击时手指的感觉，逐步养成不看键盘的输入习惯。

▧ 进行打字练习时必须集中注意力，做到手、脑、眼协调一致，尽量避免边看原稿边看键盘，这样容易分散记忆力。

▧ 初级阶段的练习即使速度慢，也一定要保证输入的准确性。

问 在操作键盘时，有没有抗疲劳的技巧？

答 键盘操作是一项劳动强度较大的工作，下面列出一些抗疲劳的技巧。

▧ 身体挺直，将重心置于椅子上，稍靠键盘右方，两腿平放。

▧ 手指轻放于规定的按键上，手腕平直。

▧ 击键速度果断，稳、准、快地弹击，且击键力度要适中，如果用力过大会损坏键盘，而且手指易疲劳。

想一想 1.7 学习小结 >>

　　键盘是电脑最基本的输入设备，熟练使用键盘是高效应用电脑的关键因素之一。只要了解了键盘的结构，掌握手指的键位分工，以及进行大量的指法练习，便可提高键盘操作水平，并为学习五笔打字打下良好的基础。

本章要点：
▨ 汉字输入法简介
▨ 输入法设置
▨ 微软拼音输入法
▨ 搜狗拼音输入法
▨ 紫光华宇拼音输入法
▨ 初步了解五笔字型输入法

Chapter

第2章
认识汉字输入法

学生：老师，我现在想用电脑写一篇日记，可是
　　　按下键盘上的键位后只能输入英文字符，
　　　这是怎么回事啊？

老师：这是因为电脑内部的编码采用的是英文，
　　　所以要想输入汉字，就必须使用汉字输入
　　　法。

学生：原来是这么回事啊，老师，你快教我汉字
　　　输入法的使用吧！

在使用电脑的过程中，输入汉字是非常频繁的操作，这就涉及到汉字输入法的使用。除了五笔字型输入法之外，还有很多拼音输入法也可以用来输入汉字。本章将简单介绍几种常用的拼音输入法，并对五笔字型输入法做一个初步的了解。

2.1 试着输入汉字 >>

通过汉字输入法，可以将输入的英文字母转换成汉字信息，常用的汉字输入法有五笔字型输入法、微软拼音输入法和搜狗拼音输入法等。在输入之前，先打开文字处理软件的窗口，切换到相应的汉字输入法状态，然后才能输入。下面以输入"国家"为例进行讲解。

01 打开"记事本"窗口，将光标插入点定位在编辑区，然后通过按"Ctrl+Shift"组合键切换到需要的输入法，如搜狗拼音输入法，此时会出现该输入法的状态栏。

02 依次击键输入"guojia"，将在候选框中看到汉字，如图2.1所示。

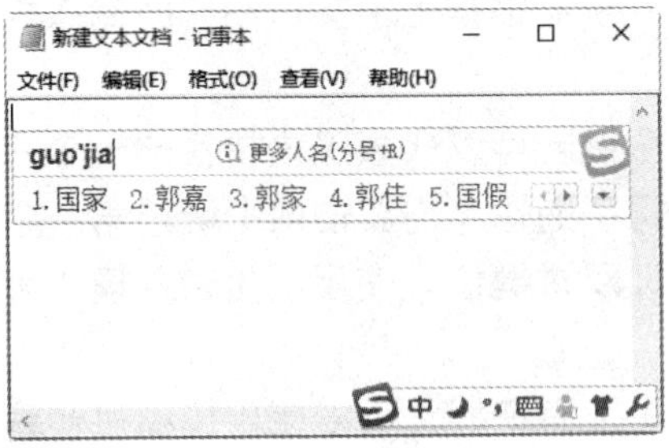

03 按下空格键或"1"键，即可在编辑区中输入"国家"一词，如图2.2所示。

■ 图2.2

■ 图2.1

2.2 汉字输入法简介 >>

默认情况下，按下键盘上的某个键位将直接输入英文字符。如果要在电脑中输入汉字，就必须使用汉字输入法。那么，常见的汉字输入法有哪些呢？它们又有哪些不同？本节将对这些疑点进行解答。

2.2.1 汉字输入法的分类 >>>

汉字输入法的种类很多，如五笔字型输入法、拼音输入法和区位码输入法等，并且这些输入法还可以进一步细分。尽管汉字输入法有很多种，但就其编码方式来说，主要分为以下3种。

◢ **音码**：以汉字的读音为基准对汉字进行编码。这类输入法简单易学，不需要特殊的记忆，直接输入拼音便可输入汉字。但是，这类输入法重码率高，难于处理不认识的生字，且输入速度相对较慢。目前常见的有搜狗拼音输入法、Windows操作系统自带的微软拼音输入法等。

- **形码**：根据汉字的字形进行编码，具有重码少、不受方言干扰等优点。即使发音不准或者不认识部分汉字也不影响汉字的输入，从而达到较高的输入速度。但是，这类输入法要求记忆编码规则、拆字方法和原则，因此学习难度较大。目前常见的有五笔字型输入法。

- **音形码**：根据汉字的读音特征和字形特征进行编码。这类输入法的优缺点介于音码和形码之间，需要记忆输入规则及方法，且存在一定的重码。目前常见的有二笔输入法。

2.2.2 几种常见的汉字输入法 >>>

无论是音码、形码，还是音形码，目前都有着自己的用户群体，初学者可以根据自己的需求选择合适的汉字输入法。下面对几种常见汉字输入法的特点进行介绍，供读者参考学习。

>>> **微软拼音输入法**

微软拼音输入法是一种基于语句的智能型拼音输入法，它集拼音输入、手写输入和语音输入为一体，具有强大的功能，主要包括以下几个方面。

- **中英文混合输入**：在这种输入模式下，用户可以连续地输入英文单词和汉语拼音，而不必切换中英文输入状态。微软拼音输入法会根据上下文自动判断输入类型，然后做相应的转换。

- **双拼输入**：在双拼输入模式下，电脑键盘的一个键既可以代表汉语拼音的一个完整声母，也可以代表一个完整的韵母，每一个汉字的输入需要击两个键，第一个键为声母，第二个键为韵母。用户还可以自定义双拼键位。使用双拼输入模式可以减少击键次数，提高汉字输入的速度。

- **模糊音输入**：如果用户对自己的普通话发音不是很有把握，可以使用模糊拼音输入模式。在此输入模式下，微软拼音输入法会把容易混淆的拼音组成模糊音对，当用户输入模糊音对中的一个拼音时，另一个也会出现在候选框中。

- **使用带声调输入**：在汉语拼音的输入过程中，用户可以在每个拼音的最后加上汉字的声调作为音节区分，这将减少汉字的重码率。带声调输入汉字可以提高汉字输入的准确率，但在中英文混合输入或逐键提示状态下是不支持带声调输入的。

>>> **全拼输入法**

全拼输入法是一种音码输入法，它直接利用汉字的拼音字母作为汉字代码，用户只要掌握最基本的拼音知识即可进行汉字输入。全拼输入法的主要功能特点如下。

- **词语输入**：全拼输入法增加了词语输入的功能，只需输入一个词语的完整拼音即可。

- **模糊输入**：全拼输入法支持"？"通配符，当不清楚发音时可以输入"？"（多位查询可输入多个"？"），它代表任意一位合法编码。

- **快速输入偏旁部首**：在全拼输入法状态下直接输入"pianpang"（"偏旁"的拼音）后，候选框中就会出现各种偏旁，若需要的偏旁不在其中，可以按下"+"（或"－"）键向前（或向后）翻页进行选择。

>>> 智能ABC输入法

智能ABC输入法是一种音形码输入法，它以输入快捷、需记忆编码少和输入方法多等特点赢得了不少用户的青睐。智能ABC输入法的主要功能特点如下。

■ **全拼词组输入**：全拼录入的编码规则同前面介绍的全拼输入法类似，它也是按照汉语拼音进行输入，其输入过程和书写汉语拼音时一致，但它可以一次输入多个汉字的拼音。

■ **简拼输入**：如果对汉语拼音掌握得不是很好，可使用简拼输入。简拼的编码规则是取各个音节的第一个字母，对于包含复合声母如"zh"、"ch"和"sh"等的音节，可以取前两个字母组成。

■ **混拼输入**：混拼输入不仅能减少编码的击键次数，还能减少重码率。混拼的编码规则是，对两个音节以上的词语，一部分用全拼，一部分用简拼。例如，要输入"新年"，只需输入"xinn"，然后按下空格键，在出现的候选框中选择要输入的词语即可。

■ **笔形输入**：在不会汉语拼音或不知道某个字的读音时，可以用笔形输入。笔形输入的编码规则是按照基本的笔划形状，共分为8类，用数字1~8作为代码，取码时按照笔顺即写字的习惯，最多取6笔。要采用笔形输入，需要在智能ABC输入法的属性中进行设置。

>>> 搜狗拼音输入法

搜狗拼音输入法是当前网上较流行、用户好评率较高的拼音输入法。搜狗拼音输入法将Internet中出现的新词、热词收入到词库中，无论是软件名，还是电视剧名或歌手名，使用它都能快速地打出。

使用搜狗拼音输入法，除了通过常规的全拼、简拼和混拼3种输入方式输入汉字外，还可通过网址模式和人名模式等方式快速输入需要的内容。

■ **网址输入模式**：搜狗拼音输入法提供了网址输入模式，使用户能够在中文输入状态下快速输入网址。只要键入以"www."、"http:"和"mailto:"等开头的字符时，会自动进入英文输入状态，然后便可输入诸如"baidu.com"之类的网址。

■ **人名输入模式**：搜狗拼音输入法提供了人名输入模式，通过该模式可快速输入人名。例如键入拼音"zhangxueyou"，搜狗拼音输入法会自动组出一个或一个以上人名，且第一个以红色显示。

>>> 王码五笔型输入法

王码五笔型输入法是一种形码输入法，是最早的五笔字型输入法。王码五笔型输入法具有以下几个显著特点。

■ 不受汉字读音影响，只要能写出汉字，即可正确打出该字。

■ 使用王码五笔型输入法不仅能输入单字，还能输入词组，打字速度较拼音输入法提高了很多。

■ 使用王码五笔型输入法，无论多复杂的汉字或词组，最多击键4次便可输入。

■ 王码五笔型输入法可以简码方式输入汉字，有的汉字只需击键1~3次就可输入。

■ 和其他输入法相比，王码五笔型输入法的重码较少。

>>> ■ **极点五笔输入法** ■

极点五笔输入法是目前用户使用较多的五笔字型输入法之一，由于该输入法以王码五笔型输入法为蓝本进行编码，因此使用该输入法输入汉字的方法与王码五笔完全一致。

提 示

由于搜狗拼音输入法、王码五笔型输入法等不是Windows操作系统自带的，所以在使用之前，用户需要下载并进行安装。

学一学 2.3 设置与切换输入法 >>

安装并进入操作系统后，默认只有英文和微软拼音输入法处于可用状态，若要使用全拼、双拼等系统自带的输入法，则需要手动将其添加到输入法列表中。若要使用王码五笔等第三方输入法，还需要用户自行下载并安装。

2.3.1 切换输入法 >>>

在任务栏右侧的通知区域中，有一个输入法状态栏。系统在默认情况下为英文输入状态，以"英"图标显示，此时使用键盘在文档中输入的是英文字符。单击该图标，将切换为"中"图标，表示可以输入中文。系统默认的中文输入法为"微软拼音"，如果安装了其他中文输入法，通知区域会出现微软拼音的图标 M。单击该图标，在弹出的输入法列表框中选择需要的输入法，如搜狗拼音输入法，如图2.3所示。此时，输入法图标将显示搜狗拼音输入法的图标 S，并在其后显示相应的输入法状态栏，如图2.4所示。

■ 图2.3

■ 图2.4

此外，我们还可以通过以下方法切换输入法。

■ 按下"Shift+Ctrl"组合键，可在多个输入法之间轮流切换。

■ 在汉字输入法状态下，按下"Ctrl+空格"组合键可以回到英文输入状态，再次按下"Ctrl+空格"组合键可以返回刚才的汉字输入法状态。

2.3.2 添加与删除输入法 >>>

默认情况下，在Windows 10操作系统中，输入法列表中只显示了微软拼音输入法，但实际上系统中自带的汉字输入法并不止这一个。如果需要将系统自带的其他输入法添加到输入法列表中，可按下面的操作步骤实现。

01 使用鼠标单击输入法图标，在弹出的快捷菜单中单击"语言选项"命令，如图2.5所示。

图2.5

02 打开"设置"窗口，单击"相关设置"组中的"其他日期/时间和区域设置"选项，如图2.6所示。

图2.6

03 在打开的"时间、语言和区域"窗口中单击"语言"栏的"更换输入法"链接，如图2.7所示。

图2.7

04 打开"语言"窗口，单击"添加语言"列表框中的"选项"链接，如图2.8所示。

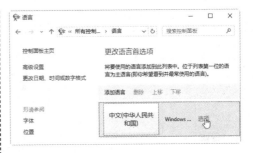

图2.8

05 在"语言选项"窗口中，单击"输入法"栏的"添加输入法"链接，如图2.9所示。

图2.9

06 在"输入法"窗口中，选择"添加输入法"列表中已经安装的输入法，然后单击"添加"按钮，如图2.10所示。

图2.10

07 自动返回"语言选项"窗口，此时选择的输入法已经在输入法列表中，单击"保存"按钮即可成功添加输入法，如图2.11所示。

▧ 图2.11

08 如果要删除输入法，则再进入"语言选项"窗口，在需要删除的输入法后单击"删除"命令，如图2.12所示。

▧ 图2.12

2.3.3 安装第三方输入法 »»

对于不是系统自带的输入法，例如五笔字型输入法、搜狗拼音输入法等，需要先到网上下载其安装程序，再运行该程序，才能将其安装到电脑中。下面以安装王码五笔86版为例，讲解具体操作步骤。

01 使用鼠标右键单击王码五笔输入法的安装文件，在弹出的快捷菜单中单击"以管理员身份运行"命令，如图2.12所示。

▧ 图2.12

02 在弹出的"王码五笔型输入法安装程序"对话框中选择需要安装的版本，这里选择"86版"，然后单击"确定"按钮，如图2.13所示。

▧ 图2.13

03 稍等片刻，在接下来弹出的向导对话框中会提示安装完毕，单击"确定"按钮，如图2.14所示。至此，完成了王码五笔86版的安装。

▧ 图2.14

注意

在运行王码五笔安装程序时，若没有以管理员身份运行安装文件（比如直接双击王码五笔输入法的安装文件），可能会安装失败。

2.3.4 认识输入法状态栏 »»

切换到某个输入法后，屏幕上会出现相应的输入法状态栏。绝大多数输入法软件都可通过状态栏设置输入状态，如中英文切换、全半角切换等。下面以王码五笔86版为例，介绍如何通过状态栏设置输入状态。

>> **中英文切换**

在输入法状态栏中，🅐是中/英文切换按钮，对其单击可在中文输入状态和英文输入状态之间进行切换。默认情况下，中/英文切换按钮显示为🅐（如图2.15所示），表示当前处于中文输入状态，此时可输入中文。单击该按钮可切换到英文输入状态，并显示为Ａ（如图2.16所示），此时可输入英文字母。

■ 图2.15　　　　　　　　　　　■ 图2.16

技巧

使用王码五笔86版、搜狗拼音等输入法时，按下"Caps Lock"键可快速在中文与大写英文输入状态之间进行切换。

>> **全半角切换**

在输入法状态栏中，全/半角切换按钮默认显示为🌙（如图2.17所示），表示当前处于半角输入状态。单击该按钮可切换到全角输入状态，并显示为●（如图2.18所示）。

■ 图2.17　　　　　　　　　　　■ 图2.18

技巧

使用王码五笔86版、搜狗拼音等输入法时，按下"Shift+Space"组合键，可快速在全半角输入状态之间进行切换。

当处于半角输入状态时，输入的字母、数字和符号只占半个汉字的位置，其效果如图2.19所示。当处于全角输入状态时，输入的字母、数字和符号占一个汉字的位置，其效果如图2.20所示。

```
12345678945666225
&? @#¥%&*=+、;、
ascdefghijklmnopqrst
```

```
7 3 9 2 4 8 2 5 5
& % ¥ # !  @ * = ;
a s c d e f g h j
```

■ 图2.19　　　　　　　　　　　■ 图2.20

>> **中英文标点切换**

在输入法状态栏中，中/英文标点切换按钮默认显示为（如图2.21所示），表示当前处于中文标点输入状态，此时可输入中文标点。单击该按钮可切换到英文标点输入状态，并显示为（如图2.22所示），此时可输入英文标点。

■ 图2.21　　　　　　　　　　　■ 图2.22

技巧

使用王码五笔86版、搜狗拼音等输入法时，按下“Ctrl+.”组合键，可快速在中英文标点输入状态之间进行切换。

软键盘开关

在输入法状态栏上有一个软键盘开/关切换按钮，单击该按钮可打开或关闭软键盘，此时单击软键盘上的键可输入对应的字符，如图2.23所示。

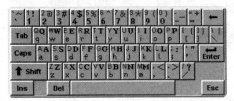

Tab
Caps
Shift
Enter
Ins
Del
Esc
图2.23

使用鼠标右键单击软键盘开/关切换按钮，在弹出的快捷菜单中可以选择软键盘类型，例如选择“特殊符号”，如图2.24所示，将打开特殊符号软键盘。此时单击软键盘上的键可输入对应的特殊符号，如图2.25所示。

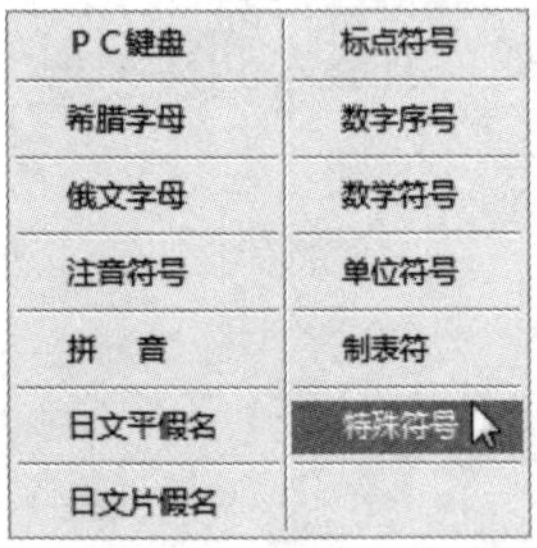

P C键盘
标点符号
希腊字母
数字序号
俄文字母
数学符号
注音符号
单位符号
拼　音
制表符
日文平假名
特殊符号
日文片假名
图2.24

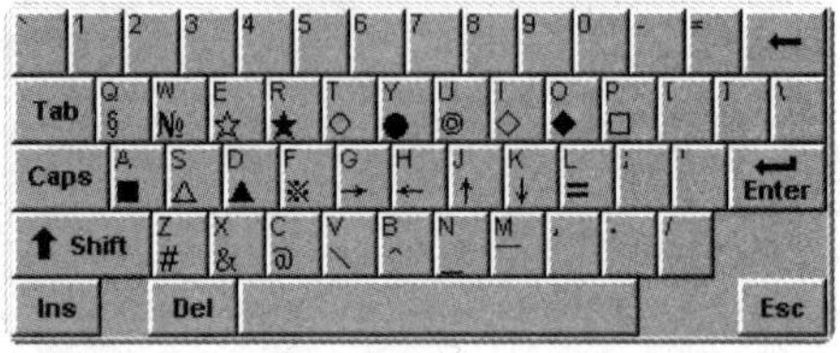

Tab
Caps
Shift
Enter
Ins
Del
Esc
图2.25

提示

在输入法状态栏中有一个五笔型按钮，该按钮显示的是用户当前正在使用的输入法类型。

学一学 2.4 简单易学的拼音输入法

拼音输入法具有易学易用的优点，只要会汉语拼音便可输入汉字，因此对于一些只进行简单的文字聊天的用户来说，使用拼音输入法比较方便。本节将介绍几种常见的拼音输入法，用户可根据实际情况选择一款适合自己的输入法。

2.4.1 使用微软拼音输入法

微软拼音输入法是Windows 10操作系统自带的，使用微软拼音输入法时，可采用全拼、简拼和混拼3种方式输入汉字，灵活运用这几种输入方式，可提高输入速度。下面以新体验输入风格为例，讲解微软拼音输入法的使用方法。

全拼输入

全拼输入是一种非常简单、直接的输入方法，只需依次输入汉字的拼音，候选框中将会列出相应的汉字，若要输入某个汉字，在键盘上按下与汉字对应的数字键即可。

例如要输入"假"字，输入拼音"jia"，在候选框中可看到"假"字的编号为"5"，如图2.26所示，此时按下数字键"5"，便可输入该字，如图2.27所示。

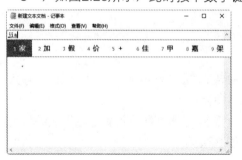

■ 图2.26

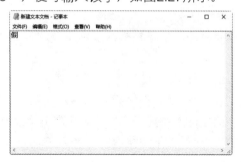

■ 图2.27

技巧

对于排在候选框首位的字或词，按下空格键可快速输入。例如在上述操作中，输入完成后按下空格键，可输入"家"字。

在输入汉字的过程中，如果同音字过多导致候选框中没有需要的字，可单击候选框中的"上一页"按钮（按下"–"或"PageUp"键）向上翻页，单击"下一页"按钮（按下"+"或"PageDown"键）向下翻页，如图2.28所示。

■ 图2.28

此外，由于键盘上没有字母键"ü"，因此当要键入拼音"ü"时，可按下字母键"v"来替代。例如要输入"女"字，需输入拼音"nv"，在候选框中将看到"女"字的编号为"1"，此时按下空格键便可输入该字，如图2.29所示。

如果要输入词组，只需按顺序依次输入词组的完整拼音即可。例如要输入词组"祖国"，输入拼音"zuguo"，在候选框中可看到"祖国"的编号为"1"，此时按下空格键便可输入该词组，如图2.30所示。

■ 图2.29

■ 图2.30

使用微软拼音新体验输入风格输入汉字时，候选框中的汉字会根据使用频率自动进行排序。

>>> **简拼输入**

　　简拼输入是指在输入汉字编码时，无需输入单个汉字或词语的完整拼音，只输入拼音的第一个字母即可。

　　例如输入"我"字，只需输入"w"，在候选框中可看到"我"字的编号为"1"，此时按下空格键即可输入该字，如图2.31所示。

　　例如输入词组"电脑"，只需输入"dn"，在候选框中可看到"电脑"的编号为"1"，此时按下空格键即可输入该词组，如图2.32所示。

■ 图2.31

■ 图2.32

使用微软拼音新体验输入风格时，在中文输入状态下输入一串拼音字母，在转换为汉字前按下"Enter"键，可输入相应的英文。

>>> **混拼输入**

　　混拼输入是根据字、词的使用频率，将全拼和简拼进行混合使用。该输入方式主要用于词组的输入，在输入时部分字用全拼，部分字用简拼，从而减少击键次数和重码率，提高输入速度。例如输入词组"租赁"，可输入"zlin"（如图2.33所示），也可输入"zul"（如图2.34所示）。

■ 图2.33

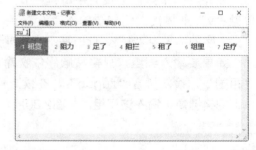

■ 图2.34

在输入过程中，如果输入了错误的字母，可以按下"BackSpace"键来删除前一个字母。

2.4.2 使用搜狗拼音输入法 »»

搜狗拼音输入法属于第三方输入法，因此使用该输入法前需要将它下载并安装到电脑中，通过访问官方网站（http://pinyin.sogou.com）便可下载到搜狗拼音输入法的最新版本。本节将以"搜狗拼音输入法5.0正式版"为例，讲解该输入法的使用方法。

使用搜狗拼音输入法时，除了通过常规的全拼、简拼和混拼3种输入方式输入汉字，还可以输入特殊字符，使用模糊音输入和拆分输入等功能，接下来主要对这些功能进行讲解。

»» 输入特殊字符

使用搜狗拼音输入法时，不仅可以通过软键盘输入特殊字符，还可通过对话框输入，具体操作步骤如下。

01 单击状态栏中的"菜单"按钮，在弹出的菜单中单击"表情＆符号"命令，在弹出的子菜单中选择符号类型，例如"符号大全"，如图2.35所示。

框的左侧可选择符号类型，例如"拼音/注音"，在列表框中单击需要输入的符号即可输入，如图2.36所示。

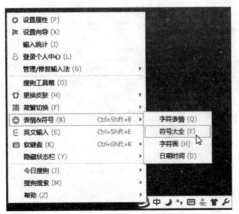

■ 图2.35

02 弹出"符号大全"对话框，在列表

■ 图2.36

03 输入完成后，单击"关闭"按钮关闭对话框即可。

»» 使用模糊音输入

模糊音输入方式是专为容易混淆某些音节的用户所设计的。例如汉字"你（ni）"和"李（li）"的拼音容易混淆，开启模糊音输入功能后，输入拼音"li"，候选框中会同时提供拼音为"li"和"ni"的汉字，如图2.37所示。

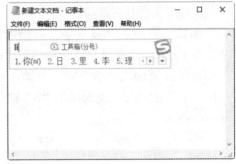

■ 图2.37

默认情况下，模糊音输入方式已开启。如果希望手动设置需要支持的模糊音，可按下面的操作步骤实现。

01 单击状态栏中的"菜单"按钮，在弹出的菜单中单击"设置属性"命令，如图2.38所示。

■ 图2.38

02 弹出"搜狗拼音输入法设置"对话框，切换到"高级"选项卡，在"智能输入"选项组中单击"模糊音设置"按钮，如图2.39所示。

■ 图2.39

03 弹出"搜狗拼音输入法–模糊音设置"对话框，勾选需要支持的模糊音前的复选框，设置完成后单击"确定"按钮，如图2.40所示。

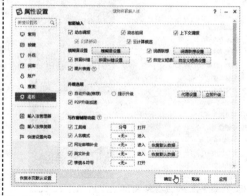

■ 图2.40

04 返回"搜狗拼音输入法设置"对话框，单击"确定"按钮保存设置即可，如图2.41所示。

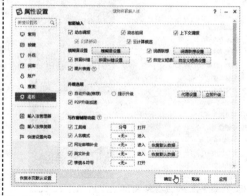

■ 图2.41

>>> **拆分输入**

在输入一些似曾相识的汉字时，有时会因为不知道读音而无法输入，如"淼"、"焱"等字，此时可通过搜狗拼音输入法提供的拆分输入功能输入，即直接输入生僻字的组成部分的拼音即可。

例如，要输入"焱"字，可输入拼音"huohuohuo"，候选框中会出现一个"6.焱（yàn）"的选项，此时按下"6"键便可输入"焱"字，如图2.42所示。

再如，要输入"孬"字，可输入拼音"buhao"，候选框中会出现一个"6.孬（nāo）"的选项，此时按下"6"键便可输入"孬"字，如图2.43所示。

■ 图2.42

■ 图2.43

>>> **使用人名输入模式**

搜狗拼音输入法提供了人名输入模式，通过该模式可快速输入人名。例如输入拼音"zhangxueyou"，搜狗拼音输入法会自动组出一个或一个以上人名，且第一个以红色显示，如图2.44所示。

如果需要更多的人名选择，可按"6"键进入人名模式，此时候选框中会显示多个人名，如图2.45所示。当需要退出人名模式时，再次按"6"键即可。

■ 图2.44   ■ 图2.45

>>> **输入网址**

搜狗拼音输入法的网址输入模式是特别为网络设计的便捷功能，使用户能够在中文输入状态下输入几乎所有的网址。只要输入以"www."、"http:"、"ftp:"、"telnet:"和"mailto:"等开头的字符时，会自动进入英文输入状态，然后便可输入诸如"sina.com"之类的网址。

例如要输入网址"www.sohu.com"，先输入"www."，如图2.46所示，接着输入网址"sohu.com"，完成输入后按下空格键即可，如图2.47所示。

■ 图2.46   ■ 图2.47

技巧

输入网址"www.sohu.com"时，当输入"s"后，会在候选框下面显示该网址，此时直接按下空格键可快速输入该网址。

学一学 2.5 初步了解五笔字型输入法 >>

五笔字型输入法的出现主要是为了解决汉字录入速度的问题，它不受汉字读音影响，只要能写出汉字，即可正确打出该字。使用五笔字型输入法不仅能输入单字，还能输入词组，且无论多复杂的汉字或词组，最多击键4次便可输入，大大提高了汉字的录入速度。本节将对五笔字型输入法的工作原理进行简单介绍，使初学者对五笔字型输入法有一个初步的了解。

2.5.1 五笔字型输入法的原理 >>

1986年，五笔字型输入法创始人王永民教授推出了"王码五笔型86版"（又称为五笔输入法86版）。为了使五笔输入法更加完善，王永民教授于1998年又推出了98版五笔字型输入法。但总的来说，不论是86版还是98版，其工作原理都一样。

五笔字型输入法的基本原理为：先将汉字拆分成一些最常用的基本单位，叫作字根。字根可以是汉字的偏旁部首，也可以是部首的一部分，甚至是笔画。取出这些字根后，按照一定的规律分类，并依据科学原理将它们分配在键盘上作为输入汉字的基本单位。当需要输入汉字时，将汉字按照一定规律拆分为字根，然后依次按下键盘上与字根对应的键，组成一个代码，系统会根据输入的代码，在五笔输入法的字库中检索出需要的字，这样便可输入想要的汉字了。

例如，"照"字可以拆分成"日、刀、口、灬"4个字根，按照五笔编码规则，这4个字根对应的按键字母分别为"J、V、K、O"，只要依次敲击这4个字母键就可以输入"照"字。

2.5.2 五笔字型输入法的学习流程 >>

使用五笔字型输入法时，首先要将汉字拆分为字根，才能根据字根所对应的键位组成编码，最终录入汉字，因此学习五笔字型输入法时，大概可以分为以下几个阶段。

- 了解五笔字型输入法的基础知识及编码规则。
- 了解字根在键盘上的分布位置，即字根所对应的键位。
- 掌握五笔字型输入法中汉字的拆分方法。
- 记忆字根，并根据拆分方法对汉字进行拆分输入。
- 掌握简码和词组的输入方法。

练一练 2.6 使用搜狗输入法输入一则寻物启事 >>

使用搜狗输入法，在"记事本"程序中输入一则寻物启事，最终效果如图2.48所示。

01 打开"记事本"程序，将光标插入点定位在编辑区中。

02 切换到搜狗输入法并输入寻物启事，在输入的过程中注意使用简拼与混拼，提高打字速度。

03 输入完成后使用空格键调整文字位置。

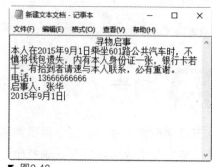

■ 图2.48

想一想 2.7 疑难解答 >>

问 拼音输入法好用，还是五笔输入法好用？

答 不论是拼音输入法还是五笔输入法都有各自的优缺点，用户可以根据自己的需要选择使用。拼音输入法有易学易用的优点，只要会汉语拼音，便可轻松使用拼音输入法输入汉字，但拼音输入法重码较多，经常需要选字，因此其打字速度相对较慢；五笔输入法的优点是，不管认识不认识汉字，只要会写，就可以打出该字，重码也较少，但在学习五笔时需要记忆五笔字根。不过一旦掌握五笔输入法的技巧，其打字速度是远远超过拼音输入法的，这一点对于文秘、文字录入员等职业尤为重要。

问 怎样将常用的输入法设置为默认输入法？

答 录入汉字时，如果不希望进行输入法的切换，而是直接使用惯用的输入法，可以将它设置为默认的输入法。例如，要将王码五笔86版设置为默认的输入法，可按照下面的操作步骤实现。

01 使用前文所学的方法进入"语言"窗口，单击"高级设置"链接，如图2.49所示。

02 打开"高级设置"对话框，在"替代默认输入法"下拉列表中选择需要设置为默认输入法的选项，如"搜狗拼音输入法"，然后单击"确定"按钮即可，如图2.50所示。

■ 图2.49

■ 图2.50

想一想 **2.8** 学习小结 >>

本章介绍了汉字输入法的一些知识，重点介绍了输入法的设置与切换方法，以及利用拼音输入法输入汉字，并对五笔字型输入法的使用进行了初步了解。在使用汉字输入法输入汉字时，根据实际需要选用不同的汉字输入法，可提高用户的电脑使用水平。

本章要点：

- ☑ 汉字的结构
- ☑ 86版五笔字根的键盘分布
- ☑ 快速记忆86版五笔字根
- ☑ 98版五笔码元的键盘分布
- ☑ 快速记忆98版五笔码元

Chapter

3

第3章

五笔输入法入门

学生：老师，学五笔必须要背字根吗？

老师：对啊，背字根是学五笔的基本功！

学生：那么多字根，一定很难背吧？

老师：有志者，事竟成，何况我们还可以根据字
根助记词来帮助记忆呢！

学生：太好了！老师，快告诉我字根助记词的内
容吧！

五笔字型输入法属于形码输入法,它的输入方法与汉字读音完全无关。因此,在学习五笔字型输入法输入汉字前,还需了解汉字的结构,什么是字根,以及字根的键盘分布等知识。

试一试 3.1 将汉字拆分成字根 >>

五笔字型输入法根据汉字的字形特点,将汉字拆分成基本的组成部分及字根,将这些部分和键盘上的键位对应起来,在输入时只要敲击相应的键位就可以输入汉字。

例如,"如"字可以拆分成"女"和"口"两个字根,"指"字可以拆分成"扌"、"匕"和"日"三个字根。读者在尝试中是不是发现了什么规则呢?请试着指出下列汉字的组成部分:将、字、庄、细、罚。

学一学 3.2 汉字的组成 >>

五笔字型输入法是一种形码类输入法,要正确使用该输入法输入汉字,就必须先了解汉字的结构,否则在关键环节上将无法进行。

3.2.1 汉字的3个层次 >>>

在五笔字型输入法中,无论多复杂的汉字都是由字根组成的,而字根又是由笔画组成的。例如,"扛"字是由"扌"和"工"两个字根组成,其中"扌"由"一、小、亅"组成,"工"由"一、丨、一"组成,如图3.1所示。

由此可见,根据汉字的组成结构,可将汉字划分为笔画、字根和单字3个层次。

■ 图3.1

>>> **笔画**

笔画就是通常所说的横、竖、撇、捺和折。在五笔字型输入法中,每个汉字都是由这5种笔画组合而成。

>>> **字根**

字根是由若干笔画交叉复合而形成的相对固定的结构,它是构成汉字最基本的单位,也是五笔字型编码的依据。例如,"保"字由"亻"、"口"和"木"组成,这里的"亻"、"口"和"木"就是字根。

>>> **单字**

单字就是将字根按照一定的顺序组合起来所形成的汉字。例如,将字根"亻"和"二"两个字根组合起来就形成了汉字"仁"。

3.2.2 汉字的5种笔画 »»

笔画是指在书写汉字时一次写成的连续不间断的一个线段。在五笔字型输入法中，只考虑笔画的运笔方向，而不计其轻重长短，依此可将汉字的诸多笔画归结为横（一）、竖（丨）、撇（丿）、捺（乀）和折（乙）5种基本笔画，如图3.2所示。

■ 图3.2

在五笔字型输入法中，这5种基本笔画的含义如表3.1所示。

表3.1 5种基本笔画

笔画名称	代号	笔画走向	举例	变形笔画
横（一）	1	从左到右	"天"、"下"、"未"等字中的水平线段	"㇀"（提），如"地"、"班"等字中的"㇀"
竖（丨）	2	从上到下	"中"、"节"等字中的竖直线段	"亅"（左竖钩），如"刘"、"事"等字中的"亅"
撇（丿）	3	从右上到左下	如"刀"、"入"等字中的"丿"笔画。	不同角度、不同长度的这种笔画都归为"撇"类
捺（乀）	4	从左上到右下	如"分"、"大"等字中的"乀"笔画	"丶"（点），如"文"、"言"等字中的"丶"
折（乙）	5	带转折	如"乞"、"艺"等字中的"乙"笔画	除"亅"（左竖钩）以外的所有带转折的笔画，如"龙"字中的"乚"笔画、"今"字中的"㇇"笔画、"与"字中的"㇑"笔画、"乃"字中的"㇆"笔画等

3.2.3 汉字的3种字型 »»

汉字的字型指构成汉字的各字根之间的结构关系。在五笔字型输入法中，汉字由字根组合而成，即便是同样的字根，也会因组合位置的不同而组成不同的汉字。根据汉字字根间的组合位置，可以将汉字分为左右型、上下型和杂合型3种字型，如表3.2所示。

表3.2 汉字的3种字型

字型	字型代号	图示	例字
左右型	1	⊞	体、明
		⊞	树、湖
		⊞	招、枪
		⊞	部、邵

（续表）

字型	字型代号	图示	例字
上下型	2	🗀	志、丕
		🗀	意、鼻
		🗀	型、货
		🗀	森、花
杂合型	3	🗀	回、园
		🗀	凶、幽
		🗀	同、内
		🗀	勺、司
		🗀	区、过
		🗀	东、本

>>> **左右型**

  左右型汉字的字根在组成位置上属于左右排列的关系，如"付"、"休"和"仁"等字。左右型汉字又包括以下几种情况。

◪ **标准左右型排列**：标准左右型排列的汉字可分为左、右两个部分，如"加"字，如图3.3所示。

◪ **左中右型排列**：左中右型排列的汉字可分为左、中、右3个部分，如"湖"字，如图3.4所示。

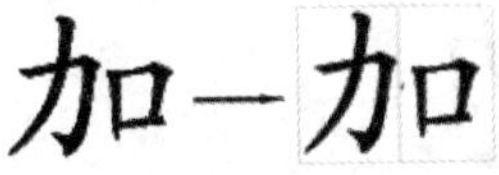

加—加   湖—氵古月

◪ 图3.3    ◪ 图3.4

◪ **其他左右型排列**：在汉字中还有一种较为特殊的左右型汉字，该类型汉字的左半部分或右半部分是由多个字根构成的，在五笔字型输入法中仍然将其视为左右型汉字。例如："邵"字的左半部分为上下两部分，如图3.5所示；"绍"的右半部分为上下两部分，如图3.6所示。

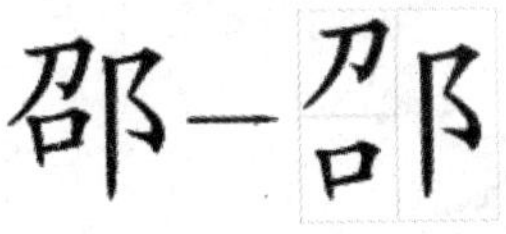

邵—邵   绍—绍

◪ 图3.5 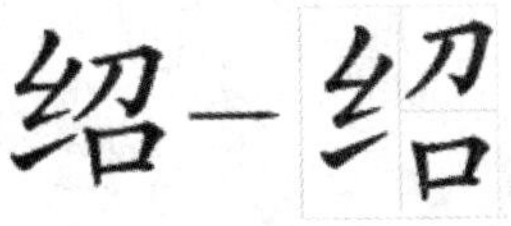   ◪ 图3.6

上下型

  上下型汉字的字根在组成位置上属于上下排列的关系，如"思"、"背"和"舅"等字。上下型汉字又包括以下几种情况。

◪ **标准上下型排列**：标准上下型排列的汉字可分为上、下两个部分，如"季"字，如图3.7所示。

- **上中下型排列**：上中下型排列的汉字可分为上、中、下3个部分，如"鼻"字，如图3.8所示。

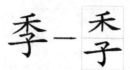

图3.7

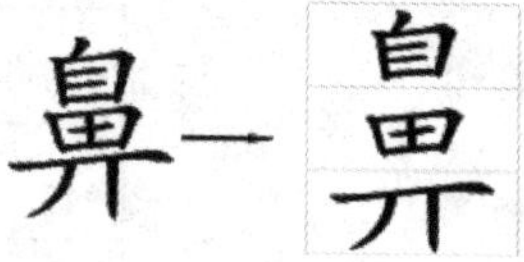

图3.8

- **其他上下型排列**：还有一种较为特殊的上下型汉字，这类汉字的上半部分或下半部分是由多个字根构成的。例如，"想"字的上半部分分为左右两个字根，如图3.9所示；"花"字的下半部分可分为左右两部分，如图3.10所示。

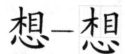

图3.9

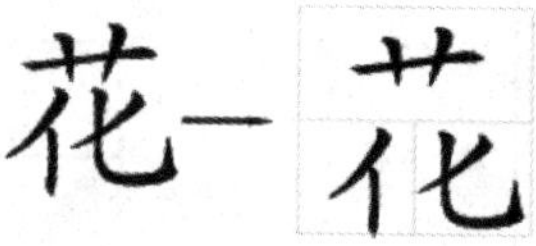

图3.10

>> **杂合型**

若一个汉字的各组成部分之间没有简单明确的左右型或上下型关系，这个汉字就称为杂合型汉字。该类型的汉字主要包括以下几种情况。

- **全包围型**：组成该类型汉字的一个字根完全包围了汉字的其余组成字根，如"囵"字，如图3.11所示。
- **半包围型**：组成该类型汉字的一个字根并未完全包围汉字的其余组成字根，如"边"字，如图3.12所示。

图3.11

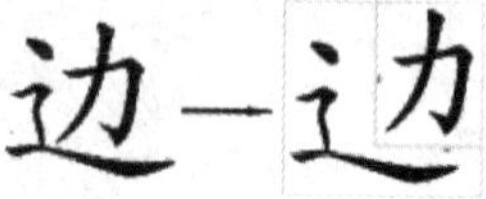

图3.12

- **连笔型**：组成该类型汉字的各字根之间是紧密相连的，这类汉字通常是由一个基本字根和一个单笔画组成的，如"且"字，如图3.13所示。
- **孤点型**：组成汉字的字根中包含"点"笔画，该"点"笔画未与其他字根相连，这种类型的汉字称为孤点型汉字，如"术"字，如图3.14所示。

图3.13

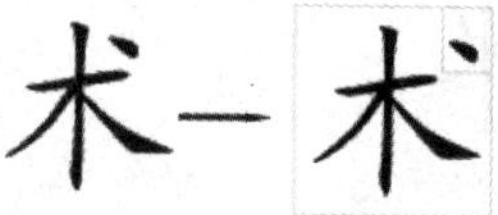

图3.14

- **交叉型**：组成该类型汉字的字根之间是交叉重叠的关系，如"申"字，如图3.15所示。
- **独体型**：这类汉字由单独的字根组成，如"小"字，如图3.16所示。

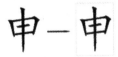

申－申

■ 图3.15

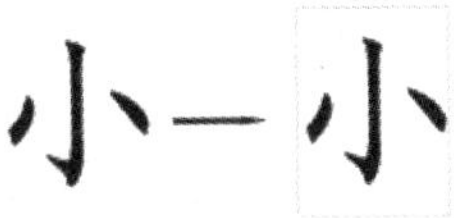

小－小

■ 图3.16

学一学 3.3 五笔字型输入法86版的字根 »

五笔字型输入法有86版和98版两种，其中86版最具代表性，使用者也最多，接下来将对86版的字根及分布进行讲解。

3.3.1 字根的区位号 »»

五笔字型输入法把组字能力很强，而且在日常文字中出现较多的字根，称为基本字根，如"口、田、木、亻、扌、氵"等。五笔基本字根有130个，再加上一些基本字根的变型，共有200个左右。要想掌握五笔字根的分布，就必须清楚什么是字根的区位号。

在五笔字型输入法中，根据每个字根的起笔笔画，可将这些字根划分为横、竖、撇、捺和折5个"区"，分别用代号1，2，3，4和5表示区号，并将它们分配到键盘上除"Z"键以外的25个字母键上。字根的键盘分区如表3.3所示。

表3.3 字根的键盘分区

键盘分区	起笔笔画	键位
第1区	横起笔	G、F、D、S、A
第2区	竖起笔	H、J、K、L、M
第3区	撇起笔	T、R、E、W、Q
第4区	捺起笔	Y、U、I、O、P
第5区	折起笔	N、B、V、C、X

从表3.3中可看出，每个区包括5个键，将每个键称为一个位，可分别用代号1，2，3，4和5表示位号。将每个键所在的区号作为第1个数字，位号作为第2个数字，两个数字合起来就表示一个键位，即"区位号"。例如，"D"键的区号为1，位号为3，区位号就为13；"O"键的区号为4，位号为4，区位号就为44，如图3.17所示。

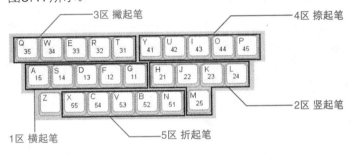

■ 图3.17

提示

以区位号命名键位后，从"A"～"Y"的25个字母键便有了唯一的编号。此外，区位号的顺序具有一定规律，都在从键盘的中间开始向外扩展进行编号的。

3.3.2 字根的键位分布图

在五笔字型输入法中，将字根在形、音和意等方面进行归类，同时兼顾电脑标准键盘上英文字母（不包括"Z"键）的排列方式，将它们合理地分布在键位"A"～"Y"共计25个英文字母键上，便构成了五笔字型的字根键盘，如图3.18所示。

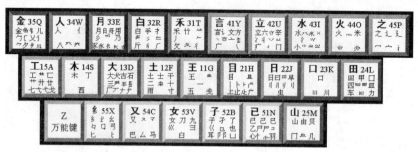

图3.18

3.3.3 认识键名字根与成字字根

在五笔字根键盘中，除了"X"键以外，其余每个键的左上角都有一个完整的汉字字根，这个字根是该键的所有字根中最具代表性且使用最频繁的成字字根，称为键名字根，也叫键名汉字，共计24个，如图3.19所示。

图3.19

在各键位的键面上除了键名汉字以外，本身是汉字的字根称为成字字根。例如"C"键上，"又"是键名汉字，"巴"、"马"是成字字根，如图3.20所示。

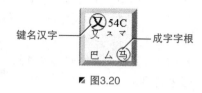

键名汉字 —— 成字字根

图3.20

3.3.4 字根的键盘分布规律

五笔字根并不是杂乱无章地分布在25个字母键上，而是有章可循的。根据字根的分布规律，可更好地理解字根，记忆字根。

字根与键名汉字形态相近

在五笔字根键盘中，那些与键名汉字相似的字根，都分布在该键名汉字所在的键位上。例如，"U"键的键名汉字为"立"，近似的字根有"六、辛"等；"L"键的键名汉字为"田"，近似的字根有"甲、四"等。

>> >> **字根首笔笔画代号与区号一致，次笔笔画代号与位号一致**

"字根首笔笔画代号与区号一致，次笔笔画代号与位号一致"是指字根是以区位号的方式显示在键盘上。例如，"言、文、方、广"的首笔画都为捺，捺起笔的代号为4，次笔画都为横，横起笔的代号为1，因此对应的区位号都为41，而区位号"41"对应的键位为"Y"。

以此类推，就会发现许多键位中的字根符合这一规律。

第一笔画为横：
第二笔画是横，在"G"键（区位号11），如"戈"。
第二笔画是竖，在"F"键（区位号12），如"士、十、寸、雨"。
第二笔画是撇，在"D"键（区位号13），如"犬、古、石、厂"。

第一笔画为竖：
第二笔画是横，在"H"键（区位号21），如"上、止"。
第二笔画是折，在"M"键（区位号25），如"由、贝"。

第一笔画为撇：
第二笔画是横，在"T"键（区位号31），如"竹、攵"。
第二笔画是竖，在"R"键（区位号32），如"白、斤"。
第二笔画是捺，在"W"键（区位号34），如"人、八"。
第二笔画是折，在"Q"键（区位号35），如"儿、夕"。

第一笔画为捺：
第二笔画是横，在"Y"键（区位号41），如"言、文、方、广"。
第二笔画是竖，在"U"键（区位号42），如"门"。
第二笔画是折，在"P"键（区位号45），如"之、宀"。

第一笔画为折：
第二笔画是横，在"N"键（区位号51），如"已、己、尸"。
第二笔画是竖，在"B"键（区位号52），如"也"。
第二笔画是撇，在"V"键（区位号53），如"刀"。
第二笔画是捺，在"C"键（区位号54），如"又、厶"。
第二笔画是折，在"X"键（区位号55），如"纟、幺"。

提示

对于大部分字根来说，都可先判断其首笔和第2笔的笔画代号，其代号组合起来就构成了该字根的"区位号"，通过它便可知道该字根位于哪个键位上。但是也有部分字根的分布不符合此规律，需要在练习中加强记忆。

>> >> **字根的笔画数与位号一致**

- 基本笔画都只有1笔，位于每个区的第1位，即字根"一、丨、丿、丶、乙"的区位号分别为11，21，31，41和51。
- 两个基本笔画的复合笔画位于每个区的第2位，即字根"二、冫、彡、冫、巛"的区位号分别为12，22，32，42和52。
- 3个基本笔画复合起来的字根位于每个区的第3位，即字根"三、川、彡、氵、巛"的区位号分别为13，23，33，43和53。

3.3.5 五笔字根助记词 >> >>

为了能熟记字根，五笔字型输入法的创始人王永民教授为每一个键位上的字根编写了一句口诀，即"助记词"。助记词基本包括了五笔字型输入法中的所有字根，读起来琅琅上口，增强了学习的趣味性。

>>> **五笔字根老助记词**

五笔字根老助记词如表3.4所示。

表3.4　老助记词

1区	2区	3区	4区	5区
"G"键：王旁青头戋（兼）五一	"H"键：目具上止卜虎皮	"T"键：禾竹一撇双人立，反文条头共三一	"Y"键：言文方广在四一，高头一捺谁人去	"N"键：已半巳满不出己，左框折尸心和羽
"F"键：土士二干十寸雨	"J"键：日早两竖与虫依	"R"键：白手看头三二斤	"U"键：立辛两点六门疒	"B"键：子耳了也框向上
"D"键：大犬三羊古石厂	"K"键：口与川，字根稀	"E"键：月彡（衫）乃用家衣底	"I"键：水旁兴头小倒立	"V"键：女刀九臼山朝西
"S"键：木丁西	"L"键：田甲方框四车力	"W"键：人和八，三四里	"O"键：火业头，四点米	"C"键：又巴马，丢矢矣
"A"键：工戈草头右框七	"M"键：山由贝，下框几	"Q"键：金勾缺点无尾鱼，犬旁留叉儿一点夕，氏无七(妻)	"P"键：之宝盖，摘礻（示）衤（衣）	"X"键：慈母无心弓和匕，幼无力

>>> **五笔字根新助记词**

五笔字根新助记词如表3.5所示。

表3.5　新助记词

1区	2区	3区	4区	5区
"G"键：王旁青头戋（兼）五一	"H"键：目具上止卜虎皮，还有H走字底	"T"键：禾竹一撇双人立，反文条头共三一，矢字取头去大底	"Y"键：言文方广在四一，高头一捺谁人去	"N"键：已半巳满不出己，左框折尸心和羽
"F"键：土士二干十寸雨，莫忘F革字底	"J"键：日早两竖与虫依，归左刘又乔字底	"R"键：白手看头三二斤，矢字去人取爪皮	"U"键：立辛两点六门疒	"B"键：子耳了也框向上
"D"键：大犬三羊古石厂，左页龙头着⻏记	"K"键：口与川，字根稀	"E"键：月彡（衫）乃用家衣底，采头取头去木底	"I"键：水旁兴头小倒立	"V"键：女刀九臼山朝西
"S"键：木丁西	"L"键：田甲方框四车力，血下罢上曾中间，舞字四竖也须记	"W"键：人八登祭头在W	"O"键：火业头，四点米	"C"键：又巴马，丢矢矣
"A"键：工戈草头右框七，共头革头升字底	"M"键：山由宝贝，骨头下框几	"Q"键：金勾缺点无尾鱼，犬旁留叉儿一点夕，氏无七（妻）	"P"键：之字宝盖建到底，摘礻（示）衤（衣）	"X"键：慈母无心弓和匕，幼无力

3.3.6 字根助记词详解 »»»

根据口诀记忆字根不能死记硬背，只有在理解的基础上，才能更好地记住五笔字根。下面将针对新助记词来逐句解释说明，以帮助初学者更好地记忆这些口诀。

»» **1区字根详解**

1区字根的详解如表3.6所示。

表3.6　1区字根详解

键位	字根口诀	说明
 王 11G 王 一 五 戋	王旁青头戋（兼）五一	"王旁"是指偏旁部首"王"，"青头"为"青"字的上半部分，"兼"与"戋"同音，"五一"是指字根"五"和"一"两个字根
 土 12F 土 士 干 十 二 中 寸	土士二干十寸雨，莫忘F革字底	第一句分别是指"土、士、二、干、十、寸、雨"7个字根。在此键位上还包含"革"字的下半部分"中"
 大 13D 大犬古石 三 羊 長 厂 ナ ナ ナ	大犬三羊古石厂，左页龙头着𠂇记	"大"是指字根"大"及其变形"ナ"，"犬"是指字根"犬"及其变形"ナ"，"三"是指字根"三"及其变形"丢"，"羊"是指羊字底"𦍌"，"古"表示字根"古"，"石"表示字根"石"及其变形"ア"，"厂"是指字根"厂"。在此键位上还包含"肆"字的左半部分"𠂇"
 木 14S 木 丁 西	木丁西	指"木、丁、西"3个字根，可直接记忆
 工 15A 工 艹 匚 七 弋 戈	工戈草头右框七，共头革头升字底	"工戈"是指字根"工"和"戈"，以及"戈"的变形字根"七、弋"；"草头"为偏旁部首"艹"；"右框"指"匚"字根；"七"表示字根"七"；"共头革头升字底"指字根"卄、廾、廿"，它们与"艹"相似

»» **2区字根详解**

2区字根的详解如表3.7所示。

表3.7　2区字根详解

键位	字根口诀	说明
 目 21H 目 且 卜 上 卜 卜 上 止 龰 广	目具上止卜虎皮，还有H走字底	"目、上、止、卜"为4个字根，以及变形字根"丨、卜"；"具上"指"具"字的上半部分"且"；"虎皮"分别指字根"卢"、"广"；"H走字底"指字根"龰"
 日 22J 日 曰 四 早 刂 刂 刂 刂 虫	日早两竖与虫依，归左刘又乔字底	"日早"指"日"和"早"两个字根，及"日"的变形字根"曰、四"；"两竖"指字根"刂"，及变形字根"刂、刂"，可通过"归左刘又乔字底"来记忆；"与虫依"指字根"虫"
 口 23K 口 川 川	口与川，字根稀	"字根稀"是指该键字根较少，只需记住"口"和"川"两个字根，以及"川"的变形字根"川"

（续表）

键位	字根口诀	说明
田 24L 田甲口 四皿皿 车川力	田甲方框四车力，血下罢上曾中间，舞字四竖也须记	"田甲"指"田"和"甲"两个字根；"方框"指字根"口"，与"K"键上的"口"不同；"四车力"指"四"、"车"和"力"3个字根；"血下罢上曾中间"分别指字根"皿、川、皿"；"舞字四竖也须记"指字根"川"
山 25M 山由贝 门皿几	山由宝贝，骨头下框几	"山由"指字根"山、由"；"宝贝"指字根"贝"；"骨头"指"骨"字的上半部分"皿"；"下框"指字根"门"；"几"指字根"几"

>> >> **3区字根详解**

3区字根的详解如表3.8所示。

表3.8　3区字根详解

键位	字根口诀	说明
禾 31T 禾竹 丿 彳夂攵	禾竹一撇双人立，反文条头共三一，矢字取头去大底	"禾竹"指字根"禾、竹、夂"；"一撇"指字根"丿"；"双人立"指字根"彳"；"反文"指字根"攵"；"条头"指"条"字的上半部分"夂"；"共三一"指这些字根都位于区位号为31的"T"键上；"矢字取头去大底"指字根"丿"
白 32R 白手扌 斤	白手看头三二斤，矢字去人取爪皮	"白手"指字根"白、手、扌"；"看头"指"看"字的上部分"扌"；"三二"指这些字根位于区位号为32的"R"键上；"斤"指字根"斤"，及变形字根"斤"；"矢字去人取爪皮"指字根"彡、匕"
月 33E 月月丹用 彡 乃 豕豕衣长彡	月彡（衫）乃用家衣底，采头取头去木底	"月"指字根"月"；"彡（衫）"指字根"彡"（借音转义）；"乃用"指字根"乃、用"；"家衣底"分别指"家"和"衣"字的下部分"豕"和"衣"字根，以及变形字根"豕、衣、长"；"采头取头去木底"指字根"爫"
人 34W 人 亻 八癶夂	人八登祭头在W	"人八"指字根"人、亻、八"；"登祭头"指字根"癶、夂"
金 35Q 金鱼钅儿 勹厂乂 夂夕川	金勺缺点无尾鱼，犬旁留叉儿一点夕，氏无七（妻）	"金"指字根"金、钅"；"勺缺点"指字根"勹"；"无尾鱼"指字根"鱼"，"犬旁"指字根"犭"，要注意并不是偏旁"犭"；"留叉"指字根"乂"；"儿"指字根"儿"及变形字根"儿"；"一点夕"指字根"夕"，及变形字根"夂、ク"；"氏无七"指字根"厂"

>> >> **4区字根详解**

4区字根的详解如表3.9所示。

表3.9　4区字根详解

键位	字根口诀	说明
 言 41Y 言 文方 讠亠辛 广 乀	言文方广在四一，高头一捺谁人去	"言文方广"指字根"言、文、方、广"；"在四一"表示这些字根位于区位号为41的"Y"键；"高头"指字根"亠、言"；"一捺"指字根"丶、㇏、丿"；"谁人去"指"谁"字去除"亻"后的"讠"和"圭"两个字根
 立 42U 立 六立辛 冫丬 丷 疒 冫门	立辛两点六门疒	"立辛"指字根"立、辛"；"两点"指字根"冫"及变形字根"丷、丬、冫"；"六"指字根"六"及变形字根"亠"；"门疒"指字根"门、疒"
 水 43I 水氺水 × 小 ⺌ 业	水旁兴头小倒立	"水旁"指字根"氵、水"，以及变形字根"氺、水、冫"；"兴头"指字根"⺌、⺍"；"小倒立"指字根"小、⺌"，及变形字根"业"
 火 44O 火 灬米 业 ⺌	火业头，四点米	"火"指字根"火"；"业头"指字根"业"，及变形字根"⺌"；"四点"指字根"灬"；"米"指字根"米"
 之 45P 之 辶廴 卩 宀 冖	之字宝盖建到底，摘衤（示）衤（衣）	"之字"指字根"之"；"宝盖"指字根"冖、宀"；"建到底"指字根"辶、廴"；"摘衤（示）衤（衣）"指去除"礻"、"衤"偏旁下方的一点或两点后的"衤"字根，"示"和"衣"为谐音

>> **5区字根详解**

　　5区字根的详解如表3.10所示。

表3.10　5区字根详解

键位	字根口诀	说明
 已 51N 已己巳 乙尸コ 心忄 小 羽	已半巳满不出己，左框折尸心和羽	"已半"指字根"已"；"巳满"指字根"巳"；"不出己"指字根"己"；"左框"指开口向左的方框"コ"字根；"折"指字根"乙"；"尸"指字根"尸"及相近字根"尸"；"心和羽"指字根"心、羽"，以及"心"的变形字根"忄、小"
 子 52B 子 孑了 《《 阝也 耳 阝	子耳了也框向上	"子"指字根"子"及变形字根"孑"；"耳"指字根"耳"及变形字根"卩、阝、巴"；"了也"指字根"了、也"；"框向上"指向上开口的方框"凵"字根
 女 53V 女 刀九 《《 白	女刀九臼山朝西	"女刀九臼"指字根"女、刀、九、臼"；"山朝西"指字根"彐"；另外在"V"键上还有个字根"巛"
 又 54C 又 ㄋ マ 巴 厶 马	又巴马，丢矢矣	"又巴马"分别指"又、巴、马"3个字根，以及"又"的变形字根"ㄋ、マ"；"丢矢矣"指"矣"字去除下半部分的"矢"字后剩下的字根"厶"

（续表）

键位	字根口诀	说明
乡 55X 乡 乡 乡 乡 弓 匕	慈母无心弓和匕，幼无力	"慈母无心"指字根"口"；"弓和匕"指字根"弓、匕"，及"匕"的变形字根"匕"；"幼无力"指"幼"字去掉"力"旁后的"幺"字根，以及变形字根"纟、乡"

学一学 **3.4** 五笔字型输入法98版的码元 》

五笔字型输入法98版在86版的基础上进行了一定的改进，编码规则更加合理。本节将对98版码元的分布及变化进行简单的介绍。

3.4.1 什么是码元 》》

98版五笔字型输入法把笔画结构特征相似、笔画形态及笔画数量大致相同的笔画结构作为编码的单元，即汉字编码的基本单位，简称"码元"。相对于86版五笔字型输入法来说，98版的"码元"实质上等同于"字根"的概念。

3.4.2 码元的键盘分布 》》

和86版的字根相比，98版五笔字型输入法的码元分配更有规律，更便于记忆，98版码元的键盘分布如图3.21所示。

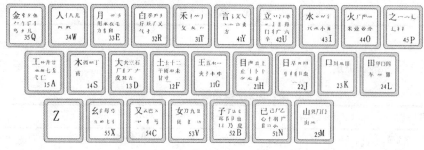

■ 图3.21

在码元键盘分布图中，第1区放置"横"起笔类的码元，第2区放置"竖"起笔类的码元，第3区放置"撇"起笔类的码元，第4区放置"捺"（"点"）起笔类的码元，第5区放置"折"起笔类的码元。

3.4.3 98版五笔字型输入法对码元的调整 》》》

从图3.21中可看出，98版对码元进行了一些调整，比如删除了一些码元，新增了一些码元，甚至对有些码元的键位进行了调整，接下来分别对这些变化进行简单的介绍。

》》 **删除的码元**

98版中删除了86版五笔字型字根表中不规范的字根，例如"D"键中的"ナ"，"Q"键中的"亻"等，详情如表3.11所示。

表3.11 删除的码元

键位	删除的码元	键位	删除的码元
G	戋	Q	彳
D	疒、手	I	业、业
A	弋	H	卢、广广
C	马	X	口口
E	豕、豖	R	广、斤斤
P	彳彳		

>> > **增加的码元**

在98版五笔字型输入法中，增加了一些使用频率高的码元，这些码元大多是按86版拆分较为困难的笔画结构，如表3.12所示。

表3.12 增加的码元

键位	增加的码元	键位	增加的码元
F	甘、未、寸	U	严、羊、爿
G	夫、扌、丰、牛牛	I	肖
D	戊、甘	O	庐、业
P	礻、衤	S	甫
N	日	A	卄
H	少、卢	B	皮
E	毛、豸	R	丘
V	艮、艮	C	牛、马
X	毌、幺、母	Q	犭、鸟

>> > **位置调整**

与86版相比较，98版五笔字型输入法还对键盘上的一些码元的位置进行了调整，详情如表3.13所示。

表3.13 位置调整

码元	86版键位	98版键位
儿	Q	K
乂	Q	R
力	L	E
臼	V	E
几	M	W
月	E	U
广	Y	O
乃	E	B

3.4.4 码元助记词 >>>

为了使码元的记忆更加容易，在98版五笔字型输入法中，同样为每一区的码元编写了一首"助记词"，如表3.14所示。

表3.14 码元助记词

1区	2区	3区	4区	5区
"G"键：王旁青头五夫一	"H"键：目上卜止虎头头具	"T"键：禾竹反文双人立	"Ý"键：言文方点谁人去	"N"键：已类左框心尸羽
"F"键：土干十寸未甘雨	"J"键：日早两竖与虫依	"R"键：白斤气丘叉手提	"U"键：立辛六羊病门里	"B"键：子耳了也乃框皮
"D"键：大犬戊其古石厂	"K"键：口中两川三个竖	"E"键：月用力豸毛衣臼	"I"键：水族三点鳖头小	"V"键：女刀九艮山西倒
"S"键：木丁西甫一四里	"L"键：田甲方框四车里	"W"键：人八登头单人几	"O"键：火业广鹿四点米	"C"键：又巴牛厶马失蹄
"A"键：工戈草头右框七	"M"键：山由贝骨下框集	"Q"键：金夕鸟儿犭边鱼	"P"键：之字宝盖补礻衤	"X"键：幺母贯头弓和匕

> **技巧**
>
> 记忆98版五笔码元时，可以通过码元助记词来记忆，也可以在86版的基础上记忆98版中新增的码元和分布不同的码元。

3.4.5 补码码元 >>>

"补码码元"又叫"双码码元"，是指在参与编码时，需要两个码的码元，其中一个码元是对另一个码元的补充。补码码元是成字码元的一种特殊形式，其取码规则为：取码元本身所在的键位作为主码，再取其末笔笔画的编码作为补码。98版五笔字型输入法的补码码元共有"犭、礻、衤"3个，如表3.15所示。

表3.15 补码码元

补码码元	所在键位	主码（第1码）	补码（第2码）
犭	35Q	犭（Q）	丿（T）
礻	45P	礻（P）	丶（Y）
衤	45P	衤（P）	⺀（U）

例如在输入"猫"字时，敲击码元"犭"对应的键位"Q"后，需要输入一个补码，即敲击对应的键位"T"，再继续敲击码元"艹"对应的键位"A"。

> **提示**
>
> 虽然在98版码元键盘图中新增了"犭、礻、衤"3个码元，但由于98版五笔字型输入法增加了"补码码元"功能，因此在输入含有偏旁"犭、礻、衤"的汉字时，这些偏旁的折分方法实际上与86版是相同的。

练一练 3.5 分析字根所在的键位 >>

利用字根在键盘上的分布规律，我们可以判断一些字根所在的键位。

例如，要分析"士、夂、巛"3个字根所在的键位。

☑ "士"与键名汉字"土"的外形相似，由此可判断出该字根与"土"字根所在的键位相同，而"土"的键位为"F"。

☑ "夂"的首笔为撇（丿），代号为"3"，第2笔为横（一），代号为"1"，因此可判断出"夂"的区位号为"31"，对应的键位为"T"。此次分析过程利用了"字根首笔笔画代号与区号一致，次笔笔画代号与位号一致"的规律。

☑ "巛"的基本组成笔画为"乙"，区号为"5"，该字根由3个基本笔画"乙"复合组成，位号为"3"，因此可判断出"巛"的区位号为"53"，对应的键位为"V"。此次分析过程利用了"字根的笔画数与位号一致"的规律。

根据所学知识，并结合上面讲过的实例，请读者分析字根"刂、古、犬、之、《"所在的键位。

想一想 3.6 疑难解答 >>

问 "自"字属于什么字型？

答 在判断"自"字的字型时，许多读者容易将其判断为"上下型"，但在五笔字型输入法中，通常把它看成是"杂合型"中的"连笔型"汉字，如图3.22所示。

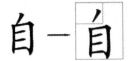

☑ 图3.22

问 五笔字型输入法98版与86版之间有何区别？

答 98版五笔字型输入法是从86版的基础上发展而来的，在拆分原则、编码规则上具有一定的共性，但也有一定的区别，其详情如表3.16所示。

表3.16 98版与86版之间的区别

输入法版本 / 区别描述	五笔字型输入法86版	五笔字型输入法98版
构成汉字基本单位的称谓不同	字根	码元
处理汉字的数量不同	只能处理GB2312-80字库中的6,763个国标简体字	可以处理GBK字库的汉字及港、澳、台地区（BIG5）的13 053个繁体字，以及中、日、韩3国大字符集中的21 003个汉字

（续表）

区别描述 / 输入法版本	五笔字型输入法86版	五笔字型输入法98版
98版选取码元更规范	无法对某些规范字根做到整字取码，造成了一些汉字编码的不规范，如86版五笔字型中需要拆分"甘、毛、丘、夫、羊、母"，既不好拆也容易出错	将规范字根作为一个码元，可直接整字取码，它将"甘、毛、丘、夫、羊、母"等汉字作为一个单独的码元
98版编码规则更简单明了	在拆分编码时常常会与汉字书写顺序产生矛盾	98版中的"无拆分编码法"将总体上形似的笔画结构归为同一码元，一律用码元来描述汉字笔画结构，使编码规则更加简单明了，使五笔输入法更加合理易学

想一想 3.7 学习小结 »

　　本章介绍了汉字的结构和字型，以及五笔字型输入法86版的字根、98版的码元。要想熟练地进行五笔打字，就必须牢牢记住五笔字根（码元）的键位分布。

第4章
汉字拆分与五笔输入

本章要点：
- ■ 字根间的结构关系
- ■ 汉字拆分原则
- ■ 键面汉字的输入
- ■ 键外汉字的输入

Chapter

4

学生：老师，我已经熟记五笔字根的键位分布了，是不是就能快速输入汉字了呢？

老师：光记住字根在键盘上的位置是远远不够的，在输入汉字时还要进行正确的拆分，拆分之后按字根所在的键位进行输入才行。

学生：拆分汉字？是不是将汉字的各个组成部分找出来就行了？

老师：拆分汉字时，不能随心所欲地拆分，而是要遵循一定的原则。而且，将汉字拆分成字根后，还要按照一定的规律进行编码，这样才能利用键盘输入。

所有的汉字都是由一个或多个基本字根构成的，使用五笔字型输入法输入汉字时，首先要明确一个汉字该如何拆分，即应该拆分成哪些字根。本章就来学习有关汉字拆分与输入的知识。

试一试 4.1 体验拆分和输入汉字的过程 》

在五笔字型输入法中，先将汉字拆分成字根，然后敲击字根所对应的键位便可输入汉字。因此，使用五笔字型输入法输入汉字时，你可以不会拼音，但必须会写汉字。

例如，"聪"字可拆分成"耳、丷、口、心"，这4个字根对应的键位分别是"B、U、K、N"，如图4.1所示。

■ 图4.1

在记事本中输入"聪"字的操作步骤如下。

01 启动"记事本"程序，将光标插入点定位在编辑区，切换到五笔字型输入法，此时界面中出现输入法状态栏。

02 依次敲击"B"、"U"、"K"键，在汉字候选框中出现一些字，如图4.2所示。

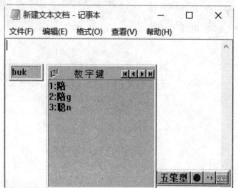

■ 图4.2

03 此时，敲击"N"键或数字键"3"，便可输入"聪"字。

通过尝试可看出，利用五笔字型输入法输入汉字的过程为：先将汉字拆分为字根，接着根据字根进行编码，即在键盘上找到对应的键位，然后在文字编辑窗口中切换到五笔字型输入法，并输入编码和选字。

> **提示**
>
> 有些汉字的结构简单，拆分起来很容易，但其字根不足4个，而有些结构复杂的汉字其字根可能超过4个。为了统一编码，五笔字型输入法规定每个汉字和词语最多只输入4码。因此当字根数较少时，就需要结合笔画和空格键来输入，相关内容将在本章进行介绍。

学一学 4.2 汉字的拆分 》

在五笔打字过程中，汉字的拆分是非常重要的环节。如果不能正确拆分汉字，便无法完成输入工作。为了掌握汉字拆分的方法，需要先学习字根间的结构关系、汉字的拆分原则等知识。

4.2.1 字根间的结构关系 »»

在拆分汉字时，要了解字根间的结构关系，否则不能正确拆分。总的来说，字根间的结构关系可分为单、散、连和交4种。

»» "单"结构汉字

"单"结构汉字是指构成汉字的字根只有一个，即该字根本身就是一个汉字，这类汉字主要包括24个键名汉字和成字字根汉字，如"王"、"口"、"田"、"又"和"木"等。由于这种结构的汉字只有一个字根，输入时不用再对它进行拆分，其输入方法将在4.3节进行讲解。

> **注意**
>
> 五笔字型输入法划分结构时依据的是字根间的结构关系，汉语中的某些"独体字"虽然结构只有一部分，如"术"、"且"等，但它们是由两个字根组成的，所有这类汉字不属于"单"结构汉字。

»» "散"结构汉字

若构成汉字的字根有多个，且字根间有明显的距离，既不相交也不相连，可视为"散"结构汉字。例如"加"字，由"力"和"口"两个字根组成，字根间还有点距离。

> **提示**
>
> "散"结构汉字主要包括左右型和上下型两种，是最容易拆分的一类汉字，如"汉"、"村"、"花"、"草"、"休"、"型"和"故"等字。

»» "连"结构汉字

"连"结构的汉字不可能是左右型或上下型汉字，只能是杂合型汉字，这类汉字可以分为以下两种情况。

◪ 汉字由一个单笔画与一个基本字根相连而构成。例如，"尺"是由字根"尸"与单笔画"㇏"相连而成，如图4.3所示；"下"由单笔画"一"与字根"卜"相连而成，如图4.4所示。

◪ 图4.3 　　　　　　　　　　　　　　　◪ 图4.4

> **提示**
>
> 若单笔画与基本字根之间有明显距离，则不属于"连"结构汉字。例如，"少"、"么"、"个"和"乞"等字。

◪ 汉字由一个孤立的点笔画和一个基本字根构成，且无论这个点离字根的距离有多远，一律视为相连。例如，"勺"由点笔画"丶"与字根"勹"构成，如图4.5所示；"术"由点笔画"丶"与字根"木"构成，如图4.6所示。

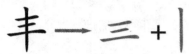

勺 → 勹 + 、　　　　术 → 木 + 、

■ 图4.5　　　　　　　　　　　■ 图4.6

>>> **"交"结构汉字**

　　"交"结构汉字是指由几个字根互相交叉构成的汉字，这类汉字有一个显著的特点，字根与字根之间没有任何距离，且相互交叉套叠。例如，"丰"字由字根"三"和"丨"交叉而成，如图4.7所示；"夫"字由字根"二"和"人"交叉而成，如图4.8所示。

丰 → 三 + 丨　　　　夫 → 二 + 人

■ 图4.7　　　　　　　　　　　■ 图4.8

提示

使用五笔字型输入法输入汉字时，需要不断地拆分与合并汉字字根，因此，掌握字根间的结构关系对正确拆分与合并字根有很大的帮助。

4.2.2 汉字的拆分原则 >>>

　　在五笔字型输入法的编码中，除了键名汉字和成字字根汉字外，其余单字都是由多个字根组合而构成的合体字。在输入合体字时，必须先将其拆分为基本字根，才能进行输入。在拆分合体字时，应遵循字根存在、书写顺序、取大优先、能散不连、能连不交和兼顾直观6大原则。

>>> **"字根存在"原则**

　　将一个完整的汉字拆分为字根时，必须保证拆分出来的部分都是基本字根。"字根存在"原则是其他原则的基础，不管是否满足其他原则，如果在拆分汉字时，拆分出来的字根有一个不是基本字根，那么这种拆分方法一定是错误的。

　　例如，在拆分"拆"字时，不能拆分为"扌"和"斥"，因为"斥"不是基本字根，还必须进一步进行拆分。正确的拆分方法为：将"拆"拆分为"扌"、"斤"和"、"3个字根，如图4.9所示。

拆 → 拆 + 拆 + 拆　✓

拆 → 拆 + 拆　✗

■ 图4.9

>>> **"书写顺序"原则**

　　在拆分汉字时，应按照汉字的书写顺序（即"从左到右"、"从上到下"和"从外到内"）将其拆分为基本字根。对于一些复杂的汉字，要按照它们的自然界限拆分，对界限不明显的就要按照后面的拆分原则拆分。

例如，按照从左到右的书写顺序，"伙"字应拆分为"亻"和"火"两个字根，而不是"火"和"亻"，如图4.10所示。

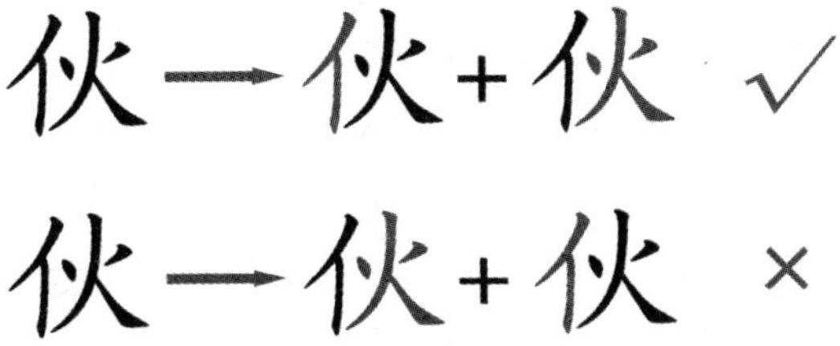

伙 → 伙 + 伙 ✓

伙 → 伙 + 伙 ✗

▪ 图4.10

注意

对于带有"辶"和"廴"结构的半包围汉字，应按从内到外的书写顺序进行拆分。例如，"过"字应拆分为"寸"和"辶"两个字根，"延"字应拆分为"丿"、"止"和"廴"3个字根。

>>> **"取大优先"原则**

"取大优先"原则是指按照书写顺序拆分汉字时，拆分出来的字根应尽量"大"，拆分出来的字根的数量应尽量少。

例如"世"字，可以拆分为"廿"和"乙（折）"，也可以拆分为"一"、"凵"和"乙"。根据"取大优先"原则，拆出的字根要尽可能大，而第二种拆分方法中的"凵"完全可以向前"凑"到"一"上，形成一个"更大"的基本字根"廿"，所以第一种拆分是正确的，如图4.11所示。

世 → 世 + 世 ✓

世 → 世 + 世 + 世 ✗

▪ 图4.11

>>> **"能散不连"原则**

"能散不连"原则是指在拆分汉字时，能够拆分成"散"结构的字根就不要拆分成"连"结构的字根。

例如"主"字，若看成"散"结构的汉字，可以拆分成"丶"、"王"；若看成"连"结构的汉字，可以拆分成"亠"、"土"。此时，根据"能散不连"原则，应采用"散"结构的拆分方法，即拆分为"丶"、"王"，如图4.12所示。

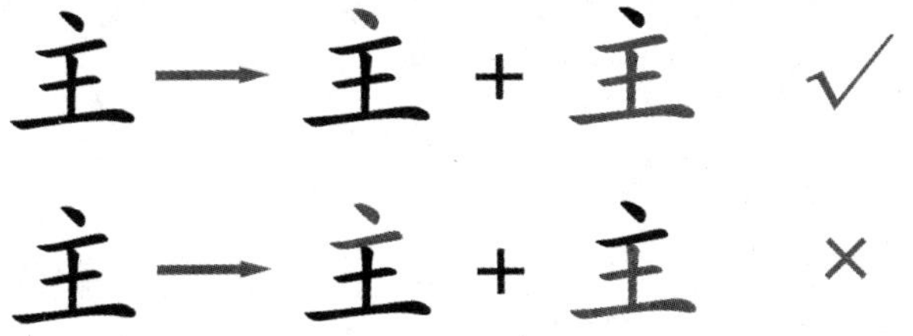

主 → 主 + 主 ✓

主 → 主 + 主 ✗

▪ 图4.12

提示

若一个汉字被拆成的几个部分都是复笔字根（不是单笔画），而它们之间的关系在"散"和"连"之间模棱两可时，根据"能散不连"的原则，应选择"散"。

>> **"能连不交"原则**

"能连不交"原则是指在拆分汉字时，能拆分成互相连接的字根就不要拆分成互相交叉的字根。

例如"天"字，用"相连"的方法可以拆分成"一"、"大"，用"相交"的方法可以拆分成"二"、"人"，此时根据"能连不交"原则，应正确拆分为"一"、"大"，如图4.13所示。

■ 图4.13

>> **"兼顾直观"原则**

在拆分汉字时，为了照顾汉字字根的完整性及字的直观性，有时就需要暂时牺牲"书写顺序"和"取大优先"的原则，形成个别例外的情况。

例如"困"字，按照"书写顺序"原则应拆分成"门"、"木"、"一"，但这样就破坏了汉字构造的直观性，因此应该根据"兼顾直观"原则，将"困"字正确拆分为"囗"、"木"，如图4.14所示。

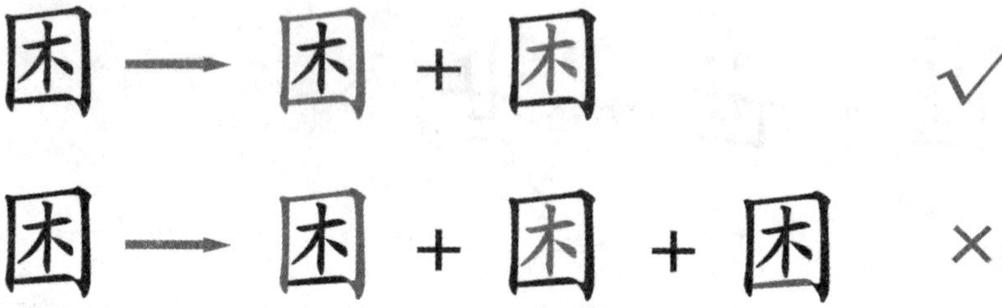

■ 图4.14

4.2.3 难拆汉字拆分解析 >>>

在五笔字型输入法中，有些汉字的字型划分不明显，有些汉字的拆分方法又太过牵强，这就给汉字输入带来了极大的不便，也使部分汉字成了难拆汉字。初学者在学习五笔字型输入法的过程中，经常会遇到一些比较难拆的汉字，下面我们来剖析一下这些汉字难拆的原因及解决办法。

>> **有多种拆分方法的汉字**

在五笔字型输入法中，有些汉字的拆分方法可能与书写顺序不同，因此造成有两种或两种以上拆分方式的假像，对于这些汉字，初学者往往不清楚如何正确拆分，例如下面这些汉字。

"凹"字，该字如果按照书写顺序进行拆分，是完全错误的，正确的拆分方法为"几、丆、一"，如图4.15所示。

凹 ⟶ 凹 + 凹 + 凹

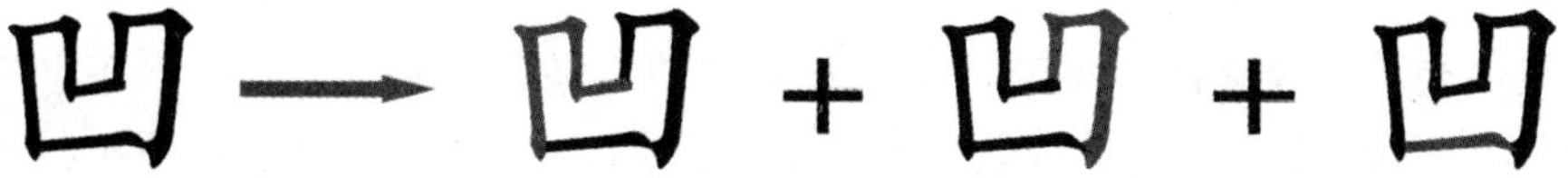

◤ 图4.15

"凸"字，该字与"凹"一样，容易拆错，正确的拆分方法为"丨、一、𠃌、一"，如图4.16所示。

凸 ⟶ 凸 + 凸 + 凸 + 凸

◤ 图4.16

"年"字，该字不能拆分成"𠂉、匚、丨"，应正确拆分为"𠂉、丨、十"，如图4.17所示。

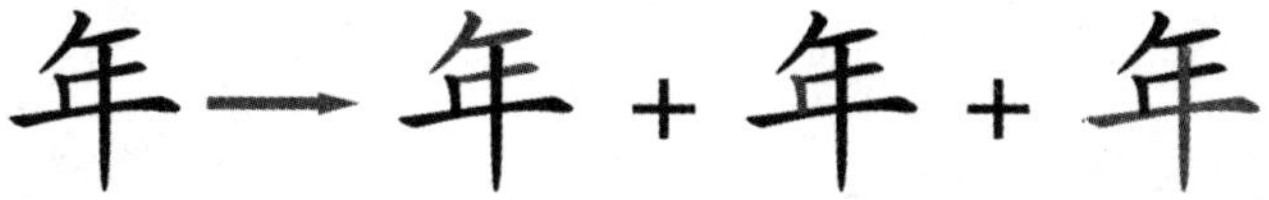

年 ⟶ 年 + 年 + 年

◤ 图4.17

"肺"字，该字应拆分成"月、一、冂、丨"，如图4.18所示。但是习惯上人们会将它拆分成"月、亠、冂、丨"，因此往往不能正确录入。

肺 ⟶ 肺 + 肺 + 肺 + 肺

◤ 图4.18

［ 提示 ］

当一个汉字出现两种或两种以上拆分方式的假像时，需要认真参照汉字的拆分原则来选择正确的拆分方法。

>>>> **字型容易混淆的汉字**

在拆分汉字时，有些汉字的字型容易混淆，因此拆分时容易出错。下面列出了一些字型容易混淆的汉字，供读者参考。

"卑"字，判断该字的字型时，容易将其判断为"杂合型"，但在五笔字型输入法中将它看成是"上下型"汉字，正确的拆分方法如图4.19所示。

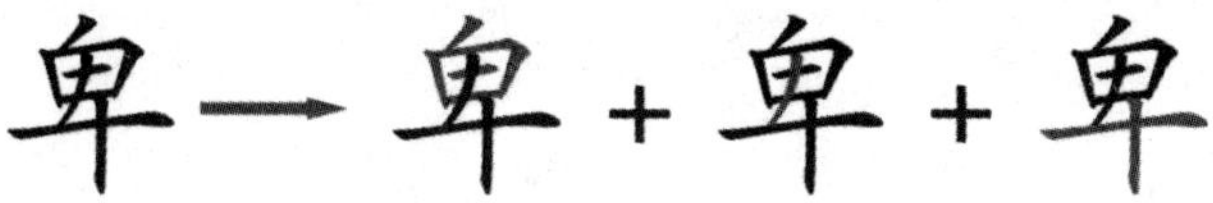

卑 ⟶ 卑 + 卑 + 卑

◤ 图4.19

"单"字，该字与"卑"字一样，都容易判断为"杂合型"，但在五笔字型输入法中将它看成是"上下型"汉字，正确的拆分方法如图4.20所示。

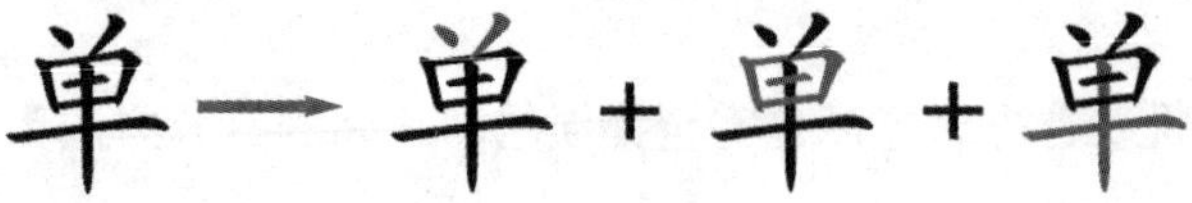

单 → 单 + 单 + 单

■ 图4.20

　　"首"字，判断该汉字的字型时，也存在两种较为常见的看法，即"上下型"和"杂合型"，五笔字型中把它看成是"上下型"汉字，正确的拆分方法如图4.21所示。

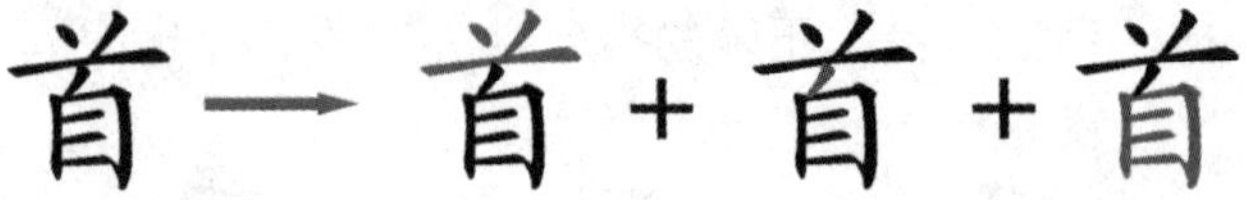

首 → 首 + 首 + 首

■ 图4.21

　　"自"字，在判断字型时，有人容易将其判断为"上下型"汉字，但在五笔字型中将它看成是"杂合型"汉字，其正确的拆分方法如图4.22所示。

自 → 自 + 自

■ 图4.22

>> >> **末笔容易混淆的汉字**

　　在五笔字型编码方案中，有些汉字需要输入末笔字型识别码，因此正确地分辨汉字的末笔相当重要。下面列出了一些末笔容易混淆的汉字，供读者参考，关于末笔识别码的相关知识将在后面的章节详细介绍。

　　"彻"字，在常规的笔画顺序中，"彻"字的最后一笔应该是"丿"，但在五笔字型中它的最后一笔却是"乛"，其正确的拆分方法如图4.23所示。

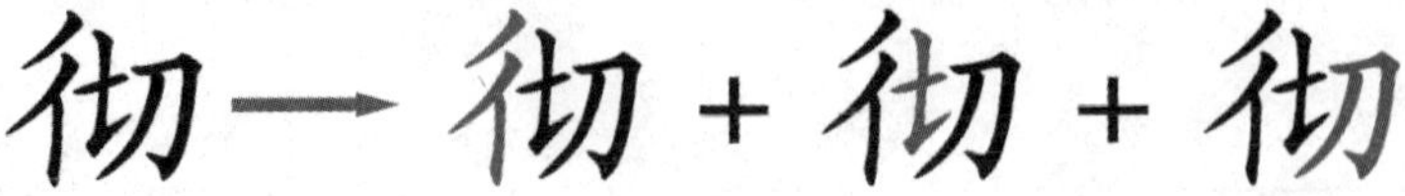

彻 → 彻 + 彻 + 彻

■ 图4.23

　　"丹"字，其笔画顺序是"丿、乛、一、丶"，但在五笔字型中却是先打"丶"，后打"一"，即"丿、乛、丶、一"，所以在五笔字型输入法中"丹"字的末笔应为"一"，拆分时应拆分为"刀、亠"，而不是"刀、一、丶"，如图4.24所示。

丹 → 丹 + 丹

■ 图4.24

学一学 **4.3 键面汉字的输入** >>

　　键面汉字是指在五笔字根键盘中可看到的汉字，包括5种单笔画、键名汉字和成字字根，接下来就讲解它们的输入方法。

4.3.1 输入5种单笔画 ▶▶▶

5种单笔画是构成五笔字根的基础，这5种单笔画的输入方法是：连续按下笔画对应的键位两次，然后连续按下"L"键两次。例如，输入"丨"时，连续按下"H"键两次，再连续按下"L"键两次。5种单笔画的编码如表4.1所示。

表4.1 5种单笔画的编码

单笔画	一	丨	丿	、	乙
编码	GGLL	HHLL	TTLL	YYLL	NNLL

4.3.2 输入键名汉字 ▶▶▶

键名汉字的输入方法为：连续按下键名汉字所在键位4次。例如，要输入"口"字，连续按"K"键4次即可。

24个键名汉字对应的编码如下。

▮ **横区(1区)：**王(GGGG)、土(FFFF)、大(DDDD)、木(SSSS)、工(AAAA)。
▮ **竖区(2区)：**目(HHHH)、日(JJJJ)、口(KKKK)、田(LLLL)、山(MMMM)。
▮ **撇区(3区)：**禾(TTTT)、白(RRRR)、月(EEEE)、人(WWWW)、金(QQQQ)。
▮ **捺区(4区)：**言(YYYY)、立(UUUU)、水(IIII)、火(OOOO)、之(PPPP)。
▮ **折区(5区)：**已(NNNN)、子(BBBB)、女(VVVV)、又(CCCC)。

4.3.3 输入成字字根 ▶▶▶

成字字根汉字的输入方法是：先按下该字根所在的键位（俗称"报户口"），然后按书写顺序依次按下第1笔、第2笔和最后一笔所在的键位，即编码为"字根所在键位+首笔代码+次笔代码+末笔代码"，当不足4码时，就按空格键补全。

下面是一些成字字根的输入示例，希望读者举一反三，并多加练习，以便掌握成字字根的输入方法。

"西"字，该字是位于"S"键上的成字字根，根据编码规则先按下该字根所在键位，再按下首笔画"一"、次笔画"丨"和末笔画"一"所在键位，即五笔编码为"SGHG"，如图4.25所示。

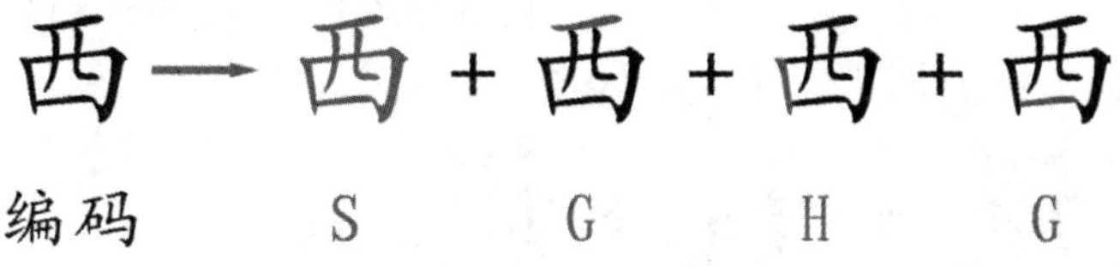

西 → 西 + 西 + 西 + 西

编码　　　S　　　G　　　H　　　G

▪ 图4.25

"刀"字，该字是位于"V"键上的成字字根，根据编码规则先按下该字根所在键位，再按下首笔画"乙"、次笔画"丿"所在键位，最后按下空格键，即五笔编码为"VNT+空格"，如图4.26所示。

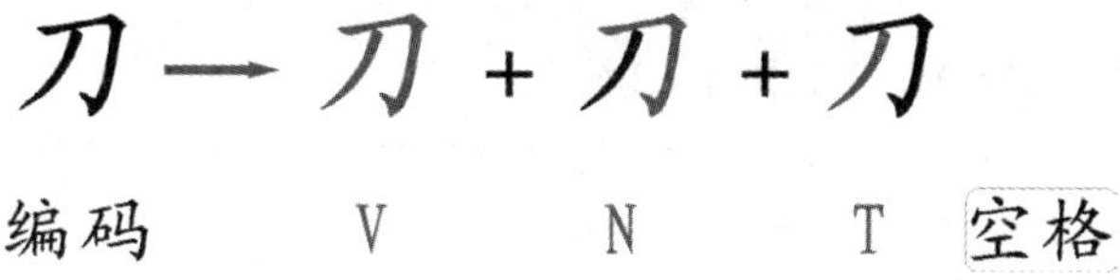

刀 → 刀 + 刀 + 刀

编码　　　V　　　N　　　T　　　空格

▪ 图4.26

"干"字，该字是位于"F"键上的成字字根，根据编码规则先按下该字根所在键位，再按下首笔画"一"、次笔画"一"和末笔画"丨"所在键位，即五笔编码为"FGGH"，如图4.27所示。

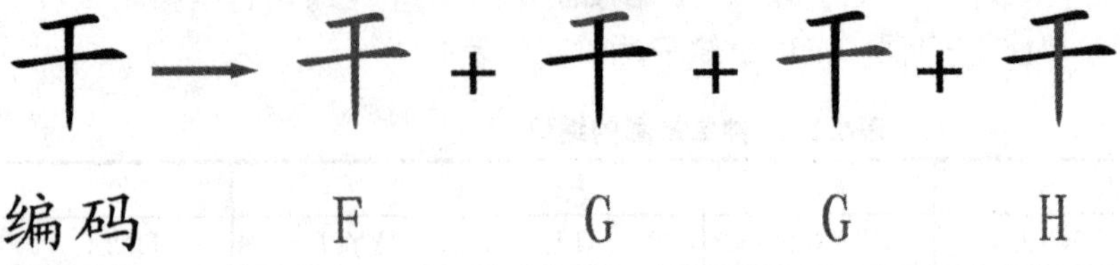

干 → 干 + 干 + 干 + 干

编码　　F　　　G　　　G　　　H

■ 图4.27

"几"字，该字是位于"M"键上的成字字根，根据编码规则先按下该字根所在键位，再按下首笔画"丿"、次笔画"乙"所在键位，最后按下空格键，即五笔编码为"MTN+空格"，如图4.28所示。

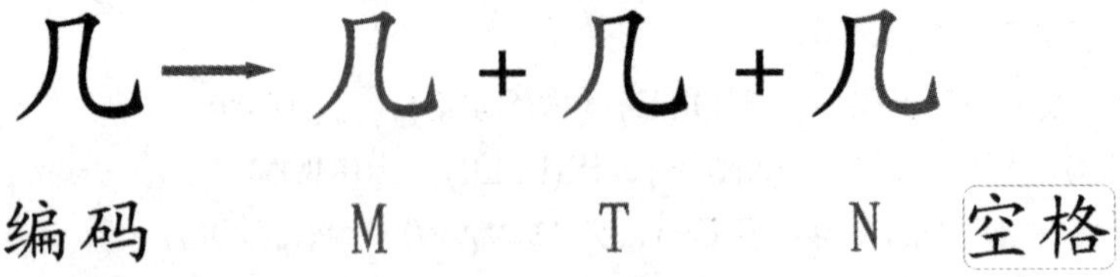

几 → 几 + 几 + 几

编码　　　M　　　　T　　　　N　　　空格

■ 图4.28

学一学 4.4 键外汉字的输入 »

键外汉字是指没有包含在五笔字根键盘中的汉字，这类汉字都是由多个字根组合而成的，又称为合体字，其输入方法主要分3种情况：刚好4码的汉字、超过4码的汉字和不足4码的汉字。

4.4.1 输入刚好4码的汉字 ›››

如果一个汉字刚好能拆分为4个字根，按照书写顺序，依次按下这4个字根所在的键位，即可输入该字。下面列出一些刚好4码的汉字的输入示例。

"说"字，可以拆分成"讠、丷、口、儿"4个字根，只需依次按下这4个字根对应的键位便可输入，即五笔编码为"UYKQ"，如图4.29所示。

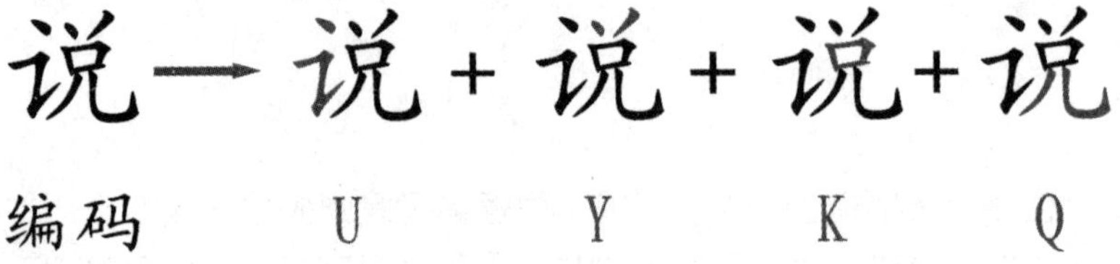

说 → 说 + 说 + 说 + 说

编码　　U　　　　Y　　　　K　　　　Q

■ 图4.29

"规"字，可以拆分成"二、人、冂、儿"4个字根，只需依次按下这4个字根对应的键位便可输入，即五笔编码为"FWMQ"，如图4.30所示。

"跬"字，可以拆分成"口、止、土、土"4个字根，只需依次按下这4个字根对应的键位便可输入，即五笔编码为"KHFF"，如图4.31所示。

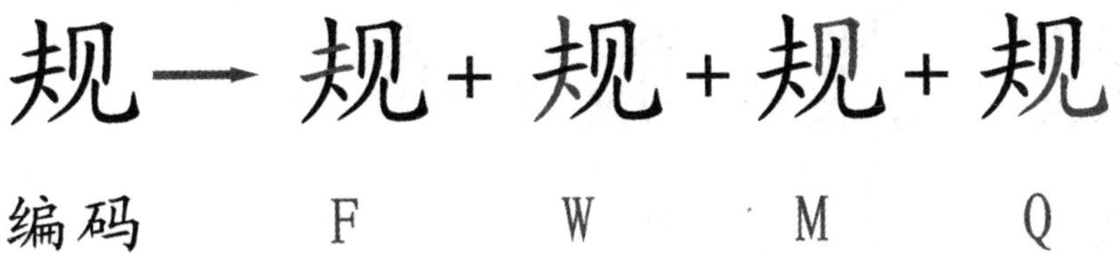

规 → 规 + 规 + 规 + 规

编码　　　F　　　W　　　M　　　Q

▪ 图4.30

跬 → 跬 + 跬 + 跬 + 跬

编码　　　K　　　H　　　F　　　F

▪ 图4.31

"照"字，可以拆分成"日、刀、口、灬"4个字根，只需依次按下这4个字根对应的键位便可输入，即五笔编码为"JVKO"，如图4.32所示。

照 → 照 + 照 + 照 + 照

编码　　　J　　　V　　　K　　　O

▪ 图4.32

4.4.2 输入超过4码的汉字 》》》

对于超过4码的汉字，输入方法是：按照书写顺序将汉字拆分为字根后，依次按下汉字的第1个字根、第2个字根、第3个字根和最后一个字根所在的键位，即"第1个字根+第2个字根+第3个字根+末字根"。

下面列出一些超过4码的汉字的输入示例。

"整"字，可以拆分成"一、口、小、攵、一、止"6个字根，根据取码规则，取其第1、2、3个字根和末字根"一、口、小、止"，即依次输入这4个字根的编码"GKIH"便可输入"整"字，如图4.33所示。

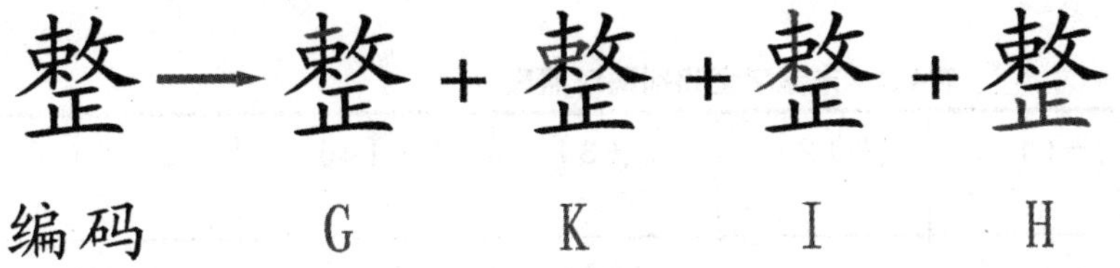

整 → 整 + 整 + 整 + 整

编码　　　G　　　K　　　I　　　H

▪ 图4.33

"熊"字，可以拆分成"厶、月、匕、匕、灬"5个字根，根据取码规则，取其第1、2、3个字根和末字根"厶、月、匕、灬"，即依次输入这4个字根的编码"CEXO"便可输入"熊"字，如图4.34所示。

"蟹"字，可以拆分成"夕、用、刀、匕、丨、虫"6个字根，根据取码规则，取其第1、2、3个字根和末字根"夕、用、刀、虫"，即依次输入这4个字根的编码"QEVJ"便可输入"蟹"字，如图4.35所示。

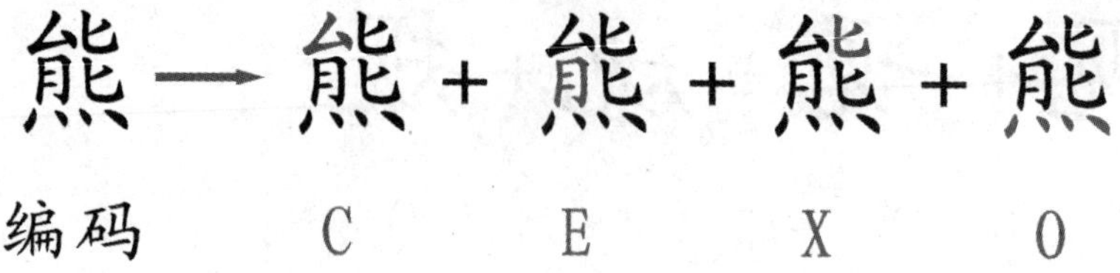

熊 ⟶ 熊 + 熊 + 熊 + 熊

编码　　C　　E　　X　　O

图4.34

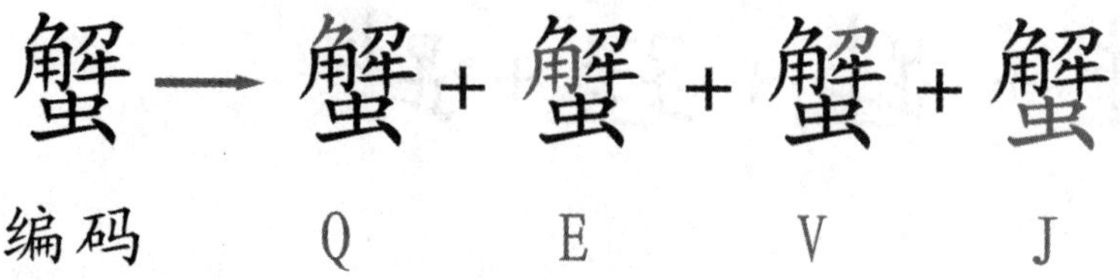

蟹 ⟶ 蟹 + 蟹 + 蟹 + 蟹

编码　　Q　　E　　V　　J

图4.35

"鹅"字，可以拆分成"丿、扌、乀、丿、丶、勹、丶、乙、一"9个字根，根据取码规则，取其第1、2、3个字根和末字根"丿、扌、乀、一"，即依次输入这4个字根的编码"TRNG"便可输入"鹅"字，如图4.36所示。

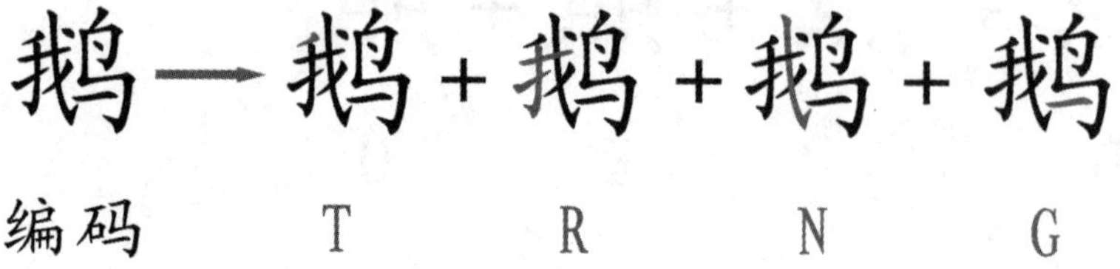

鹅 ⟶ 鹅 + 鹅 + 鹅 + 鹅

编码　　T　　R　　N　　G

图4.36

4.4.3 输入不足4码的汉字 >>>

对于不够拆分成4个字根的汉字，依次按下各字根所在的键位后，可能会输入需要的汉字，但也可能出现许多候选字或者根本没有需要的汉字，这时可通过"末笔字型识别码"解决问题。

>>> **末笔字型识别码的含义**

末笔字型识别码（简称为"识别码"）是由末笔代号加字型代号构成的一个附加码，其详情如表4.2所示。

表4.2　末笔字型识别码对照表

字型代号＼末笔代号	一（1）	丨（2）	丿（3）	丶（4）	乙（5）
左右型（1）	11（G）	21（H）	31（T）	41（Y）	51（N）
上下型（2）	12（F）	22（J）	32（R）	42（U）	52（B）
杂合型（3）	13（D）	23（K）	33（E）	43（I）	53（V）

例如，"号"字只能拆分为"口、一、乙"3个字根，此时需要加上一个末笔字型识别码。"号"字的末笔为"乙"（5），字型为"上下型"（2），因此末笔字型识别码就为52，52所对应的键位为"B"，所以"号"字的编码为"KGNB"，如图

4.37所示。

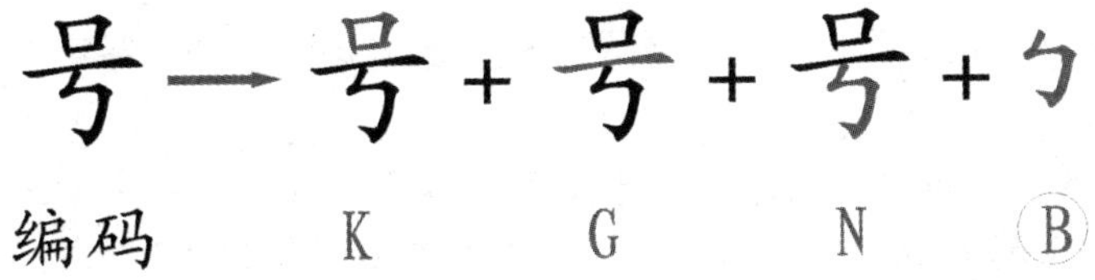

号 → 号 + 号 + 号 + ⺈

编码	K	G	N	Ⓑ

◪ 图4.37

提示

某些汉字使用末笔字型识别码后仍不足4码，需要再输入一个空格，即"第一个字根＋第二个字根＋末笔字型识别码＋空格"。

>>> **末笔字型识别码的特殊约定**

在判断末笔字型识别码时，还要遵循以下3个特殊约定。

◪ 由"辶"、"廴"、"门"和"疒"组成的半包围汉字，以及由"囗"组成的全包围汉字，其末笔为被包围部分的末笔笔画。例如，"连"字的末笔为"丨"，如图4.38所示；"因"字的末笔为"丶"，如图4.39所示。

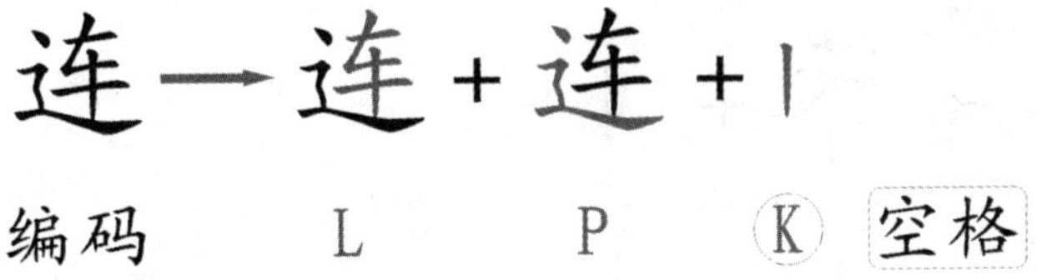

连 → 连 + 连 + 丨

编码	L	P	Ⓚ	空格

◪ 图4.38

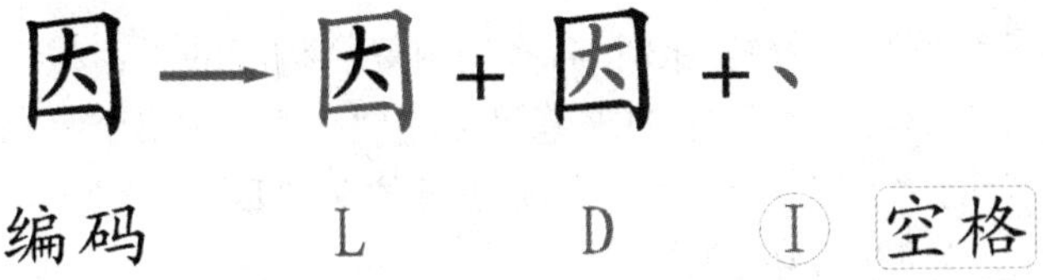

因 → 因 + 因 + 丶

编码	L	D	Ⓘ	空格

◪ 图4.39

◪ 对于"成、我、戌、戋"等字，遵循"从上到下"原则，取撇（丿）为末笔。例如"浅"字的末笔为"丿"，如图4.40所示。

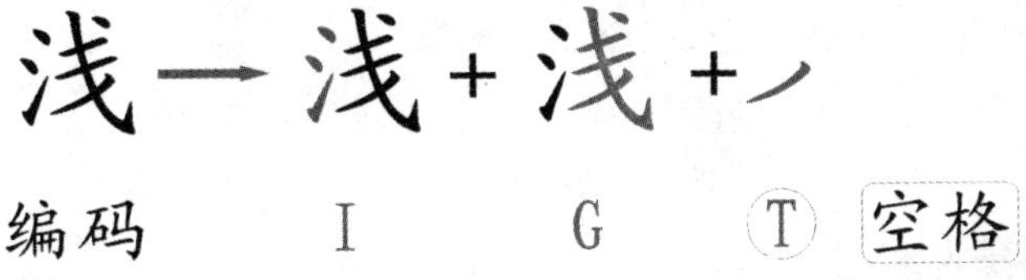

浅 → 浅 + 浅 + 丿

编码	I	G	Ⓣ	空格

◪ 图4.40

◪ 末字根为"力、刀、九、匕"等时，一律用折笔作为末笔画。例如"叨"字的末字根为"刀"，其末笔画为折（乙），如图4.41所示。

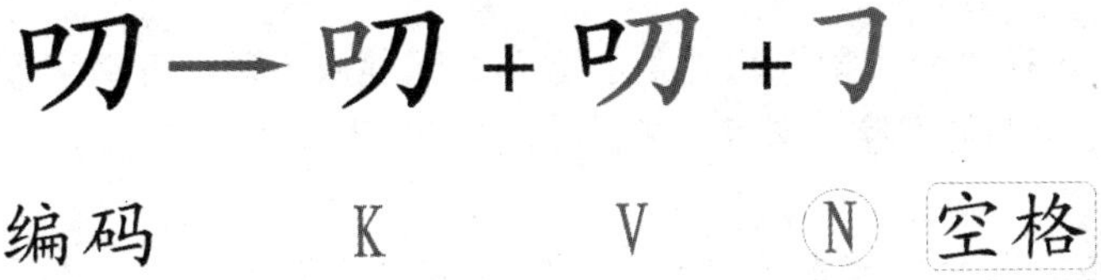

叨 → 叨 + 叨 + 刀

编码	K	V	Ⓝ	空格

◪ 图4.41

>>> **快速判断末笔字型识别码**

在输入不足4码的汉字时，只需理解以下3点，便可快速判断出该汉字的末笔字型识别码。

▇ 对于"左右型"汉字，当输完字根后，补打1个末笔笔画就等同加了末笔字型识别码。例如，"妙"字的末笔笔画是"丿"，而"丿"所在的键位是"T"，因此，"妙"的编码就为"VITT"，如图4.42所示。

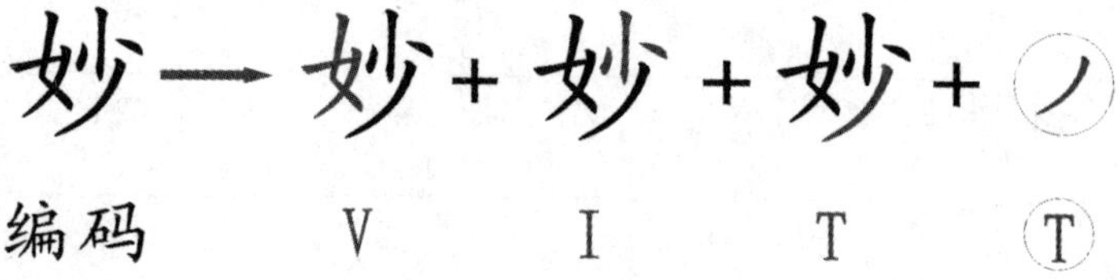

妙 —— 妙 + 妙 + 妙 + 丿

编码　　　V　　I　　T　　Ⓣ

▇ 图4.42

▇ 对于"上下型"汉字，当输完字根后，补打由两个末笔笔画复合构成的"字根"就等同加了末笔字型识别码。例如，"莽"字的末笔笔画是"丨"，由两个笔画"丨"复合构成的"字根"就为"刂"，而"刂"所在键位是"J"，因此，"莽"的编码就应为"ADAJ"，如图4.43所示。

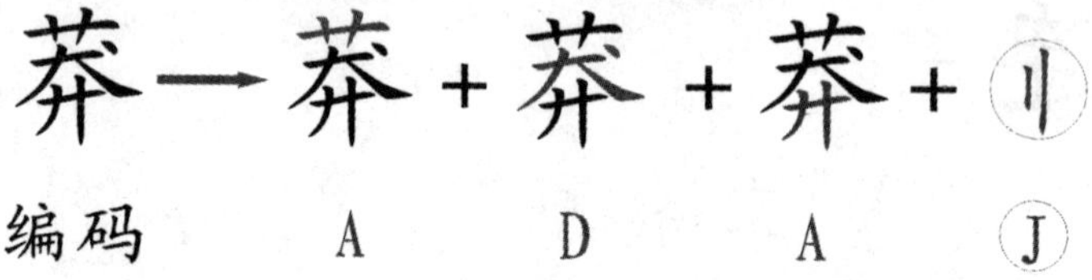

莽 —— 莽 + 莽 + 莽 + 刂

编码　　　A　　D　　A　　Ⓙ

▇ 图4.43

▇ 对于"杂合型"汉字，当输完字根后，补打由3个末笔笔画复合构成的"字根"就等同加了末笔字型识别码。例如，"固"字的末笔笔画是"一"，由3个笔画"一"复合构成的"字根"就为"三"，而"三"所在键位是"D"，因此，"固"的编码就应为"LDD"，如图4.44所示。

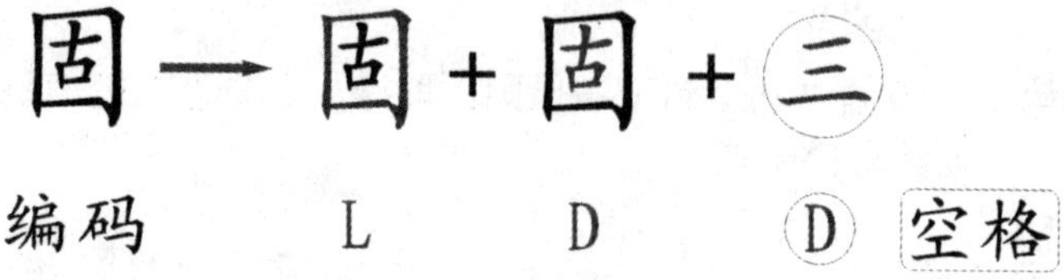

固 —— 固 + 固 + 三

编码　　　L　　D　　Ⓓ　空格

▇ 图4.44

练一练 4.5 易错汉字的拆分 >>>

本节将结合汉字的字型、五笔字型的字根及汉字的拆分等相关知识点，对一些初学者容易拆错的汉字进行拆分。

"戴"字在拆分时容易让人在"上下型"和"杂合型"之间混淆不清，五笔字型输入法把它看成是"上下型"结构的汉字。该字的拆分方法为"十、戈、田、艹、八"，如图4.45所示。

"我"字和"戴"字相像，里面也包含了"戈"，因此容易拆分成"丿、扌、戈",但这种拆分方法是错误的,正确拆分方法应为"丿、扌、乀、丿、丶",如图4.46所示。

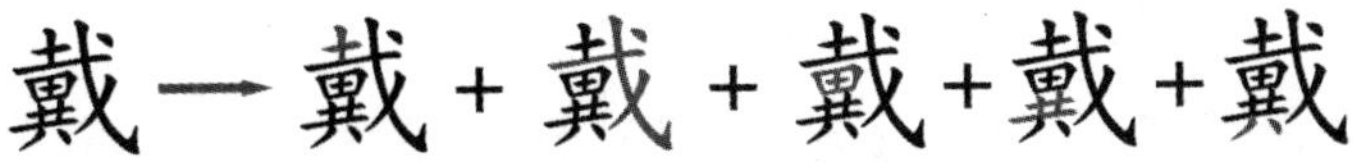

戴—戴 + 戴 + 戴 + 戴 + 戴

▨ 图4.45

我—我 + 我 + 我 + 我 + 我

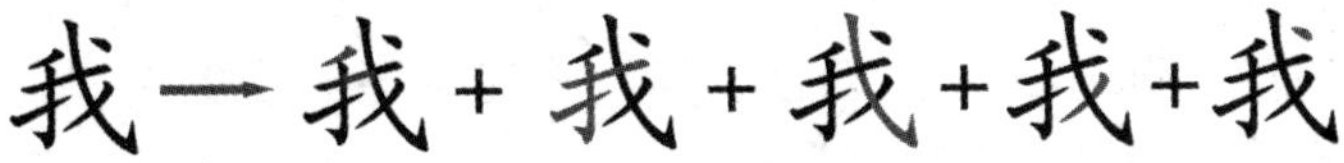

▨ 图4.46

"未"、"末"这两个字都可以拆分成"二、小",或者"一、木",但在五笔字型输入法中,规定"未"拆分成"二、小"(如图4.47所示),"末"拆分成"一、木"(如图4.48所示),以区别这两个字。

未—未 + 未

▨ 图4.47

末—末 + 末

▨ 图4.48

"开"字正确的拆分应为"一、廾",而不是拆分成"二、刂",如图4.49所示。

开—开 + 开

▨ 图4.49

"尴"字在拆分时,容易将第1个字根拆分为"九",这样的拆分是错误的,正确的拆分方法为"尢、乙、小、匕、丶、皿",如图4.50所示。

尴—尴 + 尴 + 尴 + 尴 + 尴 + 尴

▨ 图4.50

"害"字容易拆分成"宀、丯、口",这种拆分方法是错误的,其正确拆分应为"宀、三、丨、口",如图4.51所示。

害—害 + 害 + 害 + 害

▨ 图4.51

"官"字的拆分难度也是比较大的,正确的拆分方法为"宀、㇆、丨、㇌",如图4.52所示。

官—官 + 官 + 官 + 官

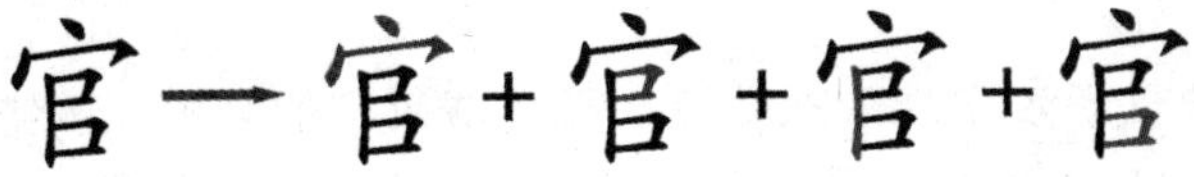

▨ 图4.52

想一想 **4.6** 疑难解答 »

问 为什么输入编码"APFC"不能输入"蔻"字？

答 按照拆分原则，"蔻"字的编码应为"APFC"，但与常用词组"劳动"产生重码。为了区分这两者的编码，王永民教授便强制规定"蔻"字的编码为"APFL"。之所以这样规定，是因为"劳动"这个词组很常用，而"蔻"字属于不常用的汉字。

问 怎样输入偏旁部首？

答 使用五笔字型输入法时，可输入部分偏旁部首。偏旁部首的输入分单字根偏旁部首输入和双字根偏旁部首输入两种。

☑ 单字根偏旁部首是指偏旁部首本身就是一个字根，它与成字字根的输入方法相似，先按下字根所在的键位，然后按书写顺序依次按下第1笔、第2笔和末笔所在的键位即可。例如偏旁部首"扌"，按下"扌"所在的键位"R"，再依次按下该字根的第1笔"一"所在的键位"G"，第2笔"丨"所在的键位"H"和末笔"一"所在的键位"G"，即输入五笔编码"RGHG"便可输入"扌"。

☑ 对于不是字根的偏旁部首，一般是由两个字根组成，也就是前面提过的双字根偏旁部首。在输入双字根偏旁部首时需要拆分，同时还需要附加末笔字型识别码。例如偏旁部首"衤"，可拆分为"衤"和"丶"两个字根，其末笔笔画为"丶"，由3个笔画"丶"复合构成的"字根"就为"氵"，而"氵"所在键位是"I"，因此，"衤"的五笔编码就应为"PYI"。

> **提示**
>
> 偏旁部首的字型都为"杂合型"，当输完字根后，补打由3个末笔笔画复合构成的"字根"就等同加了末笔字型识别码。

问 五笔字型输入法中，汉字的编码有何规律？

答 在输入单个汉字时，可遵循下面的编码规律。
五笔字型均直观，依照笔顺把码编；
键名汉字击四下，基本字根要照搬；
一二三末取四码，顺序拆分大优先；
不足四码要注意，交叉识别补后边。

想一想 **4.7** 学习小结 »

在拆分与输入汉字前，首先要认识汉字的形态特点，即组成汉字的字根间的结构关系：单、散、连、交。根据这4种结构关系，在拆分汉字时还要遵循几个基本原则：字根存在、书写顺序、取大优先、能散不连、能连不交、兼顾直观。只要掌握了这些原则，并不断地进行打字练习，就能快速提高五笔打字速度。

第5章

提高五笔输入速度

本章要点：
- ☑ 简码输入
- ☑ 输入词组
- ☑ 自定义词组
- ☑ 使用万能学习键 "Z"

Chapter

5

学　生：老师，每个汉字都要输入4码才能输入吗？有没有更简单的方法啊？

老　师：有啊，五笔字型输入法提供了简码输入的方法，即使击键次数少于4次也能输入汉字。

学　生：每次都只输入一个字也太慢了，不知道能不能输入词组啊？

老　师：当然能，而且无论词组有多少个字，也只需要击键4次便可输入。

在五笔字型输入法中，为了减少击键次数，提高输入速度，将一些汉字设置为简码汉字，输入相应的简码（1~3个）便可快速输入汉字。此外，无论是二字词组、三字词组，还是多字词组，最多都只需按4次键便可输入。本章将对简码和词组的输入方式进行介绍。

试一试 5.1 快速输入一句话 »

在上一章的学习中，汉字的五笔编码都为4码（不足时加打空格键或末笔字型识别码）。但在实际输入过程中我们可以发现，有些常用汉字只需输入前一个、两个或三个编码便可输入。例如，输入"我爱我的祖国"时，其中的"我"字只要按"Q"键就能在汉字候选框中的第一个位置出现，此时只需按空格键便可输入"我"字，具体的输入过程如下。

01 在"记事本"窗口中切换到五笔字型输入法，按下"Q"键，"我"字出现在候选框的第一位，此时按下空格键便可输入该字，如图5.1所示。

▪ 图5.1

02 "爱"字的编码为"EPDC"，按下"E"键和"P"键时，"爱"字便出现在候选框的第一位，此时按下空格键便可输入该字，如图5.2所示。

▪ 图5.2

03 按下"Q+空格键"输入"我"字，按下"R"键，"的"字出现在候选框的第一位，此时按下空格键便可输入该字，如图5.3所示。

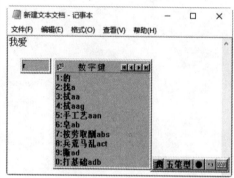

▪ 图5.3

04 用同样的方法，按"PYE+空格键"可输入"祖"字，按"L+空格键"可输入"国"字，其最终结果如图5.4所示。

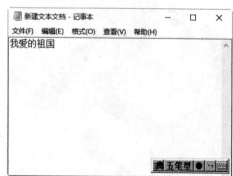

▪ 图5.4

从上面的输入过程中可看出，有些汉字只需输入前一个、两个或三个编码，汉字候选框中就会出现需要的汉字，这种汉字就叫简码。输入简码时，利用空格键和数字键就能快速输入。

学一学 5.2 简码输入 »

为了减少击键次数，提高输入速度，对于一些使用频率较高的汉字，可以只取前边的1~3个字根，再按空格键输入，因此就形成了一级简码、二级简码和三级简码。通过简码输入，不但减少了击键次数，还省去了部分汉字的"识别码"的判断和编码，更加便于汉字的输入。

5.2.1 一级简码 »»

在五笔字型输入法中，根据每一个键位上的字根形态特征，在25个键位上分别安排了一个使用频率较高的汉字，这些汉字就叫一级简码（也叫"高频字"）。如图5.5所示为这25个汉字的分布位置。

■ 图5.5

一级简码的输入方法是：按下该字所在的键位，再按下空格键即可。例如，要输入"为"字，按下"O+空格键"；要输入"上"字，按下"H+空格键"。

一级简码的分布规律基本是按第1笔画来进行分类的，并尽可能使它们的第2笔画与位号一致，但并不是每一个都符合。为了帮助记忆，下面提供了5句口诀。

1区：一 地 在 要 工　　2区：上 是 中 国 同

3区：和 的 有 人 我　　4区：主 产 不 为 这

5区：民 了 发 以 经

5.2.2 二级简码 »»

五笔字型输入法将一些常用汉字编码简化为用两个字根来编码，便形成了二级简码。二级简码的输入方法是：按照取码的先后顺序，取汉字全码中的前两个字根的代码，再按下空格键即可。

例如，"称"字的全码应为"TQIY"，在键入编码"TQ"后，"称"字就会出现在候选框的第一位，此时按下空格键可立即输入。

相对于一级简码来说，二级简码就要多得多，大概有600多个。下页的表中列出了两个代码组合后的编码对应的二级简码，若为"×"，表示该编码没有对应的二级简码。

	GFDSA	HJKLM	TREWQ	YUIOP	NBVCX
G	五于天末开	下理事画现	玫珠表珍列	玉平不来琮	与屯妻到互
F	二寺城霜载	直进吉协南	才垢圾夫无	坟增示赤过	志地雪支坳
D	三夺大厅左	丰百右历面	帮原胡春克	太磁砂灰达	成顾肆友龙
S	本村枯林械	相查可楞机	格析极检构	术样档杰棕	杨李要权楷
A	七革基苛式	牙划或功贡	攻匠菜共区	芳燕东蒌芝	世节切芭药
H	睛睦睚盯虎	止旧占卤贞	睡睥肯具餐	眩瞳步眯瞎	卢×眼皮此
J	量时晨果虹	早昌蝇曙遇	昨蝗明蛤晚	景暗晃显晕	电最归紧昆
K	呈叶顺呆呀	中虽吕另员	呼听吸只史	嘛啼吵咪喧	叫啊哪吧哟
L	车轩因困轫	四辊加男轴	力斩胃办罗	罚较×辚边	思团轨轻累
M	同财央朵曲	由则迥崭册	几贩骨内风	凡赠峭嶙迪	岂邮×凤嶷
T	生行知条长	处得各务向	笔物秀答称	入科秒秋管	秘季委么第
R	后持拓打找	年提扣押抽	手折扔失换	扩拉朱搂近	所报扫反批
E	且肝须采肛	胪胆肿肋肌	用遥朋脸胸	及胶膛膝爱	甩服妥肥脂
W	全会估休代	个介保佃仙	作伯仍从你	信们偿伙俟	亿他分公化
Q	钱针然钉氏	外旬名甸负	儿铁角欠多	久匀乐炙锭	包凶争色锯
Y	主计庆订度	让刘训为高	放诉衣认义	方说就变这	记离良充率
U	闰半关亲并	站间部曾商	产瓣前闪交	六立冰普帝	决闻妆冯北
I	汪法尖洒江	小浊澡渐没	少泊肖兴光	注洋水淡学	沁池当汉涨
O	业灶类灯煤	粘烛炽烟灿	烽煌粗粉炮	米料炒炎迷	断籽娄烂糨
P	定守害宁宽	寂审宫军宙	客宾家空宛	社实宵灾之	官字安×它
N	怀导居怵民	收慢避惭届	必怕×愉懈	心习悄屡忱	忆敢恨怪尼
B	卫际承阿陈	耻阳职阵出	降孤阴队隐	防联孙耿辽	也子限取陛
V	姨寻姑杂毁	叟旭如舅妯	九妹奶臾婚	妨嫌录灵巡	刀好妇妈姆
C	骊对参骠戏	×骒台劝观	矣牟能难允	驻骈××驼	马邓艰双×
X	线结顷缥红	引旨强细纲	张绵级给约	纺弱纱继综	纪弛绿经比

在查阅二级简码汉字时，汉字所在行的字母为第1码，汉字所在列的字母为第2码，这两码加起来就是该汉字的二级简码。例如，"社"字的第1码为"P"，第2码为"Y"，因此，"社"字的二级简码为"PY"。

5.2.3　三级简码 >>>

三级简码是用单字全码中的前3码来作为该字的编码，这类汉字大约有4000多个。输入三级简码时，只需依次键入汉字的前3个字根对应的编码，再键入空格键即可。

输入三级简码时，虽然加上空格后也要按4下键，但因为很多字不用判断识别码了，而且空格键比其他键更容易敲击，所有在无形之中就提高了输入速度。

例如，"驳"字的全码为"CQQY"，简码为"CQQ"，简码省略了识别码"Y"的判断，因此提高了输入速度，如图5.6所示。

全码：驳 驳 驳 驳
　　　 C　 Q　 Q　 Y

简码：驳 驳 驳 驳
　　　 C　 Q　 Q　 空格

▪ 图5.6

学一学 5.3 词组的输入 »

词组输入是五笔字型输入法提供的又一重要功能，也是五笔字型输入法输入速度快的原因之一。词组输入最大的特点是，不管多长的词组，一律只需击键4次便可输入。

5.3.1 二字词组 »»»

二字词组在汉语词组中占有相当大的比重，其取码规则为：第1个字的第1个字根+第1个字的第2个字根+第2个字的第1个字根+第2个字的第2个字根，从而组合成4码。

例如词组"知道"，取"知"的第1个字根"𠂉"，第2个字根"大"，"道"的第1个字根"丷"，第2个字根"丿"，输入编码"TDUT"即可，如图5.7所示。

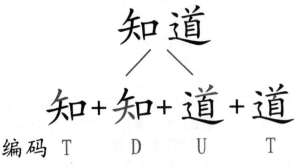

知道
知+知+道+道
编码 T　 D　 U　 T

▪ 图5.7

5.3.2 三字词组 »»»

三字词组指包含3个汉字的词组，如"计算机"、"办公室"等。三字词组的取码规则为：第1个字的第1个字根+第2个字的第1个字根+第3个字的第1个字根+第3个字的第2个字根，从而组合成4码。

例如词组"计算机"，取"计"字的第1个字根"讠"，"算"字的第1个字根"𥫗"，"机"字的第1个字根"木"，第2个字根"几"，输入编码"YTSM"即可，如图5.8所示。

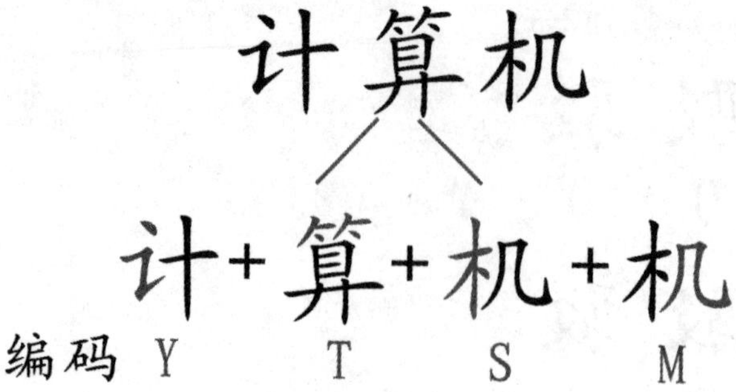

计算机

计+算+机+机

编码 Y　T　S　M

■ 图5.8

5.3.3 四字词组 》》

汉语中的四字词组较多，且多为成语，如"爱莫能助"、"功成名就"等。四字词组的取码规则为：第1个字的第1个字根+第2个字的第1个字根+第3个字的第1个字根+第4个字的第1个字根，从而组合成4码。

例如词组"爱莫能助"，取"爱"字的第1个字根"⺧"，"莫"字的第1个字根"艹"，"能"字的第1个字根"厶"，"助"字的第1个字根"月"，输入编码"EACE"即可，如图5.9所示。

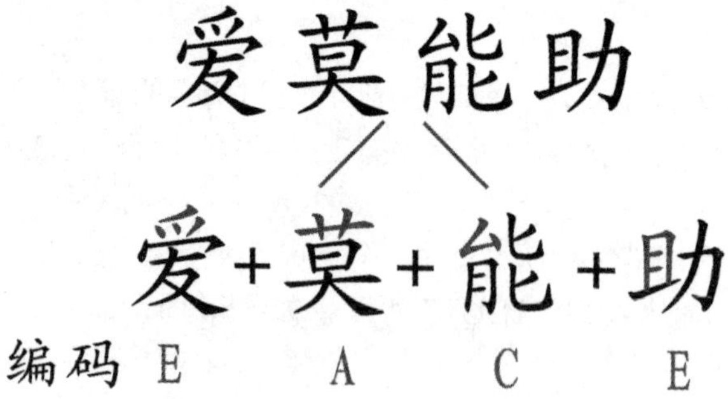

爱莫能助

爱+莫+能+助

编码 E　A　C　E

■ 图5.9

5.3.4 多字词组 》》

如果构成词组的汉字个数超过了4个，那么此类词组就属于多字词组，如"快刀斩乱麻"、"百闻不如一见"等。多字词组的取码规则为：第1个字的第1个字根+第2个字的第1个字根+第3个字的第1个字根+最后一个字的第1个字根。

例如词组"快刀斩乱麻"，取"快"字的第1个字根"忄"，"刀"字的第1个字根"刀"，"斩"字的第1个字根"车"，"麻"字的第1个字根"广"，输入编码"NVLY"即可，如图5.10所示。

5.3.5 自定义词组 》》

当五笔字型输入法词库中没有需要输入的词组（例如"船到桥头自然直"）时，可通过"手工造词"功能来自定义词组。下面以王码五笔型输入法86版为例，讲解如何将词组"船到桥头自然直"添加到词库中。

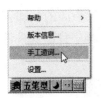

快刀斩乱麻

快 + 刀 + 斩 + 麻

编码 N V L Y

▪ 图5.10

01 使用鼠标右键单击五笔字型输入法状态栏上除软键盘开关切换按钮外的位置，在弹出的快捷菜单中单击"手工造词"命令，如图5.11所示。

▪ 图5.11

02 弹出"手工造词"对话框，在"词语"文本框中输入需要自定义的词组，本例中输入"船到桥头自然直"，"外码"文本框中将自动显示该词组的五笔编码，然后单击"添加"按钮，如图5.12所示。

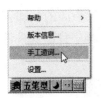

▪ 图5.12

03 此时，"词语列表"列表框中将显示所造的词组，单击"关闭"按钮结束造词，如图5.13所示。

▪ 图5.13

04 此后，当输入编码"TGSF"时，候选框中就会出现"船到桥头自然直"，按下对应的数字键便可输入，如图5.14所示。

▪ 图5.14

5.4 重码和万能学习键"Z"

如果一个编码对应着几个汉字，则该编码就成为重码，对应的几个汉字就称为重码字。此外，在五笔字型输入法中，还有一个万能学习键"Z"，可以用于辅助汉字的输入。

5.4.1 重码的处理 »»»

在五笔字型输入法中，当输入重码时，重码字会显示在候选框中，比较常用的字会排在第一个位置上，其他的重码字则需要用数字键选择。五笔字型输入法对重码的处理方法如下。

»» **重码提示**

当输入的编码有重码时，候选框中便会显示出编码相同的几个汉字，而常用的那个字通常排在第一位，按空格键便可输入。

例如输入编码"TMGT"时，候选框中会同时出现"微、徽、徵"3个字，如图5.15所示。因为"微"字比较常用，所以排在第一位，按空格键便可输入；而"徽、徵"的使用频率较低，需要按对应的数字键进行选择输入，如要输入"徽"字，则应按数字键"2"。

»» **自动调整**

在输入词组时，重码比较严重，因为词组的数量与重码率是相互矛盾的，即词库越丰富，词组的重码就越严重。例如输入编码"WTKK"时，候选框中会出现"伤口"和"作品"两个词组，如图5.16所示。

◢ 图5.15

◢ 图5.16

不过，现在很多五笔输入法都有词频自动调整的功能，经常用的词组一般会排在第一位。而且，有些新版本的输入法在输入词组时，会根据需要选择词组，下次再输入这个词组时，该词组就会自动排在第一位，从而免去了第二次选择的麻烦。例如使用三讯五笔输入法输入编码"WTKK"后，候选框中会出现"作品"和"伤口"两个词，"作品"排在第一位，如图5.17所示。如果按下数字键"2"，可输入"伤口"一词，下次再输入编码"WTKK"时，"伤口"就排在了第一位，此时按空格键便可输入，如图5.18所示。

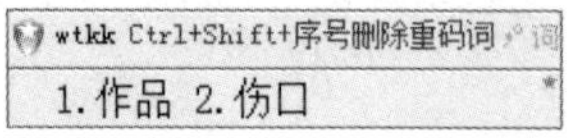

❂ wtkk Ctrl+Shift+序号删除重码词 ✐ 词
1.作品 2.伤口

◢ 图5.17

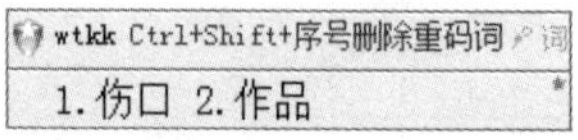

❂ wtkk Ctrl+Shift+序号删除重码词 ✐ 词
1.伤口 2.作品

◢ 图5.18

5.4.2 万能学习键"Z"的使用 »»»

对于初学五笔字型输入法的用户来说，有时虽然用心记忆字根，但难免会记得不牢，或者字根与键位对不上号。此时，便可运用万能学习键"Z"来解决问题。

在输入汉字时，如果不记得字根对应的键位，或者对某个字根拆分模糊，便可使用"Z"键来代替。此时，输入法会检索出那些符合已键入代码的字或词，并将汉字及正确代码显示在候选框里。

例如，在输入"器"字的过程中，不知道它的第3个字根代码是什么，便可用"Z"来代替，即输入"KKZK"，候选框中将显示符合该编码的汉字，此时可选择需要输入的字，如图5.19所示。

图5.19

练一练 5.5 输入一份二手房买卖协议 »

在使用五笔字型输入法输入汉字的过程中，要尽量使用简码和词组的输入方法，这样可以大大提高输入速度。请读者根据简码和词组的输入方法，练习输入一份二手房买卖协议，在输入过程中，力求准确度，并在此基础上提高输入速度。

房屋买卖协议书

卖方(以下简称甲方)：

姓名：XXX　　身份证号码：

买方(以下简称乙方)：

姓名：XXX　　身份证号码：

第一条：甲方房屋坐落于XXXXXXX小区12幢7号，位于第一层，房屋结构为一间半，房产属于安置房。房屋的面积以双方看样为准。该房屋售价总金额为人民币叁拾万元整。

第二条：甲方保证出卖的房产产权清晰，不存在第三人对该房产有任何纠纷；否则，所产生的法律后果全部责任由甲方承担。

第三条：乙方于本合同签订之日向甲方支付定金人民币贰万元整，作为首付款的一部分；剩余房款贰拾捌万元整在签订合同后的两个月内支付完结。甲方应于房款交付完结之日将该房屋交付乙方。

第四条：乙方如未按本合同第三条规定的时间付款，甲方对乙方的逾期应付款有权追究违约责任。自本合同规定的应付款限期之第二天起至实际付款之日止，每逾期一天，乙方按累计应付款的10%向甲方支付违约金。逾期超过30日，即视为乙方不履行本合同，甲方有权解除合同，追究乙方的违约责任。甲方如未按本合同规定的期限将该房屋交给乙方使用，乙方有权按已交付的房价款向甲方追究违约责任。每逾期一天，甲方按累计已付款的10%向乙方支付违约金。逾期超过15日，则视为甲方不履行本合同，乙方有权解除合同，追究甲方的违约责任。

第五条：甲方应在政府规定可以办理房屋产权证的前提下及时办理，并积极配合乙方办理产权过户手续。权属过户登记过程中所产生的费用由乙方自行承担。

第六条：本合同未尽事项，由甲、乙双方另行议定，并签订补充协议。

第七条：本合同一式二份，甲、乙双方各执一份，甲、乙双方签字之日起生效。

甲方：　　　　乙方：

在场人：

年　月　日

想一想 5.6 疑难解答 >>

问 在五笔字型输入法中，简码是否可以以全码方式进行输入？

答 当然可以，简码只是省略了常用汉字编码中后面的1~3个编码，以便减少按键次数，提高输入速度。例如"国"字属于一级简码，按"L+空格键"便可输入，但输入"LGYI"仍然可以输入该字。

问 使用五笔输入法输入汉字，有没有什么技巧可以提高输入速度？

答 掌握一些文字输入技巧与原则，能够帮助我们"运指如飞"。总的来说有以下三个基本规则。

■ 遇词打词，无词打字。五笔字型输入法不但能输入单字，而且能输入几乎所有的词组。无论是二字词组、三字词组、四字词组还是多字词组，使用五笔字型输入法最多只需要击键4次就可以将词组打出来，因此大大提高了录入效率。

提示

要想在输入过程中遇词打词，就必须知道哪些是词组，这需要在头脑中建立常用词组的概念，平常可以找一些词组的资料进行专项练习，效果会更好。

■ 击键规范、快速盲打。对于文字录入员来说，盲打的概念就是在文字录入时眼睛不看屏幕，也不看键盘，只看稿纸，在打字的间隙或整个打字过程中用眼睛的余光观察键盘与屏幕，整个打字过程非常流畅。

技巧

初学者要想实现盲打，必须经历一个训练过程。初学者应多抽出时间练习键盘操作，可以反复练习同一篇英文文章，逐渐提高录入速度。此外，还应从初学打字开始便养成盲打的习惯，可以采用不看屏幕只看文稿的方法来练习。只有通过刻苦练习，养成好的习惯后才能实现自然盲打。

■ 简码输入、能省则省。五笔字型中无论是汉字还是词组，最多只需要4位编码即可输入。有些汉字甚至不需要4码，只需要三码或者二码即可录入，这就是五笔字型输入法中的简码汉字。使用简码输入可以将输入速度提高2~3倍。

想一想 5.7 学习小结 >>

本章主要讲解了简码和词组的输入方法，以及重码的处理方法和万能学习键"Z"的使用。要想熟练掌握五笔字型输入法，除了击键规范、快速盲打之外，还应该养成简码输入、遇词打词的习惯。

第6章

初识Word 2016

Chapter

学生：老师，如果我想编辑一篇文档，使用什么文字处理工具比较合适？

老师：用Office 2016中的Word组件吧，Word 2016是一款功能强大的文字处理软件，主要用于编辑文档。

学生：可是我对这个软件一点都不了解，您能给我讲讲吗？

老师：当然可以！那我先告诉你怎么创建与编辑文档吧。

Word 2016是目前最流行的文字处理软件之一，也是打字人员和办公人员必须掌握的软件之一，主要用于编排各种文档。本章将介绍Word 2016的基本操作，在学习过程中，用户可以使用五笔字型输入法在Word文档中输入文字，达到学以致用的目的。

试一试 6.1 制作"会议通知"文档 »

案例描述 知识要点 素材文件 操作步骤

Word 2016可用于制作各种图文并茂的文档，如通知、报告和信函等。在本例中，我们将制作一个简单的"会议通知"文档，从而对Word 2016有一个初步直观的认识。

案例描述 **知识要点** 素材文件 操作步骤

- ✔ 新建文档
- ✔ 输入文本
- ✔ 保存文档

案例描述 知识要点 素材文件 **操作步骤**

01 单击桌面左下角的"开始"按钮 ▦，在弹出的"开始"菜单中单击"所有应用"命令，如图6.1所示。

▨ 图6.1

02 在展开的程序列表中单击"Word 2016"命令，如图6.2所示。

▨ 图6.2

03 打开新建文档页面，单击"空白文档"，如图6.3所示。

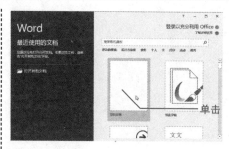

▨ 图6.3

04 将输入法切换到自己熟练的输入法，输入"会议通知"标题文本，然后按下"Enter"键进行换行，即将光标插入点定位在第二行行首，并继续输入通知内容，输入完成后单击"快速访问工具栏"的"保存"按钮 ▤，如图6.4所示。

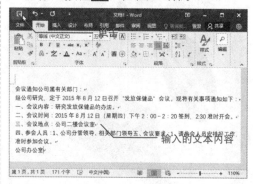

▨ 图6.4

05 打开文件选项卡中的"另存为"窗格，单击"这台电脑→浏览"选项，如图6.5所示。

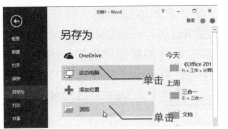

■ 图6.5

保存路径，并在"文件名"文本框中输入文档名称，然后单击"保存"按钮即可，如图6.6所示。

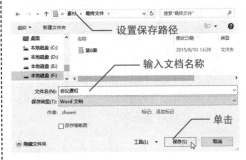

■ 图6.6

06 在弹出的"另存为"对话框中设置

学一学 6.2 Word 2016入门知识 >>

Word 2016是Microsoft Office 2016中最常用的组件之一，它主要用于编辑和处理文档。在学习Word 2016的使用方法前，需要先对其有一个简单的认识，包括启动与退出方式、操作界面等。

6.2.1 启动Word 2016 >>>

要使用Word 2016编辑文档，首先需要启动该程序，方法主要有以下两种。

■ 单击桌面左下角的"开始"按钮，在弹出的"开始"菜单中依次单击"所有应用"→"Word 2016"命令。

■ 如果在电脑桌面上创建有Word 2016的程序图标，双击图标即可启动该程序。

提示

Windows系统提供了应用程序与相关文档的关联关系，安装了Word 2016以后，双击任何一个Word文档图标，不仅能启动Word 2016程序，还会打开相应的文档。

6.2.2 认识Word 2016的操作界面 >>>

启动Word 2016后，首先显示的是软件启动画面，接下来打开的窗口便是操作界面。该操作界面主要由标题栏、功能区、文档编辑区和状态栏等部分组成，如图6.7所示。

>>> **标题栏**

标题栏位于窗口的最上方，从左到右依次为快速访问工具栏、正在操作的文档

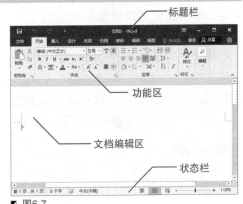

■ 图6.7

的名称、程序的名称和窗口控制按钮 ─ □ ✕ 。

◩ **控制菜单图标：** 单击该图标，将会弹出一个窗口控制菜单，通过该菜单，可对窗口执行还原、最小化和关闭等操作。

◩ **快速访问工具栏：** 用于显示常用的工具按钮，默认显示的按钮有"保存" 🖫 、"撤销" ↺ 和"恢复" ↻ 3个按钮，单击这些按钮可执行相应的操作。单击快速访问工具栏右侧的下拉按钮，在弹出的下拉列表中可将频繁使用的工具按钮添加到快速访问工具栏中，如图6.8所示。若在下拉列表中单击"其他命令"选项，可在弹出的"Word选项"对话框的"快速访问工具栏"选项卡中添加其他工具按钮，如图6.9所示。

◩ 图6.8　　　　　　　　◩ 图6.9

提　示

若要将快速访问工具栏中的某个按钮删除掉，可使用鼠标右键对其单击，在弹出的快捷菜单中单击"从快速访问工具栏删除"命令即可。

◩ **窗口控制按钮：** 从左到右依次为"最小化"按钮 ─ 、"最大化"按钮 □ （或"向下还原"按钮 ⧉ ）和"关闭"按钮 ✕ ，单击它们可执行相应的操作。

>>> ■ **功能区**

功能区位于标题栏的下方，默认情况下包含"文件"、"开始"、"插入"、"页面布局"、"引用"、"邮件"、"审阅"和"视图"8个选项卡，单击某个选项卡，可将它展开。此外，当在文档中选中图片、艺术字或文本框等对象时，功能区中会显示与所选对象设置相关的选项卡。例如，在文档中选中表格后，功能区中会显示"表格工具/设计"和"表格工具/布局"两个选项卡。

每个选项卡由多个组组成，例如，"开始"选项卡由"剪贴板"、"字体"、"段落"、"样式"和"编辑"5个组组成。有些组的右下角有一个小图标 ⧉ ，我们将其称为"功能扩展"按钮，将鼠标指针指向该按钮时，可预览对应的对话框或窗格，单击该按钮，可弹出对应的对话框或窗格。

提　示

在Word 2016中，功能区中的各个组会自动调整尺寸适应窗口的大小，有时还会根据当前操作对象自动调整显示的按钮内容。

>>> **文档编辑区**

文档编辑区位于窗口中央，以白色显示，是输入文字、编辑文本和处理图片的工作区域，Word在该区域中向用户显示文档内容。

当文档内容超出窗口的显示范围时，编辑区右侧和底端会分别显示垂直与水平滚动条，拖动滚动条中的滚动块，或单击滚动条两端的小三角按钮，编辑区中显示的区域会随之滚动，从而可查看其他内容。

技巧

在垂直滚动条的底端，单击"前一页"按钮▲或"下一页"按钮▼，可使文档向前或向下翻一页。

>>> **状态栏**

状态栏位于窗口底端，用于显示当前文档的页数/总页数、字数、输入语言以及输入状态等信息。状态栏的右端有两栏功能按钮，其中视图切换按钮 用于选择文档的视图方式，显示比例调节工具 —▌— + 130% 用于调整文档的显示比例。

6.2.3 退出Word 2016 >>>

当不再使用Word 2016时，可退出该程序，以减少对系统内存的占用。退出Word 2016的方法主要有以下两种。

- ☑ 关闭当前所有打开的文档（关闭文档的方法将在6.3.4节中进行讲解），便可退出Word 2016程序。
- ☑ 在任意一个Word窗口中切换到"文件"选项卡，然后单击左侧窗格中的"退出"命令，可快速关闭所有打开的Word文档，从而退出Word 2016程序，如图6.10所示。

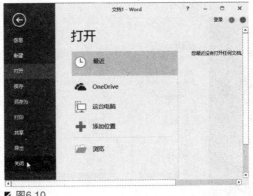

☑ 图6.10

6.3 文档的基本操作 >>

在使用Word 2016进行文字编辑、图文混排及制作表格等多种操作之前，先要掌握Word文档的基本操作方法，主要包括新建、保存、打开和关闭文档。

6.3.1 创建新文档 >>>

新建的文档可以是一个空白文档，也可以是根据Word中的模板创建的带有一些固定内容和格式的文档。下面我们就来学习Word文档的创建方法。

>>> **新建空白文档**

启动Word 2016程序后，系统会自动创建一个名为"文档1"的空白文档。再次启动该程序，系统会以"文档2"、"文档3"……这样的顺序对新文档进行命名。

除此之外，还可通过"新建"命令新建空白文档，具体操作方法为：在Word窗口中切换到"文件"选项卡，在左侧窗格中单击"新建"命令，在右侧窗格的"可用模板"栏中选择"空白文档"选项，然后单击"创建"按钮即可，如图6.11所示。

■ 图6.11

技巧

在Word环境下，按下"Ctrl+N"组合键可快速创建新空白文档。

>>> **根据模板创建文档**

Word 2016为用户提供了多种模板类型，利用这些模板，用户可快速创建各种专业的文档。根据模板创建文档的具体操作步骤如下。

01 在Word窗口中切换到"文件"选项卡，在左侧窗格中单击"新建"命令，在右侧窗格中选择一种模板，如图6.12所示。

■ 图6.12

提示

在选择模板类型时，若选择"根据现有内容新建"模板类型，可将现有的文档作为模板创建一个格式和内容都与之相似的文档；若选择"Office.com模板"栏中的模板，系统会自行到网上下载，并根据所选样式的模板创建新文档。

02 打开该模板的介绍和预览，确定使用该模板后单击"创建"按钮，如图6.13所示。

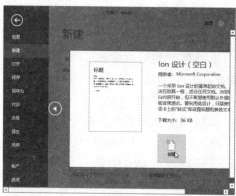

■ 图6.13

03 此时，Word会自动新建一篇基于该模板的新文档，如图6.14所示。

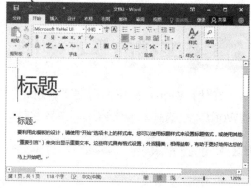

■ 图6.14

6.3.2 保存文档 »»

对文档进行相应的编辑后，可通过Word的保存功能将其存储到电脑中，以便以后查看和使用。如果不保存，编辑的文档内容就会丢失。

»» 保存新建和已有的文档

无论是新建文档，还是已有的文档，对其进行相应的编辑后，都应进行保存，以便日后使用。例如要保存新建文档，可通过以下的步骤来完成。

01 单击"快速访问工具栏"的"保存"按钮🔲，在打开的"另存为"窗格中依次单击"这台电脑"→"浏览"选项，如图6.15所示。

02 打开"另存为"对话框，设置文档的保存路径、文件名及保存类型，然后单击"保存"按钮即可，如图6.16所示。

☑ 图6.15

☑ 图6.16

提示

在"另存为"对话框的"保存类型"下拉列表框中，若选择"Word 97-2003文档"选项，可将Word 2016制作的文档另存为Word 97-2003兼容模式，从而可通过早期版本的Word程序打开并编辑该文档。

除了上述操作方法之外，还可通过以下两种方式保存文档。

☑ 切换到"文件"选项卡，然后单击左侧窗格的"保存"命令，如图6.17所示。

☑ 按下"Ctrl+S"（或"Shitf+F12"）组合键。

在编辑文档的过程中也需要及时保存，以防止因断电、死机或系统自动关闭等情况而造成信息丢失。已有文档与新建文档的保存方法相同，在对它进行保存时，仅是将对文档的更改保存到原文档中，因而不会弹出"另存为"对话框，但会在状态栏中显示"Word正在保存……"的提示，保存完成后提示立即消失。

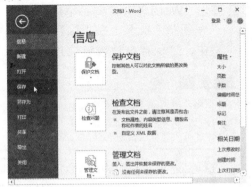

☑ 图6.17

>>> **将文档另存**

对于已有的文档，为了防止文档内容的意外丢失，用户可将其进行另存，即对文档进行备份。另外，对原文档进行了各种操作后，如果希望不改变原文档的内容，可将修改后的文档另存为一个文档。

将文档另存的操作方法为：在要进行另存的文档中切换到"文件"选项卡，然后单击左侧窗格的"另存为"命令，在弹出的"另存为"对话框中设置与当前文档不同的保存位置、不同的保存名称或不同的保存类型，设置完成后单击"保存"按钮即可。

>>> **设置文档的自动保存时间**

在编辑文档的过程中，为了防止停电、死机等意外情况导致当前编辑的内容丢失，可以使用Word 2016的自动保存功能每隔一段时间自动保存一次文档，从而最大限度地避免文档内容的丢失。

默认情况下，Word会每隔10分钟自动保存一次文档，如果希望缩短间隔时间，可按下面的操作步骤进行更改。

01 在Word窗口中切换到"文件"选项卡，在左侧窗格中单击"选项"命令，如图6.18所示。

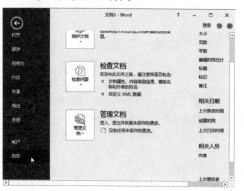

■ 图6.18

02 弹出"Word 选项"对话框后切换到"保存"选项卡，在"保存文档"栏中，"保存自动恢复信息时间间

隔"复选框默认为勾选状态，此时只需在右侧的微调框中设置自动保存的时间间隔，这里设置为"6"，设置完成后单击"确定"按钮保存设置即可，如图6.19所示。

■ 图6.19

注 意

自动保存的时间间隔不宜设置得过长或过短，如果设置得过长，容易因为各种原因不能及时保存文档内容；如果设置得过短，频繁地保存会影响文档的编辑，从而降低电脑的运行速度。因此，将自动保存的时间间隔设置为5~10分钟为宜。

进行上述设置后，Word会每隔6分钟自动保存一次文档。在非正常关闭文档的情况下，再次启动Word程序时，Word窗口左侧将显示最近一次保存的文档，单击某个文档，会打开自动保存过的内容，此时可对其执行保存操作，从而把损失减到最小。

6.3.3 打开文档 》》》

若要对电脑中已有的文档进行编辑，首先需要将其打开。一般来说，先进入该文档的存放路径，再双击文档图标即可将其打开。此外，还可通过"打开"命令打开文档，具体操作步骤如下。

在Word窗口中切换到"文件"选项卡，然后在左侧窗格中依次单击"打开"→"浏览"命令。

在弹出的"打开"对话框中找到需要打开的文档，并将其选中，然后单击"打开"按钮即可，如图6.20所示。

图6.20

技 巧

在Word环境下，按下"Ctrl+O"（或"Ctrl+F12"）组合键，可快速打开"打开"对话框。

6.3.4 关闭文档 》》》

对文档执行了各种编辑操作并保存后，如果确认不再对文档执行任何操作，可将其关闭，以减少所占用的系统内存。关闭文档的方法有以下几种。

- 在要关闭的文档中，单击右上角的"关闭"按钮。
- 在要关闭的文档中，单击左上角的控制菜单图标，在弹出的窗口控制菜单中单击"关闭"命令。
- 在要关闭的文档中，切换到"文件"选项卡，然后单击左侧窗格的"关闭"命令。
- 在要关闭的文档中，按下"Ctrl+F4"或"Alt+F4"组合键。

注 意

关闭文档与退出Word 2016有一定的区别，若当前打开了多个Word文档，关闭文档只是关闭当前文档，Word程序仍然在运行，而退出Word程序会关闭所有打开的Word文档。

关闭Word文档时，若没有对已进行的编辑操作进行保存，则执行关闭操作时，系统会弹出如图6.21所示的提示对话框，询问用户是否对文档所做的修改进行保存，此时可执行如下操作。

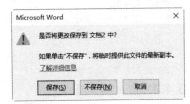
图6.21

- 单击"保存"按钮，可保存当前文档，同时关闭该文档。
- 单击"不保存"按钮，将直接关闭文档，且不会对当前文档进行保存，即文档中所做的更改都会被放弃。
- 单击"取消"按钮，将关闭该提示对话框并返回文档，此时用户可根据实际需要进行相应的编辑。

学 6.4 输入文档内容 »

新建文档后，就可在其中输入文档内容了，如输入文本内容、在文档中插入符号等，接下来分别进行介绍。

6.4.1 定位光标插入点 »»»

启动Word后，在编辑区中不停闪动的光标"I"就是光标插入点，光标插入点所在位置便是输入文本的位置。在文档中输入文本前，需要先定位好光标插入点，方法有以下几种。

- ▧ **在空白文档中定位光标插入点**：在空白文档中，光标插入点就在文档的开始处，此时可直接输入文本。
- ▧ **在已有文本的文档中定位光标插入点**：若文档中已有部分文本，当需要在某一具体位置输入文本时，可将鼠标指针指向该处，当鼠标光标呈"I"形状时，单击鼠标左键即可。
- ▧ **通过键盘定位**：通过编辑控制键区中的光标移动键（↑、↓、→和←）、"Home"键和"End"键等按键定位光标插入点。

6.4.2 输入文本内容 »»»

定位好光标插入点后，切换到自己惯用的输入法，然后就能输入相应的文本内容。在输入文本的过程中，光标插入点会自动向右移动。当一行的文本输入完毕后，插入点会自动转到下一行。在没有输满一行文字的情况下，若需要开始新的段落，可按下"Enter"键进行换行，同时上一段的段末会出现段落标记"↵"。完成文本输入后的效果如图6.22所示。

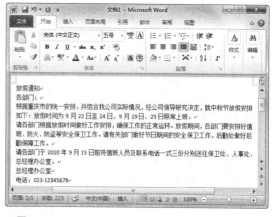

▧ 图6.22

提示

为了使输入的内容具有层次感，可通过输入空格的方式来调整文本的显示位置。例如，要使标题文本"放假通知"显示在中间位置，可将光标插入点定位在"放"字的前面，然后通过按空格键输入空格进行调整即可。

6.4.3 输入当前日期 »»»

在制作通知和信函等文档时，通常会遇到需要输入时间和日期的情况。在Word文档中，可直接输入时间和日期。如果不清楚当前的日期和时间，可通过Word提供的输入系统当前日期和时间文本的功能快速输入。例如要输入当前日期，输入当前年份（例如"2016年"）后按下"Enter"键即可，但这种方法只能输入如"2016年9月14日星期二"这种格式的日期。如果要输入其他格式的日期和时间，可使用"日期和时间"对话框。

例如要在文档中插入日期，可按下面的操作步骤实现。

01 打开"放假通知1"文档，将光标插入点定位到要插入日期的位置，然后切换到"插入"选项卡，单击"文本"组中的"日期和时间"按钮，如图6.23所示。

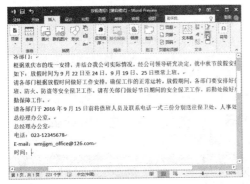

▰ 图6.23

02 弹出"日期和时间"对话框，在"语言（国家/地区）"下拉列表框中选择语言种类，在"可用格式"列表框中选择需要的日期格式，然后单击"确定"按钮，如图6.24所示。

▰ 图6.24

03 所选格式的日期即可插入到当前光标插入点处，其效果如图6.25所示。

▰ 图6.25

提示

插入时间的方法与此类似，只需在"日期和时间"对话框的"可用格式"列表框中选择相应的时间格式即可。

6.4.4 在文档中插入符号 ≫ ⟩

在输入文档内容的过程中，除了输入普通的文本之外，还可输入一些特殊文本，如"%"、"@"等符号。有些符号能够通过键盘直接输入，但有的符号却不能，如"✍"、"☾"等，这时可通过插入符号的方法进行输入，具体操作步骤如下。

01 打开"放假通知2"文档，将光标插入点定位在需要插入符号的位置，如"电话"之后，切换到"插入"选项卡，然后单击"符号"组中的"符号"按钮，在弹出的下拉列表中单击"其他符号"选项，如图6.26所示。

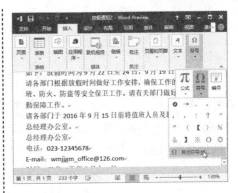

▰ 图6.26

02 弹出"符号"对话框，在"符号"选项卡的"字体"下拉列表框中选择符号类型，如"Wingdings"，在列表框中选中要插入的符号，如"☺"，然后单击"插入"按钮，如图6.27所示。

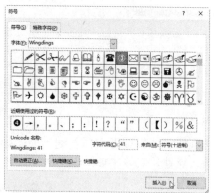

▨ 图6.27

在"符号"选项卡中显示了常规标点符号及最近使用过的符号，单击某个符号，可快速将其插入到当前光标插入点所在位置。

03 此时，"插入"按钮右边的"取消"按钮变为"关闭"按钮，单击该按钮关闭"符号"对话框。

04 返回文档，可看到光标插入点所在位置插入了符号"☺"，如图6.28所示。

▨ 图6.28

05 用同样的方法，在"E-mail"之后插入符号"✉"，如图6.29所示。

▨ 图6.29

6.5 编辑文档内容 »

完成文档内容的输入后，还可运用复制、移动、查找和替换等功能对文本内容进行相应的编辑，使文档更加完善。

6.5.1 选择文本 »»

对文本执行复制、移动或设置格式等操作时，要先将其选中，从而确定编辑的对象。根据选中文本内容的多少，可将选择文本分为以下几种情况。

»» 选择部分文本

部分文本的选择主要分以下几种情况。

◢ **选择任意文本**：将光标插入点定位到需要选择的文本起始处，然后按住鼠标左键不放并拖动，直至需要选择的文本结尾处释放鼠标键即可选中文本，选中的文本将以蓝色背景显示，如图6.30所示。

提示

若要取消文本的选择，使用鼠标单击所选对象以外的任意位置即可。

- **选择词组**：双击要选择的词组。
- **选择一行**：将鼠标指针指向某行左边的空白处，即"选定栏"，当指针呈"⤢"形状时，单击鼠标左键即可选中该行全部文本，如图6.31所示。

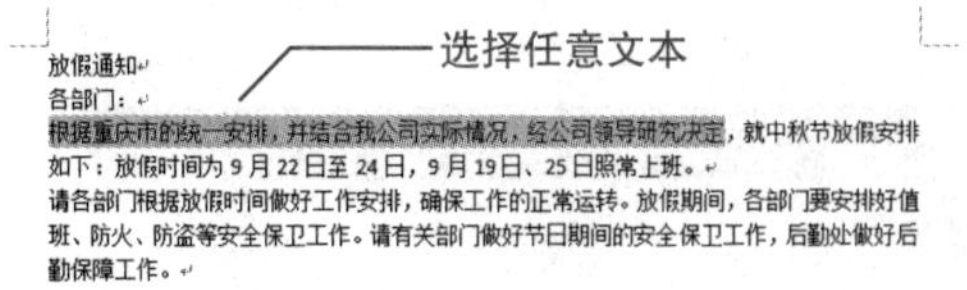

　图6.30 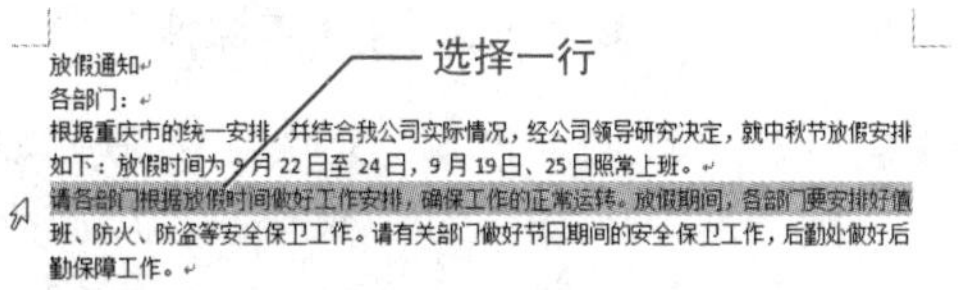　　　　　　　　　　　　　　　　　　　　　　　　图6.31

提示

如果要选择多行文本，先将鼠标指针指向左边的空白处，当指针呈"⤢"形状时，按住鼠标左键不放，并向下或向上拖动鼠标，到文本目标处释放鼠标键即可。

- **选择一句话**：按住"Ctrl"键不放，同时使用鼠标单击需要选中的句中任意位置即可。
- **选择分散文本**：先拖动鼠标选中第一个文本区域，再按住"Ctrl"键不放，然后拖动鼠标选择其他不相邻的文本，选择完成后释放"Ctrl"键即可，如图6.32所示。
- **选择垂直文本**：按住"Alt"键不放，然后按住鼠标左键拖动出一块矩形区域，选择完成后释放"Alt"键即可，如图6.33所示。

　图6.32　　　　　　　　　　　　　　　　　　　　　　　　图6.33

- **选择一个段落**：将鼠标指针指向某段落左边的空白处，当指针呈"⤢"时，双击鼠标左键即可选中当前段落。

技巧

将光标插入点定位到某段落的任意位置，然后连续单击鼠标左键3次也可选中该段落。

>> >> **选择整篇文档**

选择整篇文档的方法主要有以下几种。

- 将鼠标指针指向编辑区左边的空白处，当指针呈"⤢"时，连续单击鼠标左键3次。
- 将鼠标指针指向编辑区左边的空白处，当指针呈"⤢"时，按住"Ctrl"键不放，同时单击鼠标左键即可。
- 在"开始"选项卡的"编辑"组中单击"选择"按钮，在弹出的下拉列表中单击"全选"选项。
- 按下"Ctrl+A"（或"Ctrl+小键盘数字键5"）组合键。

技巧

按下"Ctrl+Shift+End"组合键，可快速选择从当前位置到文档结尾处的所有文本。

6.5.2 复制文本 »»

　　如果需要重复输入文档中的部分内容，可通过复制粘贴操作来完成，从而提高文档编辑效率。复制文本的具体操作步骤如下。

01 打开"放假通知3"文档，选中要复制的文本内容，如"放假"，然后在"开始"选项卡的"剪贴板"组中单击"复制"按钮，将选中的内容复制到剪贴板中，如图6.34所示。

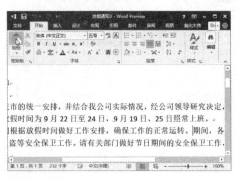

■ 图6.35

03 复制的内容将被粘贴到当前光标插入点所在位置，其效果如图6.36所示。

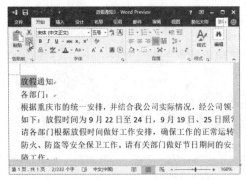

■ 图6.34

02 将光标插入点定位在要输入相同内容的位置，如第二段中"期间"前，然后单击"剪贴板"组中的"粘贴"按钮，如图6.35所示。

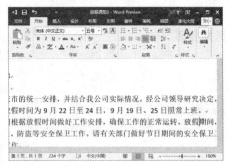

■ 图6.36

提示

完成粘贴后，当前位置的右下角会出现一个"粘贴选项"按钮 📋(Ctrl)▼，单击该按钮，可在弹出的下拉菜单中选择粘贴方式。当执行其他操作时，该按钮会自动消失。

　　此外，对文档内容进行粘贴时，若单击"粘贴"按钮下方的下拉按钮，在弹出的下拉列表中可选择粘贴方式，且将鼠标指针指向某个粘贴方式时，可在文档中预览粘贴后的效果。若在下拉列表中单击"选择性粘贴"选项，可在弹出的"选择性粘贴"对话框中选择其他粘贴方式。

6.5.3 移动文本 »»

　　在编辑文档的过程中，如果需要将某个词语或段落移动到其他位置，可通过"剪切—粘贴"操作来完成。移动文本的具体操作步骤如下。

01 打开"放假通知4"文档,选中需要移动的文本内容,如"结合我公司实际情况,",然后在"开始"选项卡的"剪贴板"组中单击"剪切"按钮,将选中的内容剪切到剪贴板中,如图6.37所示。

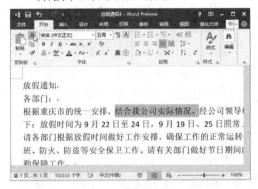

■ 图6.37

02 将光标插入点定位到要移动的目标位置,如第二段开始处,然后单击"剪贴板"组中的"粘贴"按钮,如图6.38所示。

■ 图6.38

03 执行以上操作后,选中的文本就被移动到了新的位置,其效果如图6.39所示。

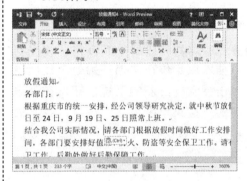

■ 图6.39

技巧

选中文本对象后,按下"Ctrl+C"组合键可执行复制操作,按下"Ctrl+X"组合键可执行剪切操作;将光标插入点定位在目标位置后,按下"Ctrl+V"组合键可执行粘贴操作。

6.5.4 删除多余的文本 »»

当输入了错误或多余的内容时,可通过以下几种方法将其删除。

■ 按下"BackSpace"键,可删除光标插入点前一个字符。

■ 按下"Delete"键,可删除光标插入点后一个字符。

■ 按下"Ctrl+BackSpace"组合键,可删除光标插入点前一个单词或短语。

■ 按下"Ctrl+Delete"组合键,可删除光标插入点后一个单词或短语。

技巧

选中某文本对象(例如词、句子、行或段落等)后,按下"Delete"或"BackSpace"键可快速将其删除。

6.5.5 查找与替换文本 »»

如果想要知道某个字、词或一句话是否出现在文档中及出现的位置,或者希望快速定位到需要修改的文档位置,可通过Word的"查找"功能进行查找。当发现某个字或词全部输错了,可以通过Word的"替换"功能进行替换,从而避免逐一修改的麻烦，达到事半功倍的效果。

>>> **查找文本**

若要查找某文本在文档中出现的位置，或要对某个特定的对象进行修改操作，可通过"查找"功能将其找到，具体操作步骤如下。

01 在要查找内容的文档中，切换到"视图"选项卡，然后勾选"显示"组中的"导航窗格"复选框，如图6.40所示。

图6.40

02 此时将打开"导航"窗格，将光标插入点定位在文档开始处，然后单击搜索框右侧的下拉按钮，在弹出的下拉菜单中单击"高级查找"命令，如图6.41所示。

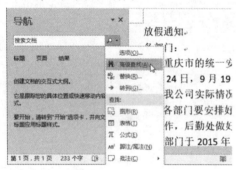

图6.41

技巧

在"导航"窗格的搜索框中输入要查找的文本内容，文档中将突出显示要查找的全部内容，如图6.42所示。如果要取消突出显示，则在"导航"窗格的搜索框中删除输入的内容即可。

图6.42

03 弹出"查找和替换"对话框，并自动定位在"查找"选项卡，在"查找内容"文本框中输入要查找的内容，如"放假"，然后单击"查找下一处"按钮，此时Word会自动从光标插入点所在位置开始查找，当找到"放假"出现的第一个位置时，会以选中的形式显示，如图6.43所示。

图6.43

提示

在"查找内容"文本框中输入要查找的内容后，单击"阅读突出显示"按钮，在弹出的菜单中单击"全部突出显示"命令，可突出显示查找到的内容。

04 若继续单击"查找下一处"按钮，Word会继续查找，当查找完成后会弹出对话框提示完成搜索，单击"确定"按钮将其关闭，如图6.44所示。

图6.44

05 返回"查找和替换"对话框，单击
"关闭"按钮或"取消"按钮关闭
该对话框即可，如图6.45所示。

▨ 图6.45

在"查找和替换"对话框中单击
"更多"按钮，可展开该对话框，此时
可以设置查找条件，例如只查找设置了
某种字体、字号或字体颜色等格式的文
本内容，以及使用通配符进行查找等，
如图6.46所示。

▨ 图6.46

▨ 若只查找设置某种字体、字号或字
体颜色等格式的文本内容，可单击
左下角的"格式"按钮，在弹出的
菜单中单击"字体"命令，在接下
来弹出的对话框中进行设置。

▨ 若要查找英文文本，在"查找内
容"文本框中输入查找内容后，在
"搜索选项"栏中可设置查找条件。例如选中"区分大小写"复选框，Word将
按照大小写查找与查找内容一致的文本。

▨ 若要使用通配符进行查找，在"查找内容"文本框中输入含有通配符的查找内容
后，需要勾选"搜索选项"栏中的"使用通配符"复选框。

提示

通配符主要有"?"与"*"两个，并且要在英文输入状态下输入。其中，"?"代表一个字符，例如
要查找"第6节"，输入"第?节"即可；"*"代表多个字符，例如要查找"第6.5.3节"，输入"第
*节"即可。

≫≫ 替换文本

当发现某个字或词全部输错了，可通过Word中的"替换"功能进行替换，具体
操作步骤如下。

01 打开需要替换内容的文档，将光标插
入点定位在文档的起始处，然后在
"导航"窗格中单击搜索框右侧的
下拉按钮，在弹出的下拉菜单中单击
"替换"命令，如图6.47所示。

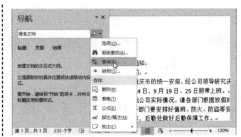

▨ 图6.47

02 此时弹出"查找和替换"对话框，

并自动定位在“替换”选项卡，在“查找内容”文本框中输入要查找的内容，这里输入“放假”，在“替换为”文本框中输入要替换的内容，这里输入“休假”，然后单击“全部替换”按钮，如图6.48所示。

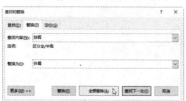

图6.48

提示

在“开始”选项卡的“编辑”组中单击“替换”按钮，也可弹出“查找和替换”对话框，并自动定位在“替换”选项卡。

03 Word将对文档中所有“房价”一词进行替换操作，替换完成后，在弹出的提示对话框中单击“确定”按钮，如图6.49所示。

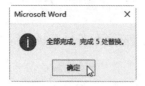

图6.49

04 在返回的“查找和替换”对话框中单击“关闭”按钮关闭该对话框，如图6.50所示。

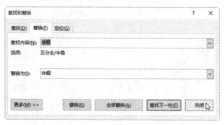

图6.50

05 返回文档，即可查看替换后的效果，如图6.51所示。

休假通知
各部门：
根据重庆市的统一安排，经公司领导研究决定，就中秋节休假安排如下：休假时间为 9 月 22 日至 24 日，9 月 19 日、25 日照常上班。
结合我公司实际情况，请各部门根据休假时间做好工作安排，确保工作的正常运转。休假期间，各部门要安排好值班、防火、防盗等安全保卫工作。请有关部门做好节日期间的安全保卫工作，后勤处做好后勤保障工作。
请各部门于 2015 年 9 月 15 日前将值班人员及联系电话一式三份分别送往保卫处、人事处、总经理办公室。
总经理办公室
电话✆：023-12345678
E-mail✉：wmjjgm_office@126.com
时间：二〇一五年八月十一日

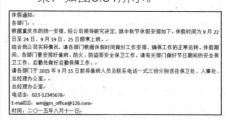

图6.51

提示

在“查找和替换”对话框的“替换”选项卡中设置好相应的内容后，若单击该对话框中的“替换”按钮，可实现逐一替换，以避免替换掉不该替换的内容。

6.5.6 撤销与恢复操作

在编辑文档的过程中，Word会自动记录执行过的操作，当执行了错误操作时，可通过“撤销”功能来撤销前一操作，从而恢复到误操作之前的状态。当误撤销了某些操作时，可通过“恢复”功能取消之前的撤销操作，使文档恢复到撤销操作前的状态。

撤销操作

在编辑文档的过程中，当出现一些误操作时，例如误删了一段文本、替换了不该替换的内容等，都可利用Word提供的“撤销”功能来执行撤销操作，其方法有以下几种。

- 单击快速访问工具栏上的“撤销”按钮↶，可撤销上一步操作，继续单击该按钮，可撤销多步操作，直到“无路可退”。
- 单击“撤销”按钮右侧的下拉按钮，在弹出的下拉列表中可选择撤销到某一指定的操作。

✎ 按下"Ctrl+Z"（或"Alt+ BackSpace"）组合键，可撤销上一步操作，继续按下该组合键可撤销多步操作。

>>> **恢复操作**

撤销某一操作后，可通过"恢复"功能取消之前的撤销操作，其方法有以下几种。

✎ 单击快速访问工具栏中的"恢复"按钮，可恢复被撤销的上一步操作，继续单击该按钮，可恢复被撤销的多步操作。

✎ 按下"Ctrl+Y"组合键可恢复被撤销的上一步操作，继续按下该组合键可恢复被撤销的多步操作。

>>> **重复操作**

恢复操作与撤销操作是相辅相成的，只有执行了撤销操作才能激活"恢复"按钮。在没有执行任何撤销操作的情况下，"恢复"按钮会显示为"重复"按钮，对其单击或按下"Ctrl+Y"组合键（或按"F4"键），可重复上一步操作。

例如，输入"五笔"一词后，单击"重复"按钮可重复输入该词。

再如，对某文本设置字体颜色后，再选中其他文本，单击"重复"按钮，可对所选文本设置同样的字体颜色。

练一练 6.6 新建并编辑"会议发言稿"文档 >>

案例描述 知识要点 素材文件 操作步骤

前面讲解了Word文档的新建方法，以及在其中输入与编辑文本的操作，下面将运用所学知识新建并编辑"会议发言稿"文档。

案例描述 **知识要点** 素材文件 操作步骤

✎ 新建并保存文档

✎ 输入文本

✎ 查找与替换文本

案例描述 知识要点 素材文件 **操作步骤**

01 新建一篇空白文档，并以"会议发言稿"为名进行保存，然后参考前面所讲知识在文档中输入内容，如图6.52所示。

02 将光标插入点定位在"销售"的前面，然后通过按空格键输入空格的方式，将标题文本显示在中间位置，如图6.53所示。

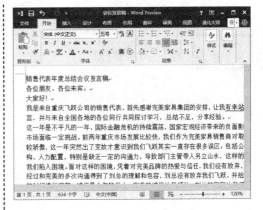

▪ 图6.52

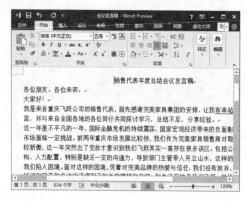

图6.53

03 通过输入空格的方式，对其他需要调整显示位置的文本进行设置，完成后的效果如图6.54所示。

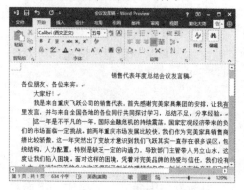

图6.54

04 将光标插入点定位在文档开始处，参考前面所讲知识打开“查找和替换”对话框，在“查找内容”文本框中输入“飞越”，在“替换为”文本框中输入“飞跃”，然后单击“全部替换”按钮，如图6.55所示。

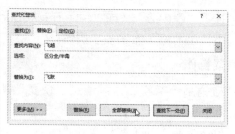

图6.55

05 完成替换操作后，在弹出的提示对话框中单击“确定”按钮，如图6.56所示。

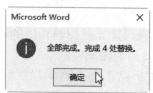

图6.56

06 返回“查找和替换”对话框，单击“关闭”按钮关闭该对话框。

07 返回文档，可查看完成后的最终效果，如图6.57所示。

销售代表年度总结会议发言稿

各位朋友、各位来宾：

大家好！

我是来自重庆飞跃公司的销售代表，首先感谢完美家具集团的安排，让我有幸站在在这里发言，并与来自全国各地的各位同行共同探讨学习，总结不足，分享经验。

这一年是不平凡的一年，国际金融危机的持续震荡，国家宏观经济带来的负面影响使我们的市场面临一定挑战。前两年重庆市场发展比较快，我们作为完美家具销售商对取得的成绩比较骄傲，这一年突然出了变故才意识到我们飞跃其实一直存在很多误区，包括公司的系统结构，人力配置，特别是缺乏一定的沟通力，导致部门主管带人另立山水，这样的局面一度让我们陷入困境。面对这样的困境，凭着对完美品牌的热爱与信任，我们没有放弃，以诚为本，经过和完美的多次沟通得到了刘总的理解和包容，刘总没有放弃我们飞跃，并给予我们足够的时间进行调整。诚信是合作的根本，完美的诚信让我感动，刘总的宽容让我感动。那么我们的代理商的诚信当然也是完美品牌战略的长治久安，如果我们能容忍不诚信的人在飞跃的销售团队那就是对完美品牌的最大伤害。不损人利己，不投机取巧，不白占别人的便宜，扎扎实实，言而有信是我对自身的基本要求。我们不怕问题，重要的是共同发现问题的关键所在，这样我们就能着手解决，对症下药。因这次事件导致的问题，现在已经有了较大的改善，也几经在短期内迅速组建起了一支新的销售团队。企业就是要在竞争中成长，在成长中丰富，在不断的丰富中升华。

再次感谢完美，感谢刘总，新的一年我们希望继续与大家一同开拓市场，共图发展大业。

谢谢！

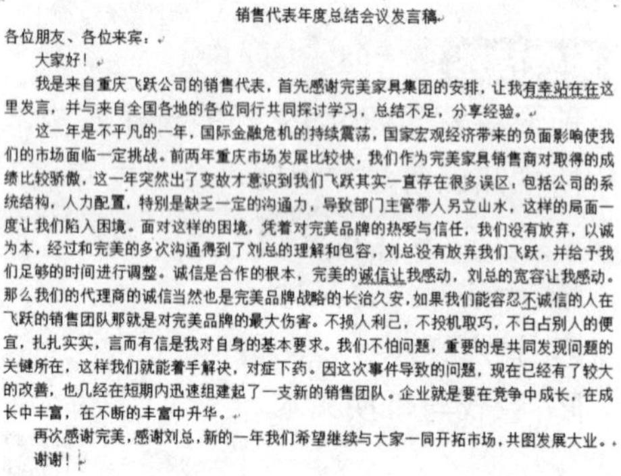

图6.57

想一想 6.7 疑难解答 >>

问 如果制作的文档涉及商业机密或其他隐私，该怎样防止其他用户在未经许可的情况下打开该文档呢？

答 对于非常重要的文档，为了防止其他用户查看，可设置打开文档的密码，以达到保护文档的目的。设置密码的具体操作步骤如下。

01 打开需要设置打开密码的文档，切换到“文件”选项卡，然后单击左侧窗格的“信息”命令，在中间窗格中单击“保护文档”按钮，在弹出的下拉列表中单击"用密码进行加密"选项，如图6.58所示。

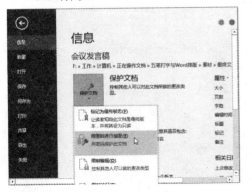

■ 图6.58

02 弹出"加密文档"对话框，在"密码"文本框中输入密码，然后单击"确定"按钮，如图6.59所示。

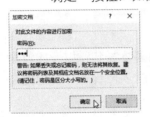

■ 图6.59

注意

设置密码时，建议设置能够有效记忆的密码，否则一旦忘记密码，将无法打开该文档。

03 弹出"确认密码"对话框，在"重新输入密码"文本框中再次输入密码，然后单击"确定"按钮，如图6.60所示。

■ 图6.60

04 返回文档，对文档的编辑执行保存操作。执行上述操作后，再次打开该文档时，会弹出"密码"对话框要求输入密码，此时需要输入正确的密码后才能打开该文档，如图6.61所示。

■ 图6.61

注意

若要取消文档的密码，需要先打开该文档，然后打开"加密文档"对话框，删除"密码"文本框中的密码，最后单击"确定"按钮即可。

问 怎样快速清除文档中的多余空行？

答 如果Word文档中有许多多余的空行，手动删除不仅效率低，而且相当烦琐，针对这样的情况，我们可以用Word自带的替换功能来进行处理，具体操作步骤如下。

01 打开"查找和替换"对话框，切换到"替换"选项卡，然后单击"更多"按钮展开该对话框。

02 将光标插入点定位在"查找内容"文本框，然后单击"特殊格式"按钮，在弹出的菜单中单击"段落标记"命令，如图6.62所示。

■ 图6.62

03 此时，"查找内容"文本框中将出现"^p"字样，用同样的方法再在"查找内容"文本框中输入一个"^p"，在"替换为"文本框中输入"^p"，设置完成后单击"全部替换"按钮即可，如图6.63所示。

◪ 图6.63

提 示

通过上述方法清除多余空行时，有时可能有个别的行没能清除掉，此时手动清除即可。

想一想 6.8 学习小结 »

　　通过本章的学习，我们掌握了文档的新建、保存和打开等基本操作，以及如何输入与编辑文档内容。建议读者在学习本书时，结合书中的例子去实际操作，以便提高学习效率。

第 7 章

设置文档格式

本章要点：
- ☑ 设置文本格式
- ☑ 设置段落格式
- ☑ 插入项目符号与编号
- ☑ 设置首字下沉
- ☑ 分栏排版

Chapter

学生：老师，太好了，我已经能制作出办公文档了！看来Word学起来可一点都不难啊！

老师：你可不要骄傲，虽然文档做出来了，但是看起来非常凌乱，没有一点层次感。

学生：老师，经你这样一说，我也发现我制作的文档没什么层次感，那该怎么办呢？

老师：别着急，今天我就会讲解文档的格式设置，让文档看起来有层次感。

如果希望制作出的文档更加规范，在完成内容的输入后，还需要对其进行必要的格式设置，如设置文本格式、设置段落格式，以及通过项目符号与编号来使文档的结构、条理更加清晰。

试一试 7.1 设置"会议通知"文档的格式 »

案例描述 知识要点 素材文件 操作步骤

本案例将对"会议通知"文档的文本格式和段落格式进行设置，使其显得更规范、美观。

案例描述 **知识要点** 素材文件 操作步骤

- ◪ 设置字体、字号和字符颜色
- ◪ 设置对齐方式
- ◪ 设置首行缩进

案例描述 知识要点 素材文件 **操作步骤**

01 打开"会议通知"文档，选中标题文本"会议通知"，在"开始"选项卡的"字体"组中，将字体设置为"汉仪大黑简"，字号设置为"三号"，然后单击"段落"组中的"居中"按钮 ≡，使其居中显示，如图7.1所示。

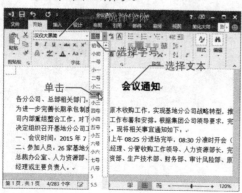

◪ 图7.1

02 选中除标题外的所有文字，在"字体"组中将字体设置为"华文宋体"，字号设置为"小四"，如图7.2所示。

03 选中"三、会议地点："后面的一句话，在"字体"组中单击"字体颜色"按钮右侧的下拉按钮，在弹

出的下拉列表中选择字符颜色，如"深红"，如图7.3所示。

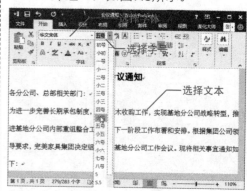

◪ 图7.2

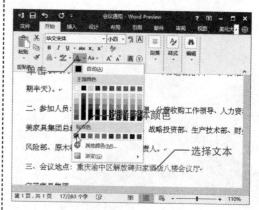

◪ 图7.3

04 选中落款名和日期，在"段落"组中单击"文本右对齐"按钮 ≡，使

其右对齐，如图7.4所示。

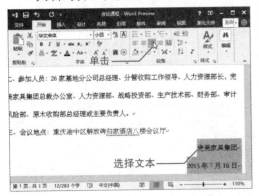

▪ 图7.4

05 选中除标题、称呼、落款和日期外的所有正文，单击"段落"组中的"功能扩展"按钮，弹出"段落"对话框，在"缩进"栏的"特殊格式"下拉列表框中选择"首行缩进"选项，在其后的微调框中保持默认设置，然后单击"确定"按钮，如图7.5所示。

06 返回文档，可查看设置后的最终效果，如图7.6所示。

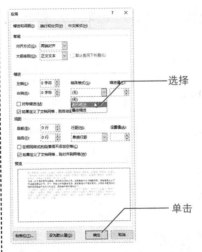

▪ 图7.5

▪ 图7.6

7.2 设置文本格式

在Word文档中输入文本后，用户可根据需要对文本的格式进行设置，让千篇一律的文字样式变得丰富多彩，从而使文档显得更美观。

7.2.1 设置字体、字号和字符颜色

在Word文档中输入文本后，默认显示的字体为"宋体 (中文正文)"，字号为"五号"，字符颜色为黑色，根据操作需要，可通过"开始"选项卡的"字体"组对这些格式进行更改，具体操作步骤如下。

01 打开"放假通知"文档，选中标题"放假通知"文本，在"开始"选项卡的"字体"组中，单击"字体"文本框右侧的下拉按钮，在弹出的下拉列表中选择需要的字体，如图7.7所示。

02 单击"字号"文本框右侧的下拉按钮，在弹出的下拉列表中选择需要的字号，如图7.8所示。

提示

在Word 2010中，选中需要设置格式的文本后，会自动显示浮动工具栏，此时通过单击相应的按钮，可设置相应的格式。

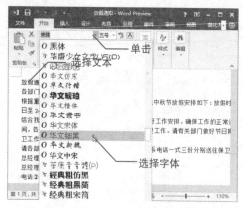

图7.7

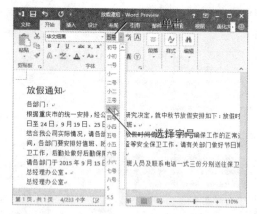

图7.8

03 单击"字体颜色"按钮右侧的下拉按钮，在弹出的下拉列表中选择需要的字符颜色，如图7.9所示。

04 用同样的方法，对其他文本设置相应的文本格式，设置后的效果如图7.10所示。

7.2.2 设置加粗与倾斜效果 >>>

在设置文本格式的过程中，有时还可对某些文本设置加粗、倾斜效果，以达到醒目的目的。设置加粗、倾斜效果的具体操作步骤如下。

01 打开"放假通知1"文档，选中要设置加粗效果的文本，然后单击"字体"组中的"加粗"按钮，如图7.11所示。

02 选中要设置倾斜效果的文本，然后单击"字体"组中的"倾斜"按钮，如图7.12所示。

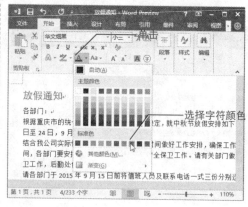

图7.9

技 巧

对选中的文本设置字号、字体和字符颜色等格式时，在下拉列表中将鼠标指针指向某个选项，可在文档中预览应用后的效果。此外，若弹出的下拉列表含有 ⎓⎓⎓⎓⎓ 标志，将鼠标指针指向该标志，当指针呈双向箭头时，拖动鼠标可调整下拉列表的高度。

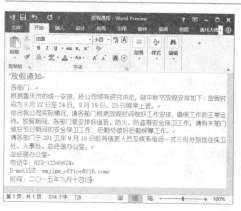

图7.10

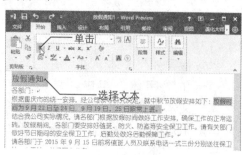

图7.11

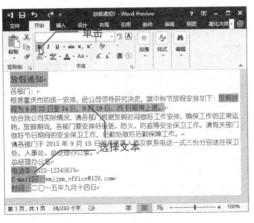

▨ 图7.12

03 通过上述设置后，其最终效果如图 7.13所示。

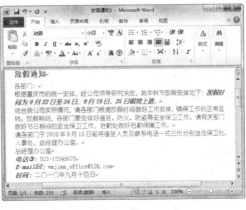

▨ 图7.13

技巧

选中文本后，按下"Ctrl+B"组合键可设置加粗效果；按下"Ctrl+I"组合键可设置倾斜效果。

7.2.3 为文本添加下画线 »>

在设置文本格式的过程中，对某些词、句添加下画线，不但可以美化文档，还能让文档轻重分明、突出重点。添加下画线的具体操作步骤如下。

01 打开"放假通知2"文档，选中要添加下画线的文本，然后单击"下画线"按钮右侧的下拉按钮，在弹出的下拉列表中选择需要的下画线样式，如图7.14所示。

02 保持该文本的选中状态，单击"下画线"按钮右侧的下拉按钮，在弹出的下拉列表中单击"下画线颜色"选项，在弹出的级联列表中可以选择下画线的颜色，如图7.15所示。

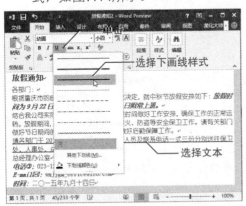

▨ 图7.14

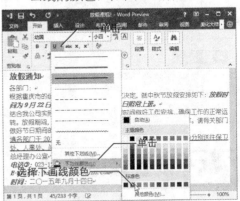

▨ 图7.15

7.2.4 设置字符间距 »>

为了让办公文档的版面更加协调，有时还需要设置字符间距。字符间距是指各字符间的距离，通过调整字符间距可使文字排列得更紧凑或者更疏散。

设置字符间距的具体操作步骤如下。

01 打开"放假通知3"文档，选中要设置字符间距的文本，然后单击"字体"组中的"功能扩展"按钮，如图7.16所示。

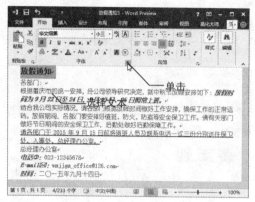

■ 图7.16

02 弹出"字体"对话框后切换到"高级"选项卡，在"间距"下拉列表框中选择间距类型，如"加宽"，然后在右侧的"磅值"微调框中设置间距大小，设置完成后单击"确定"按钮，如图7.17所示。

技巧

在Word文档中选中要设置格式的文本后，按下"Ctrl+D"组合键可快速打开"字体"对话框。

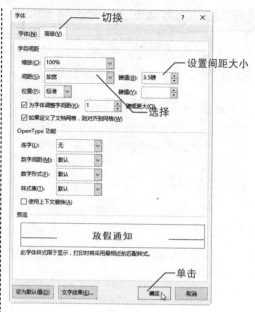

■ 图7.17

03 返回文档，即可查看设置后的效果，如图7.18所示。

■ 图7.18

提示

在"字体"对话框的"字体"选项卡中，不仅可以对选中的文本设置字体、字号和字符颜色等基本格式，还可设置空心、阴文等效果。此外，通过"字体"对话框对文本设置格式时，可通过"预览"框预览效果。

7.3 设置段落格式 »

在输入文本时，按下"Enter"键进行换行后会产生段落标记"↵"，凡是以段落标记"↵"结束的一段内容便为一个段落。对文档进行排版时，通常会以段落为基本单位进行操作。段落的格式设置主要包括对齐方式、缩进、间距、行距、边框和底纹等，合理设置这些格式，可使文档结构清晰、层次分明。

7.3.1 设置对齐方式 »»

对齐方式是指段落在文档中的相对位置，段落的对齐方式有左对齐、居中、右对齐、两端对齐和分散对齐5种，其效果如图7.19所示。

提示

从表面上看，"左对齐"与"两端对齐"两种对齐方式没有什么区别，但当行尾输入较长的英文单词而被迫换行时，若使用"左对齐"方式，文字会按照不满页宽的方式进行排列；若使用"两端对齐"方式，文字的距离将被拉开，从而自动填满页面，其区别如图7.20所示。

■ 图7.19

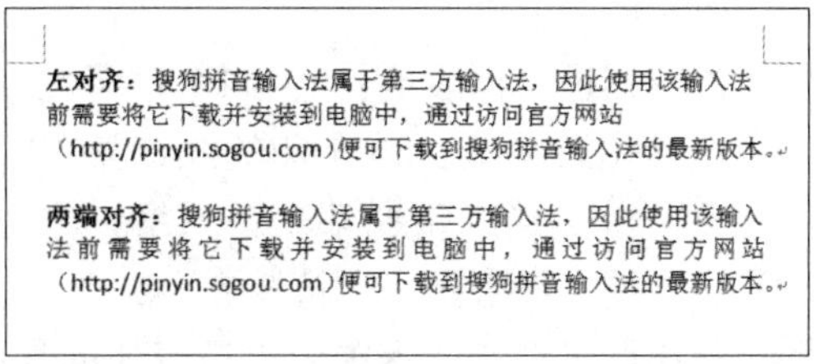

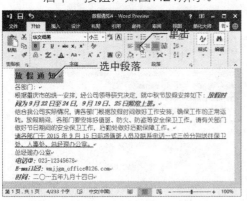

■ 图7.20

默认情况下，段落的对齐方式为两端对齐，若要更改为其他对齐方式，可按下面的操作步骤实现。

01 打开"放假通知4"文档，选中要设置对齐方式的段落，然后在"开始"选项卡的"段落"组中单击"居中"按钮，如图7.21所示。

02 此时，所选段落将以"居中"对齐方式进行显示，其效果如图7.22所示。

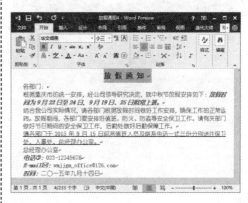

■ 图7.21

■ 图7.22

除了上述操作方法之外，还可通过以下两种方法设置段落的对齐方式。

■ 选中段落后，按下"Ctrl+L"组合键可设置"左对齐"对齐方式，按下"Ctrl+E"组合键可设置"居中"对齐方式，按下"Ctrl+R"组合键可设置"右对齐"对齐方式，按下"Ctrl+J"组合键可设置"两端对齐"方式，按下"Ctrl+Shift+J"组合键可设置"分散对齐"方式。

■ 选中段落后单击"段落"组中的"功能扩展"按钮，弹出"段落"对话框，在"常规"栏的"对齐方式"下拉列表中选择需要的对齐方式，然后单击"确定"按钮即可。

7.3.2 设置段落缩进 >>>

为了增强文档的层次感，提高可阅读性，可对段落设置合适的缩进。段落的缩进方式有左缩进、右缩进、首行缩进和悬挂缩进4种，其效果如图7.23所示。

◪ **左缩进**：指整个段落左边界距离页面左侧的缩进量。

◪ **右缩进**：指整个段落右边界距离页面右侧的缩进量。

◪ **首行缩进**：指段落首行第1个字符的起始位置距离页面左侧的缩进量。大多数文档采用的都是首行缩进方式，缩进量为两个字符。

◪ 图7.23

◪ **悬挂缩进**：指段落中除首行以外的其他行距离页面左侧的缩进量。悬挂缩进方式一般用于一些较特殊的场合，如杂志、报刊等。

对段落设置缩进的具体操作步骤如下。

01 打开"放假通知5"文档，选中需要设置缩进的段落，在"开始"选项卡的"段落"组中单击"功能扩展"按钮，如图7.24所示。

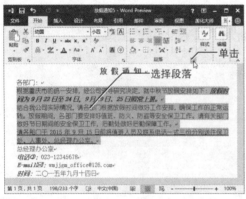

◪ 图7.24

02 弹出"段落"对话框，在"缩进和间距"选项卡的"缩进"栏中，通过"左侧"数值框可设置左缩进的缩进量，通过"右侧"数值框可设置右缩进的缩进量，在"特殊格式"下拉列表框中可选择"首行缩进"或"悬挂缩进"方式，然后通过右侧的"磅值"数值框可设置缩进量。本操作中将设置"首行缩进：2字符"，然后单击"确定"按钮，如图7.25所示。

◪ 图7.25

03 返回当前文档，可查看设置后的效果，如图7.26所示。

◪ 图7.26

04 用同样的方法，对最后4个段落设置左缩进，设置后的效果如图7.27所示。

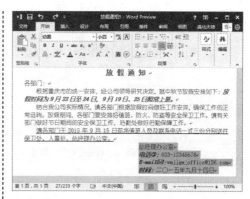

▨ 图7.27

7.3.3 设置间距与行距 >>>

为了使整个文档看起来疏密有致，可对段落设置合适的间距或行距。间距是指相邻两个段落之间垂直方向上的距离，行距是指段落中各行文字之间垂直方向上的距离。

设置间距与行距的操作步骤如下。

01 打开"放假通知6"文档，选中要设置间距的段落，然后单击"段落"组中的"功能扩展"按钮，如图7.28所示。

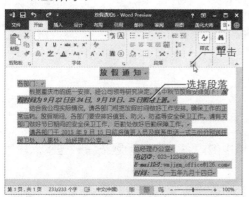

▨ 图7.28

02 弹出"段落"对话框，在"缩进和间距"选项卡的"间距"栏中，通过"段前"数值框可设置段前距离，通过"段后"数值框可设置段后距离。本操作中设置为"段后0.5行"，然后单击"确定"按钮，如图7.29所示。

▨ 图7.29

03 返回当前文档，选中要设置行距的段落，然后单击"段落"组中的"功能扩展"按钮，如图7.30所示。

04 弹出"段落"对话框，在"行距"下拉列表框中设置段落的行间距大小，如"1.5倍行距"，设置完成后单击"确定"按钮，如图7.31所示。

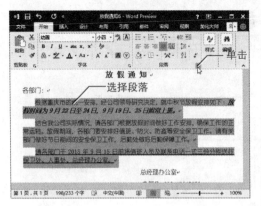

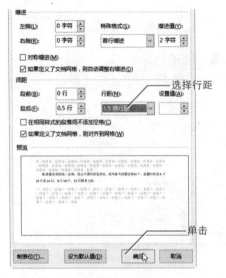

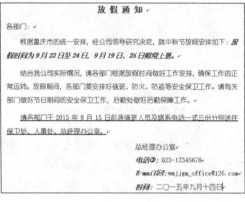

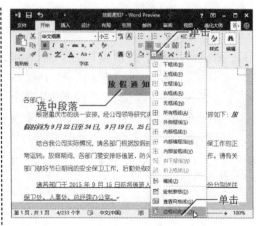

图7.30

图7.31

提 示

选中要设置行距的段落后，单击“段落”组中的“行和段落间距”按钮，在弹出的下拉列表中也可选择行距的大小。

05 返回文档，可查看设置后的最终效果，如图7.32所示。

放 假 通 知

各部门：

根据重庆市的统一安排，经公司领导研究决定，就中秋节放假安排如下：***放假时间为9月22日至24日，9月19日、25日照常上班。***

结合我公司实际情况，请各部门根据放假时间做好工作安排，确保工作的正常运转。放假期间，各部门要安排好值班、防火、防盗等安全保卫工作。请有关部门做好节日期间的安全保卫工作，后勤处做好后勤保障工作。

请各部门于2015年9月15日前将值班人员及联系电话一式三份分别送往保卫处、人事处、总经理办公室。

总经理办公室

电话：023-12345678

E-mail：wmjjgm_office@126.com

时间：二〇一五年九月十四日

图7.32

提 示

在“段落”对话框的“行距”下拉列表框中选择某些选项时（例如“最小值”），会自动调整右侧“设置值”数值框中的值。

7.3.4 设置边框与底纹

在制作文档时，为了可以修饰和突出文档中的内容，可对标题或者一些重点段落添加边框或底纹效果，具体操作步骤如下。

01 打开“放假通知7”文档，选中要设置边框或底纹效果的段落，在“段落”组中单击“边框”按钮右侧的下拉按钮，在弹出的下拉列表中单击“边框和底纹”选项，如图7.33所示。

02 弹出“边框和底纹”对话框，在“边框”选项卡中可设置边框的样式、颜色和宽度等参数，如图7.34所示。

图7.33

▨ 图7.34

提示

在"边框和底纹"对话框的"边框"选项卡中，若单击"选项"按钮，可在弹出的"边框和底纹选项"对话框中调整边框与段落间的距离。

03 若要设置底纹效果，可切换到"底纹"选项卡，在"填充"下拉列表框中可选择底纹的颜色，为了使底纹效果更加美观，还可在"图案"栏中设置底纹的图案样式及颜色，设置完成后单击"确定"按钮，如图7.35所示。

04 返回文档，可查看设置后的效果，如图7.36所示。

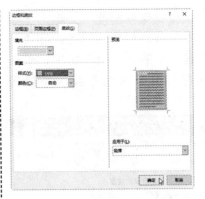

▨ 图7.35

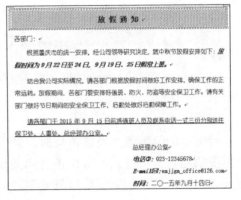

▨ 图7.36

提示

在"边框和底纹"对话框中设置好边框和底纹效果后，若在"应用于"下拉列表中选择"文字"选项，则所设置的效果将应用于文本。

对段落添加边框或底纹效果后，若要将其清除，可先选中设置了边框或底纹效果的段落，然后打开"边框和底纹"选项卡，在"边框"选项卡的"设置"栏中选择"无"选项，可删除边框效果；在"底纹"选项卡的"填充"下拉列表中选择"无颜色"选项，可清除底纹效果；在"图案"下拉列表中选择"清除"选项，可清除图案底纹。

学一学 7.4 插入项目符号与编号 ≫

为了更加清晰地显示文本之间的结构与关系，用户可在文档中的各个要点前添加项目符号或编号，以增加文档的条理性。

7.4.1 插入项目符号 ▷▷▷

项目符号是指添加在段落前的符号，一般用于并列关系的段落。为段落添加项目符号，可以更加直观、清晰地查看文本。

下面练习在文档中插入项目符号，具体操作步骤如下。

01 打开"公司保密制度"文档，选中需要添加项目符号的段落，在"开始"选项卡的"段落"组中，单击"项目符号"按钮右侧的下拉按钮，如图7.37所示。

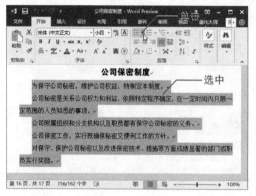

■ 图7.37

02 在弹出的下拉列表中，将鼠标指针指向需要的项目符号时，可在文档中预览应用后的效果，对其单击即可应用到所选段落中，如图7.38所示。

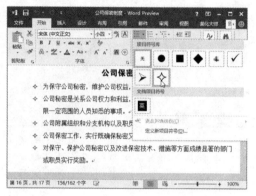

■ 图7.38

对选中的段落添加项目符号时，若下拉列表中没有需要的项目符号样式，可单击"定义新项目符号"选项，在弹出的"定义新项目符号"对话框中进行自定义设置，如图7.39所示。

在"定义新项目符号"对话框中，如单击"符号"按钮，可在弹出的"符号"对话框中选择其他符号作为项目符号；若单击"图片"按钮，可在弹出的"图片项目符号"对话框中选择图片作为项目符号；若单击"字体"按钮，可对符号形式的项目符号设置字体格式。

■ 图7.39

提 示

在含有项目符号的段落中，按下"Enter"键换到下一段时，会在下一段自动添加相同样式的项目符号，此时若直接按下"BackSpace"键或再次按下"Enter"键，可取消自动添加的项目符号。

7.4.2 插入编号 >>>

对于具有一定顺序或层次结构的段落，可以为其添加编号。添加编号的方法有两种，一种是在输入文本时添加，一种是对已输入好的段落添加。

>> >> **输入文本时自动创建编号**

默认情况下，在以"一、"、"①"或"a."等编号开始的段落中，按下"Enter"键换到下一段时，下一段会自动产生连续的编号，如图7.40所示。

■ 图7.40

提示

在刚出现下一个编号时，按下"Ctrl+Z"组合键或再次按下"Enter"键，可取消自动产生的编号。

>> 对已有的文本添加编号

若要对已经输入好的段落添加编号，可通过"段落"组中的"编号"按钮实现，具体操作步骤如下。

01 打开"值班室管理制度"文档，选中需要添加编号的段落，在"段落"组中单击"编号"按钮右侧的下拉按钮，如图7.41所示。

02 在弹出的下拉列表中，将鼠标指针指向需要的编号样式时，可在文档中预览应用后的效果，对其单击即可应用到所选段落中，如图7.42所示。

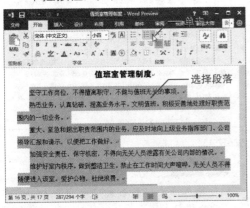

■ 图7.41

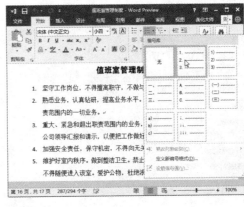

■ 图7.42

提示

为选中的段落添加编号时，若下拉列表中没有需要的编号样式，可单击"定义新编号格式"选项，将弹出"定义新编号格式"对话框，此时可在"编号样式"下拉列表中进行选择。

学一学 **7.5** 设置文档的特殊版式 >>

如果需要制作带有特殊效果的文档，可以应用一些特殊的排版方式，如首字下沉、分栏排版等，从而使文档更加生动。

7.5.1 首字下沉 >>>

首字下沉是一种段落修饰，是将段落中的第一个字或开头几个字设置为不同的字体、字号，该类格式在报刊、杂志中比较常见。设置首字下沉的具体操作步骤如下。

01 打开"公司概况"文档，选中第一段中开头的几个字，如"重庆"，然后切换到"插入"选项卡，单击"文本"组中的"首字下沉"按钮，在下拉列表中单击"首字下沉

选项"选项，如图7.43所示。

02 弹出"首字下沉"对话框，在"位置"栏中选择"下沉"选项，然后设置所选文字的字体、下沉行数等参数，设置完成后单击"确定"按

钮，如图7.44所示。

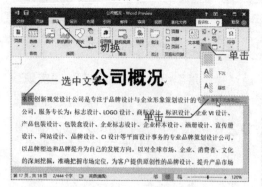

■ 图7.43

■ 图7.44

单击"文本"组中的"首字下沉"按钮，在弹出的下拉列表中若单击"下沉"或"悬挂"选项，可直接设置默认格式的下沉或悬挂样式。

03 返回文档，可查看设置后的效果，如图7.45所示。

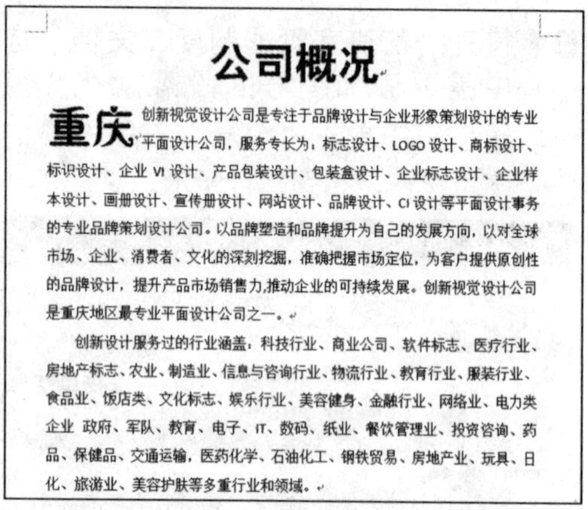

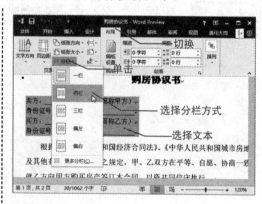

■ 图7.45

将光标插入点定位到需要设置首字下沉的段落，然后执行上述操作步骤，可为该段落中的第一个字设置下沉或悬挂格式。

7.5.2 分栏排版 》》

　　为了提高读者的阅读兴趣、创建不同风格的文档或节约纸张，可对文档进行分栏排版。下面练习对文档中的部分内容进行分栏排版，具体操作步骤如下。

01 打开"购房协议书"文档，选中要设置分栏排版的部分内容，切换到"页面布局"选项卡，然后单击"页面设置"组中的"分栏"按钮，在弹出的下拉列表中选择分栏方式，如"两栏"，如图7.46所示。

02 此时，所选内容将以两栏的形式进行显示，如图7.47所示。

03 用同样的方法，对其他需要进行分栏排版的内容执行分栏操作，其效果如图7.48所示。

■ 图7.46

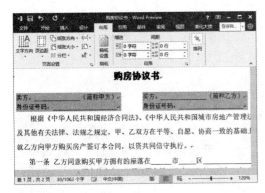

▪ 图7.47

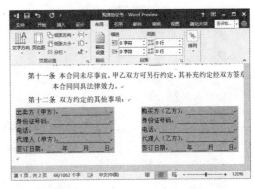

▪ 图7.48

提示

执行分栏操作时，若在下拉列表中单击"更多分栏"选项，可在弹出的"分栏"对话框中进行更为详细的设置。此外，如果要对全文进行分栏排版，无须选择任何内容，直接执行上述操作步骤便可实现。

练一练 7.6 设置"员工考核制度"文档格式 »

案例描述 知识要点 素材文件 操作步骤

在学会了文本与段落格式的设置方法之后，就可以制作出结构清晰、简洁美观的文档了。下面我们将运用所学知识，对文档"员工考核制度"的字体与段落格式进行设置，设置后的最终效果如图7.49所示。

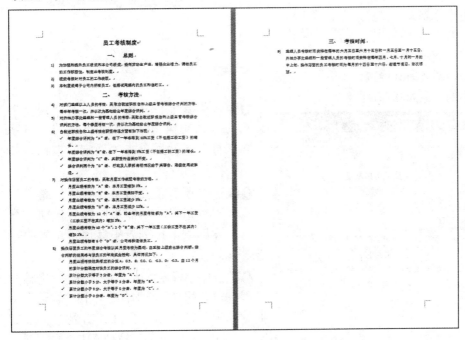

▪ 图7.49

案例描述 | 知识要点 | 素材文件 | 操作步骤

- 设置文本格式
- 设置段落格式
- 插入编号
- 插入项目符号

案例描述 | 知识要点 | 素材文件 | **操作步骤**

01 打开"员工考核制度"文档，选中标题文本"员工考核制度"，将其字体设置为"方正黑体简体"，字号设置为"三号"，对齐方式设置为"居中"，设置后的效果如图7.50所示。

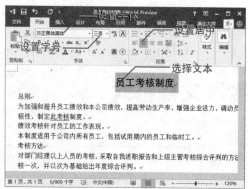

图7.50

02 选中小标题文本"总则"、"考核方法"和"考核时间"，将其字体设置为"华文中宋"，字号设置为"四号"，对齐方式设置为"居中"，设置后的效果如图7.51所示。

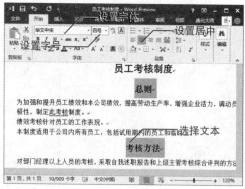

图7.51

03 选中"总则"下的所有段落，"考核方法"下的第1~3、8、16段段落，

"考核时间"下的段落，然后单击"段落"组中的"功能扩展"按钮。

04 弹出"段落"对话框，在"缩进"栏的"特殊格式"下拉列表框中选择"首行缩进"选项，在其后的数值框中保持默认设置，然后单击"确定"按钮，如图7.52所示。

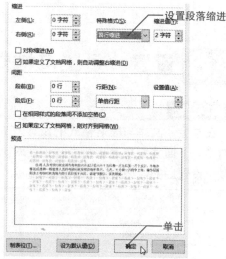

图7.52

05 选中其他正文段落，打开"段落"对话框，设置"首行缩进：4字符"，然后单击"确定"按钮，如图7.53所示。

06 选中所有正文段落，在"段落"组中单击"行和段落间距"按钮，在弹出的下拉列表中选择行距大小，如"1.15"，如图7.54所示。

07 选中小标题文本"总则"、"考核方法"和"考核时间"，在"段落"组中单击"编号"按钮右侧的下拉按钮，在弹出的下拉列表中选择需要的编号样式，如图7.55所示。

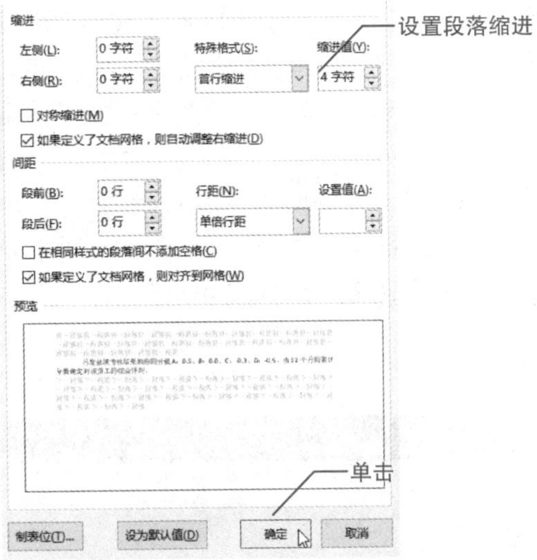

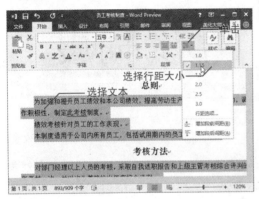

▣ 图7.53

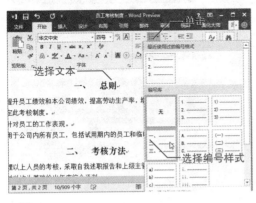

▣ 图7.54

▣ 图7.55

08 选中"总则"下的所有段落,"考核方法"下的第1~3、8、16段段落,"考核时间"下的段落,在"段落"组中单击"编号"按钮右侧的下拉按钮,在弹出的下拉列表中选择需要的编号样式,如图7.56所示。

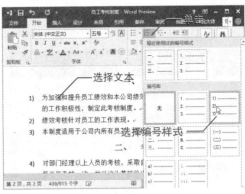

▣ 图7.56

09 选中其他正文段落,在"段落"组中单击"项目符号"按钮右侧的下拉按钮,在弹出的下拉列表中选择需要的项目符号样式,如图7.57所示。

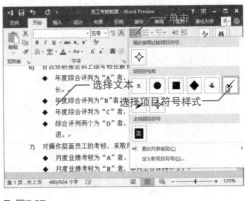

▣ 图7.57

10 至此,完成了"员工考核制度"文档的格式设置,其最终效果如图7.49所示。

想一想 **7.7** 疑难解答 >>

问 制作海报时,想要将标题文本设置为特大号的字,该怎么实现呢?

答 对文本设置字号时，其"字号"下拉列表中的字号为八号到初号，或5磅到72磅，这对于一般的办公人员来说已经足够了。但在一些特殊情况下，如打印海报、标语或大横幅时需要更大的字号，"字号"下拉列表中提供的字号就无法满足需求了，此时可按下面的操作步骤设置特大字号。

01 选中需要设置特大字号的文本，在"开始"选项卡的"字体"组的"字号"文本框中手动输入需要的字号数值，例如"95"，如图7.58所示。

02 完成输入后按下"Enter"键进行确认，选中的文本即可按输入的字号进行显示，如图7.59所示。

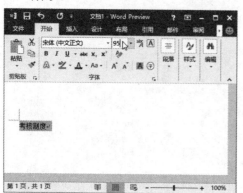

◪ 图7.58

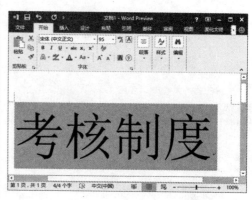

◪ 图7.59

问 什么是格式刷，它有什么作用？

答 格式刷是一种快速应用格式的工具，能够将某文本对象的格式复制到另一个对象上，从而避免重复设置格式的麻烦。当需要对文档中的文本或段落设置相同格式时，便可通过格式刷复制格式。

使用格式刷的操作方法为：选中需要复制的格式所属文本，然后单击"剪贴板"组中的"格式刷"按钮，此时鼠标指针呈刷子形状📌，按住鼠标左键不放，拖动鼠标选择需要设置相同格式的文本，完成文本的选择后释放鼠标键，被选中的文本即可应用所选文本的格式，如图7.60所示。

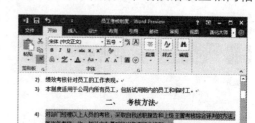

◪ 图7.60

技巧

当需要把一种格式复制到多个文本对象时，就需要连续使用格式刷，此时可双击"格式刷"按钮，使鼠标指针一直呈刷子状态📌。当不再需要复制格式时，可再次单击"格式刷"按钮或按下"Esc"键退出复制格式状态。

问 在Word文档中输入英文单词时，如果当前行不能完全显示就会跳转到下一行，可以在英文单词中间换行吗？

答 在编辑文档的过程中，经常会输入一段英文字母（如下载地址等），当前行不能完全显示时会自动跳转到下一行，而当前行中文字的间距就会很宽，从而影响了文档的美观，如图7.61所示。针对这样的情况，可通过设置让英文在单词中间进行换行，其方法为：选中需要设置的段落，打开"段落"对话框，切换到"中文版式"选项卡，在"换行"选项组中勾选"允许西文在单词中间换行"复选框，然后单击"确定"按钮，如图7.62所示。

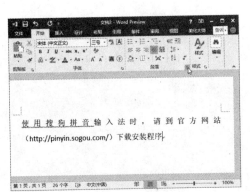

■ 图7.61　　　　　　　　　　　　　　　■ 图7.62

7.8 学习小结

　　本章介绍了Word文档的格式设置方法，主要包括如何设置文本格式和段落格式，如何插入项目符号与编号，以及如何设置首字下沉、分栏排版等特殊版式。熟练掌握这些操作，我们就能制作出美观简洁、符合需要的文档。

本章要点：

- 添加自选图形
- 添加艺术字
- 添加文本框
- 添加剪贴画和图片
- 添加表格

第8章
实现图文混排

Chapter

学生：我看到别人的文档中既有图片又有表格，看起来非常漂亮。我也想做这样的文档，老师，你能教教我吗？

老师：当然可以！在Word 2016中，我们可以为文档添加各种对象，如自选图形、艺术字、图片、SmartArt图形和表格等，使文档看起来非常美观。

学生：是吗？那我们现在就开始学习吧。

对文档进行排版时，仅仅会设置文字格式是远远不够的。要想制作出一篇具有吸引力的精美文档，就需要在文档中插入自选图形、艺术字和图片等对象，从而实现图文混排，达到赏心悦目的效果。

试一试 8.1 在招生简章中添加图片 »

案例描述 知识要点 素材文件 操作步骤

在Word文档中可以插入各种对象，使文档更加精彩。本例中，我们将试着在文档中添加图片并设置其效果。

案例描述 **知识要点** 素材文件 操作步骤

- ✓ 插入图片
- ✓ 设置图片效果

案例描述 知识要点 素材文件 **操作步骤**

01 打开"幼儿园招生简章1"文档，将光标插入点定位在需要插入图片的位置，然后切换到"插入"选项卡，单击"插图"组中的"图片"按钮，如图8.1所示。

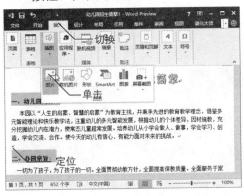

✓ 图8.1

02 在弹出的"插入图片"对话框中选择需要插入的图片，然后单击"插入"按钮，如图8.2所示。

图8.2

03 选中插入的图片，切换到"图片工具/格式"选项卡，在"大小"组中的"高度"数值框中输入"4.48厘米"，在"宽度"数值框中输入"7.7厘米"，如图8.3所示，然后按下"Enter"键确认。

✓ 图8.3

04 选中插入的图片，单击"调整"组中的"更正"按钮，在弹出的下拉列表中选择颜色更正方案，如图8.4所示。

05 选中插入的图片，在"图片样式"组中单击列表框中的 ▾ 按钮，在弹出的下拉列表中选择需要的图片样式，如图8.5所示。

■ 图8.4

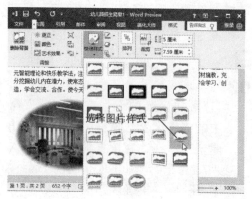

■ 图8.5

06 完成设置后，其最终效果如图8.6所示。

■ 图8.6

学一学 8.2 编辑图形与艺术字 >>

为了使文档内容更加丰富，可以在其中插入自选图形、艺术字等对象进行点缀，接下来就讲解这些对象的插入及相应的编辑方法。

8.2.1 绘制与编辑自选图形 >>>

通过Word 2016提供的绘制图形功能，可在文档中"画"出各种样式的形状，如线条、矩形、心形和旗帜等。

>>>> **插入自选图形**

下面练习在文档中插入自选图形，具体操作步骤如下。

01 打开"感谢信"文档，切换到"插入"选项卡，然后单击"插图"组中的"形状"按钮，在弹出的下拉列表中选择需要的绘图工具，如图8.7所示。

02 此时鼠标指针呈十字状"＋"，在需要插入自选图形的位置按住鼠标左键不放，然后拖动鼠标进行绘制，当绘制到合适大小时释放鼠标即可，如图8.8所示。

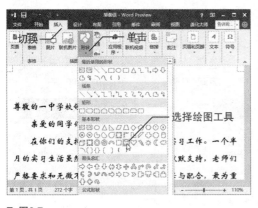
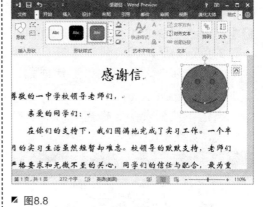

图8.7　　　　　　　　　　　　　　　　图8.8

技巧

单击"插图"组中的"形状"按钮后，在弹出的下拉列表中使用鼠标右键单击某个绘图工具，在弹出的快捷菜单中单击"锁定绘图模式"命令，可连续使用该绘图工具进行绘制。当需要退出绘图模式时，按下"Esc"键即可。

在绘制图形的过程中，若配合"Shift"键的使用可绘制出特殊图形。例如绘制"矩形"图形时，同时按住"Shift"键不放，可绘制出一个正方形。

>>> **编辑自选图形**

插入自选图形并将其选中后，功能区中将显示"绘图工具/格式"选项卡，如图8.9所示，通过该选项卡中的某些组，可对自选图形设置大小、样式及填充颜色等格式。

图8.9

◢ 在"插入形状"组中，若单击"编辑形状"按钮，可将选中的自选图形更改为其他形状，或者编辑其各个节点。

◢ 在"形状样式"组中，可对自选图形应用内置样式，以及设置填充效果、轮廓样式及形状效果等。

提示

在Word 2016中，绘制的自选图形默认已设置了填充颜色，根据实际操作需要，用户可在"形状样式"组中单击"形状填充"按钮右侧的下拉按钮，在弹出的下拉列表中选择其他填充颜色，或者通过单击"无填充颜色"选项清除填充颜色。

◢ 在"排列"组中，可以调整自选图形的位置，设置环绕方式、叠放次序及旋转方向等。如果选择多个图形，然后单击"组合"按钮可将它们组合为一个整体。

◢ 在"大小"组中，可以调整自选图形的高度和宽度。若单击右下角的"功能扩展"按钮，可在弹出的"布局"对话框中进行详细设置。

技巧

选中某个自选图形后，其四周会出现控制点，将鼠标指针指向这些控制点，当鼠标指针呈双向箭头时，按住鼠标左键不放并拖动鼠标，也可调整图形的大小。

下面练习对插入的自选图形进行编辑，具体操作步骤如下。

01 打开"感谢信1"文档，选中插入的自选图形，切换到"绘图工具/格式"选项卡，然后在"形状样式"组中单击列表框中的▼按钮，在弹出的下拉列表中选择需要的形状样式，如图8.10所示。

在弹出的下拉列表中单击"阴影"选项，在弹出的级联列表中选择需要的阴影样式，如图8.11所示。

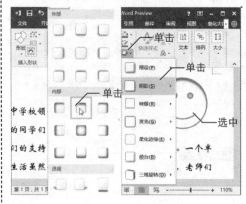

▪ 图8.11

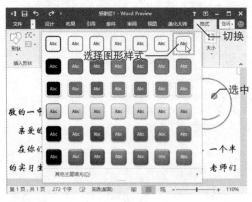

▪ 图8.10

02 选择插入的自选图形，单击"形状样式"组中的"形状效果"按钮，

> **提示**
>
> 将鼠标指针指向自选图形，当鼠标指针呈形状时，按住鼠标左键不放并拖动鼠标，可调整该图形的位置。选中某些自选图形后，例如本操作中的"笑脸"，会出现黄色控制点◇，对其拖动可改变图形外观。

8.2.2 插入与编辑艺术字 >>>

艺术字是具有特殊效果的文字，用来输入和编辑带有彩色、阴影和发光等效果的文字，多用于广告宣传、文档标题，以达到强烈、醒目的外观效果。

>> **插入艺术字**

若要插入艺术字，可按照下面的操作步骤实现。

01 打开"公司宣传册"文档，切换到"插入"选项卡，然后单击"文本"组中的"艺术字"按钮，在弹出的下拉列表中选择需要的艺术字样式，如图8.12所示。

02 文档中将出现一个艺术字文本框，占位符"请在此放置您的文字"为选中状态，如图8.13所示。

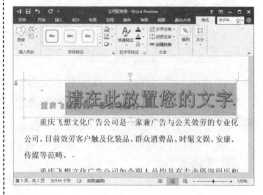

▪ 图8.13

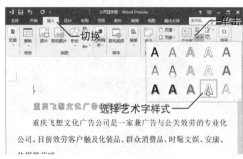

▪ 图8.12

03 此时可直接输入艺术字内容，输入后的效果如图8.14所示。

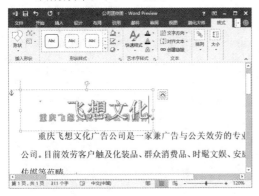

图8.14

04 将鼠标指针指向艺术字，当鼠标指针呈形状时，按住鼠标左键不放并拖动鼠标，可调整艺术字的位置，

调整位置后的效果如图8.15所示。

图8.15

技巧

选中文字后再执行插入艺术字的操作，可快速将它们转换为艺术字。

>>> **编辑艺术字**

在Word 2016文档中插入艺术字后，可通过"绘图工具/格式"选项卡中的"插入形状"、"形状样式"等组对艺术字文本框的格式进行设置，其操作方法与自选图形的设置方法相同。

若要对艺术字文本设置填充、文本效果等格式，可通过"绘图工具/格式"选项卡中的"艺术字样式"组实现；若要对艺术字文本设置文字方向等格式，可通过"文本"组实现。

下面练习对插入的艺术字进行美化操作，具体操作步骤如下。

01 打开"公司宣传册2"文档，选中艺术字，切换到"绘图工具/格式"选项卡，然后单击"艺术字样式"组中的"文本效果"按钮，在弹出的下拉列表中单击"发光"选项，在弹出的级联列表中选择发光样式，如图8.16所示。

图8.16

02 单击"艺术字样式"组中的"文本效果"按钮，在弹出的下拉列表中单击"映像"选项，在弹出的级联列表中选择映像样式，如图8.17所示。

图8.17

03 通过上述设置后，其最终效果如图8.18所示。

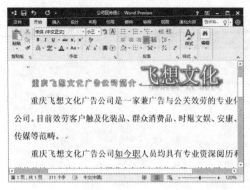

■ 图8.18

默认情况下，艺术字文本的格式与插入时光标插入点所在位置的文本格式一致，若要更改其格式，可先选中艺术字文本，切换到"开始"选项卡，然后在"字体"组和"段落"组中进行设置即可。

8.2.3 插入与编辑文本框 »»»

若要在文档的任意位置插入文本，可通过文本框实现。通常情况下，文本框用于在图形或图片上插入注释、批注或说明性文字。

»»» **插入文本框**

插入文本框的具体操作步骤如下。

01 打开需要编辑的文档，切换到"插入"选项卡，然后单击"文本"组中的"文本框"按钮，在弹出的下拉列表中选择需要的文本框样式，如图8.19所示。

■ 图8.20

提 示

单击"文本"组中的"文本框"按钮后，在弹出的下拉列表中单击"绘制文本框"或"绘制竖排文本框"选项，可手动绘制文本框。

03 此时可直接输入文本内容，输入后的效果如图8.21所示。

■ 图8.21

提 示

输入文本内容后将其选中，切换到"开始"选项卡，然后可通过"字体"组和"段落"组进行格式设置。

■ 图8.19

02 插入文本框后，文本框内的"键入提要栏内容……更改提要栏文本框的格式"字样的提示文字为占位符，并为选中状态，如图8.20所示。

>>> ▨ **编辑文本框** ▨

　　在Word 2016文档中插入文本框后，若要对其进行美化操作，同样在"绘图工具/格式"选项卡中实现。

　　若要设置文本框的形状、填充效果和轮廓样式等格式，可在"插入形状"、"形状样式"等组中操作，其方法与对自选图形的操作相同；若要对文本框内的文本内容进行艺术修饰，可先选中文本内容，然后通过"艺术字样式"组实现，其方法与艺术字的设置相同，此处就不再赘述了。

8.2.4 将多个对象组合成一个整体 >>>

　　通过Word提供的叠放次序与组合功能，可将自选图形、艺术字等多个对象进行组合。将多个对象组合在一起后会形成一个新的操作对象，对其进行移动、调整大小等操作时，不会改变各对象的相对位置、大小等。

>>> ▨ **设置叠放次序** ▨

　　有时为了组合成不同的效果，在进行组合前，可先设置各个对象的叠放次序，具体操作步骤如下。

01 选中要设置叠放次序的对象，右击，在弹出的快捷菜单中将鼠标指针指向"置于底层"命令，在弹出的子菜单中选择需要的排放方式，如"下移一层"，如图8.22所示。

▨ 图8.22

02 此时，所选对象将下移一层，如图8.23所示。

▨ 图8.23

　　在快捷菜单中，"置于顶层"子菜单中提供了3种叠放方式，这3种方式主要用来上移对象，其作用如下。

▨ **置于顶层**：将选中的对象放在所有对象的上方。

▨ **上移一层**：将选中的对象上移一层。

▨ **浮于文字上方**：将选中的对象置于文档中文字的上方。

在快捷菜单中，"置于底层"子菜单中也提供了3种叠放方式，这3种方式主要用来下移对象，其作用如下。

▰ **置于底层**：将选中的对象放在所有对象的下方。

▰ **下移一层**：将选中的对象下移一层。

▰ **衬于文字下方**：将选中的对象置于文档中文字的下方。

> **提示**
>
> 除了上述操作方法之外，还可通过功能区设置对象的叠放次序，其方法为：选中需要设置叠放次序的对象，切换到"绘图工具/格式"选项卡，在"排列"组中单击"上移一层"或"下移一层"按钮右侧的下拉按钮，在弹出的下拉列表中进行设置即可。

>>> **组合对象**

将自选图形、艺术字等对象的叠放次序设置好后，便可将它们组合成一个整体，其方法有以下两种。

▰ 按住"Ctrl"键不放，依次单击需要组合的对象，然后右击其中一个对象，在弹出的快捷菜单中依次单击"组合"→"组合"命令，如图8.24所示。

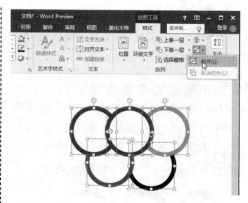

▰ 图8.25

将多个对象组合成一个整体后，如果需要将它解除组合，右击，在弹出的快捷菜单中依次单击"组合"→"取消组合"命令即可。

> **提示**
>
> 默认情况下，在Word 2016中插入的自选图形、艺术字和文本框都是"嵌入型"以外的环绕方式，因此可直接对它们进行拖动、设置叠放次序及组合等操作。此外，如果要组合的对象中含有图片，需要将它设置为"嵌入型"以外的环绕方式，才能对其进行设置叠放次序及组合等操作。

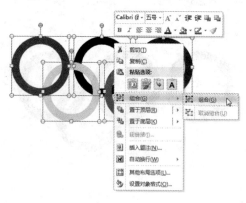

▰ 图8.24

▰ 选中需要组合的多个对象后，切换到"绘图工具/格式"选项卡，然后单击"排列"组中的"组合"按钮，在弹出的下拉列表中单击"组合"选项，如图8.25所示。

8.3 编辑剪贴画与图片

在制作寻物启事、产品说明书及公司宣传册等文档时，往往需要插图配合文字解说，这就需要使用Word的图片编辑功能。通过该功能，可以制作出图文并茂的文档，从而给阅读者带来精美、直观的视觉冲击。

8.3.1 插入联机图片 ≫≫≫

联机图片是Word 2016存放在联机图片库中供用户使用的图片，图片库中的图片不仅内容丰富实用，而且涵盖了用户日常工作的各个领域。

插入联机图片的具体操作步骤如下。

01 打开"感谢信2"文档，将光标插入点定位到需要插入联机图片的位置，切换到"插入"选项卡，然后单击"插图"组中的"联机图片"按钮，如图8.26所示。

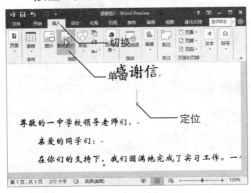

◪ 图8.26

02 在打开的"插入图片"对话框的文本框中输入搜索文字，然后单击"搜索"按钮进行搜索，稍等片刻，将在列表框中显示搜索到的联机图片，单击需要插入的联机图片，即可将其插入到文档中，如图8.27所示。

◪ 图8.27

03 返回文档中即可查看到插入图片后的效果，如图8.28所示。

◪ 图8.28

8.3.2 插入图片 ≫≫≫

根据操作需要，还可在文档中插入电脑中收藏的图片，以配合文档内容或美化文档。插入图片的具体操作步骤如下。

01 打开"寻猫启示"文档，将光标插入点定位在需要插入图片的位置，切换到"插入"选项卡，然后单击"插图"组中的"图片"按钮，如图8.29所示。

02 在弹出的"插入图片"对话框中选择需要插入的图片，然后单击"插入"按钮，如图8.30所示。

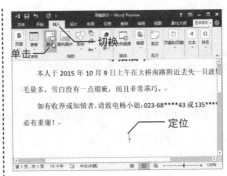

◪ 图8.29

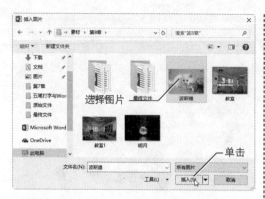

图8.30

03 返回文档，可看见光标插入点处插
入了所选图片，如图8.31所示。

图8.31

提示

在"插图"组中，若单击"屏幕截图"按钮，可快速截取屏幕图像，并直接将其插入到文档中，这也是Word 2016的一个新增功能。

8.3.3 编辑剪贴画和图片 》》

插入剪贴画和图片之后，功能区中将显示"图片工具/格式"选项卡，如图8.32所示。通过该选项卡，可以调整选中的剪贴画或图片的颜色、设置其图片样式和环绕方式等。

图8.32

▨ 在"调整"组中，可删除剪贴画或图片的背景，调整剪贴画或图片颜色的亮度、
对比度、饱和度和色调等格式，甚至设置艺术效果。

▨ 在"图片样式"组中，可对剪贴画或图片应用内置样式，设置边框样式，设置阴
影、映像和柔化边缘等效果，以及设置图片版式等格式。

▨ 在"排列"组中，可对剪贴画或图片调整位置、设置环绕方式及旋转方式等操
作。

▨ 在"大小"组中，可对剪贴画或图片进行调整大小和裁剪等操作。

提示

对剪贴画或图片设置图片版式后，可将其转换为SmartArt图形，关于SmartArt图形的操作将在8.4节中进行介绍。

下面练习对插入的图片进行相应的调整，具体操作步骤如下。

01 打开"寻猫启示1"文档，选中插入的图片，切换到"图片工具/格式"选项卡，
在"大小"组的"高度"数值框中输入"6.78厘米"，在"宽度"数值框中输入
"10厘米"，如图8.33所示，然后按下"Enter"键确认。

■ 图8.33

02 选中插入的图片，单击"调整"组中的"更正"按钮，在弹出的下拉列表中选择颜色更正方案，如图8.34所示。

■ 图8.34

03 选中插入的图片，在"图片样式"组中单击列表框中的按钮，在弹出的下拉列表中选择需要的图片样式，如图8.35所示。

■ 图8.35

04 选中插入的图片，在"图片样式"组中单击"图片效果"按钮，在弹出的下拉列表中单击"棱台"选项，在弹出的级联列表中选择棱台样式，如图8.36所示。

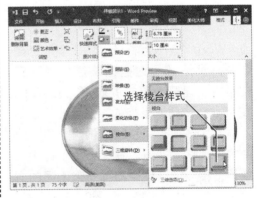

■ 图8.36

05 完成设置后，其最终效果如图8.37所示。

■ 图8.37

提示

在Word 2016中，对剪贴画或图片设置大小、颜色对比度和映像等各种格式后，若要还原为之前的状态，可在"调整"组中单击"重设图片"按钮右侧的下拉按钮，在弹出的下拉列表中进行选择。若在下拉列表中单击"重设图片"选项，将保留设置的大小，清除其余的全部格式；若单击"重设图片和大小"选项，将清除对图片设置的所有格式，即还原为设置前的大小和状态。

学一学 8.4 在Word文档中编辑表格 》》

当需要处理一些简单的数据信息时，如课程表、简历表、通讯录和考勤表等，可在Word中通过插入表格的方式来完成。

8.4.1 插入表格

Word 2016为表格提供了多种创建方法，灵活运用这些方法，可快速在文档中创建符合要求的表格。在Word 2016文档中插入表格的方法为：切换到"插入"选项卡，然后单击"表格"组中的"表格"按钮，在弹出的下拉列表中单击相应的选项，即可通过不同的方法在文档中插入表格，如图8.38所示。

图8.38

- ✐ **"插入表格"栏**：该栏下提供了一个10列8行的虚拟表格，移动鼠标可选择表格的行列值。例如将鼠标指针指向坐标为5列、4行的单元格，鼠标前的区域将呈选中状态，并显示为橙色，此时单击，可在文档中插入一个5列4行的表格。

- ✐ **"插入表格"选项**：单击该选项，可在弹出的"插入表格"对话框中设置表格的行数和列数，还可根据实际情况调整表格的列宽。

- ✐ **"绘制表格"选项**：单击该选项，鼠标指针呈笔状 🖉 ，此时可根据需要"画"出表格。

- ✐ **"Excel电子表格"选项**：单击该选项，可在Word文档中调用Excel电子表格。

- ✐ **"快速表格"选项**：单击该选项，可快速在文档中插入特定类型的表格，如日历等。

8.4.2 选择操作区域 》》

对表格进行各种操作前，需要先选择操作对象。根据选择的对象不同，可分为以下选择方法。

- ✐ **选择单个单元格**：将鼠标指针指向某单元格的左侧，待指针呈黑色箭头 ➚ 时，单击可选中该单元格，如图8.39所示。

> **提示**
>
> 按下"↑"键可以选择当前单元格上方的单元格，按下"↓"键可以选择当前单元格的下一个单元格，按下"←"键或"Shift+Tab"组合键可以选择当前单元格左侧的单元格，按下"→"键或"Tab"键可以选择当前单元格右侧的单元格。

- ✐ **选择连续的单元格**：将鼠标指针指向某个单元格的左侧，当指针呈黑色箭头时按住鼠标左键并拖动，拖动的起始位置到终止位置之间的单元格将被选中。

选择连续的单元格时，还可配合使用"Shift"键，方法为：选中需要选择的起始单元格，按下
"Shift"键不放，然后单击终止位置的单元格即可。

- **选择分散的单元格**：选中第一个要选择的单元格后按住"Ctrl"键不放，然后依次选择其他分散的单元格即可，如图8.40所示。

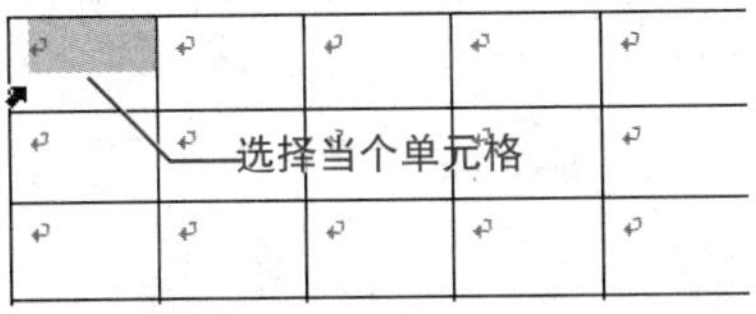

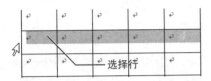

图8.39

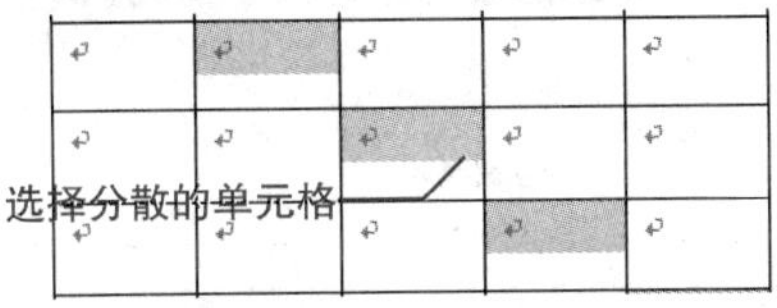

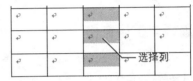

图8.40

- **选择行**：将鼠标指针指向某行的左侧，待指针呈白色箭头↗时，单击可选中该行，如图8.41所示。
- **选择列**：将鼠标指针指向某列的上边，待指针呈黑色箭头↓时，单击可选中该列，如图8.42所示。

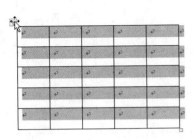

图8.41

图8.42

- **选择整个表格**：将鼠标指针指向表格时，表格的左上角会出现标志✣，右下角会出现标志↙，单击任意一个标志，都可选中整个表格，如图8.43所示。

除了上述方法之外，还可通过功能区选择操作对象，方法为：将光标插入点定位在某个单元格内，切换到"表格工具/布局"选项卡，然后单击"表"组中的"选择"按钮，在弹出的下拉列表中单击某个选项可实现相应的选择操作，如图8.44所示。

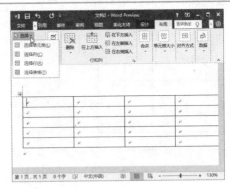

图8.43

图8.44

8.4.3 输入表格内容

如果要在表格中输入文本内容，先将光标插入点定位在相应的单元格，然后输入需要的内容即可。下面练习在表格中输入内容，具体操作步骤如下。

01 打开"学生成绩表"文档，将光标插入点定位在第一行的第一个单元格内，然后输入相应的内容，如图8.45所示。

02 按照此方法，在其他单元格内输入相应的内容，完成输入后的效果如图8.46所示。

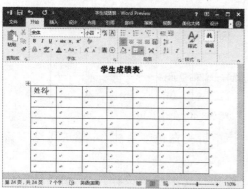

■ 图8.45　　　　　　　　　　　　　　　■ 图8.46

8.4.4　编辑与美化表格 »»

插入表格后，功能区中将显示"表格工具/设计"和"表格工具/布局"两个选项卡，通过这两个选项卡，可对表格进行相应的编辑与美化操作，如调整行高与列宽、合并与拆分单元格，以及应用表格样式等。

»» **调整行高与列宽**

创建表格后，可通过下面的方法来调整行高与列宽。

▨ **调整行高**：将鼠标指针指向行与行之间，待指针呈 ÷ 状时，按下鼠标左键并拖动，表格中将出现虚线，待虚线到达合适位置时释放鼠标键即可，如图8.47所示。

▨ **调整列宽**：将鼠标指针指向列与列之间，待指针呈 ◄║► 状时，按下鼠标左键并拖动，当出现的虚线到达合适位置时释放鼠标键即可，如图8.48所示。

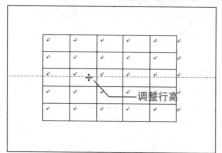

■ 图8.47

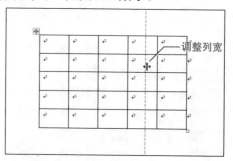

■ 图8.48

此外，将光标插入点定位到某个单元格内，切换到"表格工具/布局"选项卡，在"单元格大小"组中通过"高度"数值框可调整单元格所在行的行高，通过"宽度"数值框可调整单元格所在列的列宽，如图8.49所示。

■ 图8.49

技巧

在"单元格大小"组中，若单击"分布行"按钮（或"分布列"按钮），表格中所有行（或列）的行高（或列宽）将自动进行平均分布。

>>> **插入与删除单元格**

当表格范围无法满足数据的录入时，可根据实际情况插入行或列，方法为：将光标插入点定位在某个单元格内，切换到"表格工具/布局"选项卡，然后单击"行和列"组中的某个按钮，可实现相应的操作，如图8.50所示。

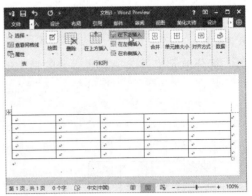

▪ 图8.50

- ◪ **"在上方插入"按钮**：单击该按钮，可在当前单元格所在行的上方插入一行。
- ◪ **"在下方插入"按钮**：单击该按钮，可在当前单元格所在行的下方插入一行。
- ◪ **"在左侧插入"按钮**：单击该按钮，可在当前单元格所在列的左侧插入一列。
- ◪ **"在右侧插入"按钮**：单击该按钮，可在当前单元格所在列的右侧插入一列。

技巧

将光标插入点定位在某行最后一个单元格的外边，按下"Enter"键可快速在该行的下方添加一行。

对于多余的行或列，可以将其删除，从而使表格更加整洁、美观。方法为：将光标插入点定位在某个单元格内，切换到"表格工具/布局"选项卡，然后单击"行和列"组中的"删除"按钮，在弹出的下拉列表中单击某个选项可执行相应的操作，如图8.51所示。

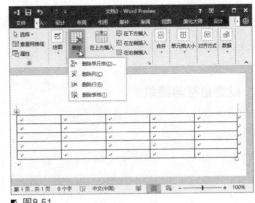

▪ 图8.51

- ◪ **"删除单元格"选项**：单击该选项，可在弹出的"删除单元格"对话框中进行选择性操作。
- ◪ **"删除列"选项**：单击该选项，可删除当前单元格所在的整列。
- ◪ **"删除行"选项**：单击该选项，可删除当前单元格所在的整行。
- ◪ **"删除表格"选项**：单击该选项，可删除整个表格。

>>> **合并与拆分单元格**

在"表格工具/布局"选项卡中，通过"合并"组中的"合并单元格"或"拆分单元格"按钮，即可对单元格进行合并或拆分操作。

■ **合并单元格**：选中需要合并的多个单元格，如图8.52所示，然后单击"合并单元格"按钮，即可将其合并成一个单元格，如图8.53所示。

■ 图8.52 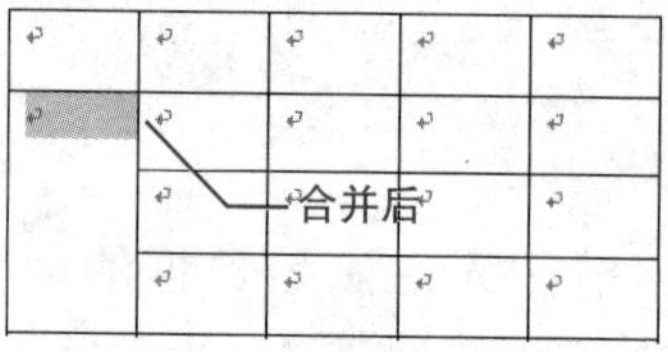　　　　　　　　　　　　　　■ 图8.53

■ **拆分单元格**：选中需要拆分的某个单元格，如图8.54所示，单击"拆分单元格"按钮，在弹出的"拆分单元格"对话框中设置拆分的行列数，然后单击"确定"按钮即可，效果如图8.55所示。

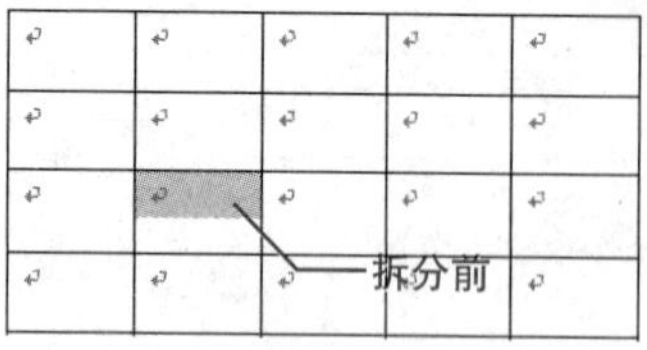

■ 图8.54　　　　　　　　　　　　　　■ 图8.55

>>> **设置文本对齐方式**

　　单元格中的文字有靠上两端对齐、靠上居中对齐等9种对齐方式，其效果如图8.56所示。

　　设置文本对齐方式的方法为：选中需要设置文本对齐方式的单元格，切换到"表格工具/布局"选项卡，然后单击"对齐方式"组中的某个按钮可实现相应的对齐方式，如图8.57所示。

靠上两端对齐	靠上居中对齐	靠上右对齐
中部两端对齐	水平居中	中部右对齐
靠下两端对齐	靠下居中对齐	靠下右对齐

■ 图8.56

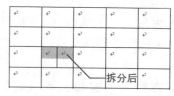

■ 图8.57

>>> **设置边框与底纹**

　　在Word中制作表格后，为了使表格更加美观，还可对其设置边框或底纹效果，具体操作步骤如下。

01 打开"学生成绩表1"文档，将光标插入点定位在表格内，切换到"表格工具/设计"选项卡，在"表格样式"组中单击"边框"按钮右侧的下拉按钮，在弹出的下拉列表中单击"边框和底纹"选项，如图8.58所示。

02 弹出"边框和底纹"对话框，并定位在"边框"选项卡，此时可设置

边框的样式、颜色和宽度等参数，如图8.59所示。

提示

将光标插入点定位在表格内，在"表格样式"组中单击列表框中的▼按钮，可在弹出的下拉列表中选择某种表格样式来美化当前表格。

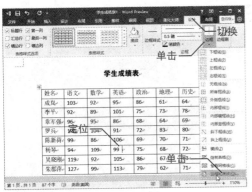

图8.58

图8.59

03 切换到"底纹"选项卡，可在"填充"下拉列表框中设置表格的底纹

颜色，如图8.60所示。

图8.60

04 设置完成后单击"确定"按钮，在返回的文档中可查看设置后的效果，如图8.61所示。

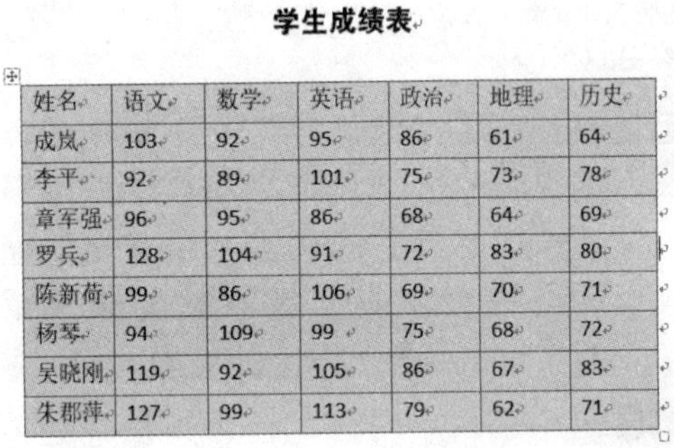

学生成绩表

姓名	语文	数学	英语	政治	地理	历史
成岚	103	92	95	86	61	64
李平	92	89	101	75	73	78
章军强	96	95	86	68	64	69
罗兵	128	104	91	72	83	80
陈新荷	99	86	106	69	70	71
杨琴	94	109	99	75	68	72
吴晓刚	119	92	105	86	67	83
朱郡萍	127	99	113	79	62	71

图8.61

提示

若要对表格中的部分单元格设置边框或底纹效果，可先将其选中，再在"边框和底纹"对话框中进行设置即可。

练一练 **8.5** 制作幼儿园招生简章

案例描述 知识要点 素材文件 操作步骤

本章主要介绍了在Word文档中插入图形和表格的相关知识点。下面我们将运用本章所学知识，制作一个幼儿园招生简章。

案例描述 **知识要点** 素材文件 操作步骤

- 插入艺术字
- 插入图片与剪贴画
- 插入表格

01 打开"幼儿园招生简章"文档，切换到"插入"选项卡，然后单击"文本"组中的"艺术字"按钮，在弹出的下拉列表中选择需要的艺术字样式，如图8.62所示。

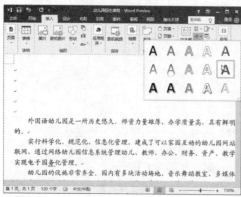

图8.62

02 在出现的"艺术字"文本框中输入文本内容，完成输入后将鼠标指针指向艺术字，当鼠标指针呈形状时，按住鼠标左键不放并拖动鼠标，可以调整艺术字的位置。

03 选中艺术字内容，在"开始"选项卡的"字体"组中将字号设置为"小初"，字体设置为"汉仪秀英体简"，如图8.63所示。

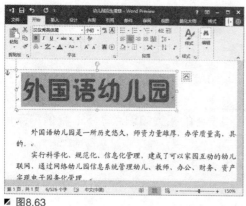

图8.63

04 选中艺术字内容，切换到"绘图工具/格式"选项卡，然后单击"艺术字样式"组中的"功能扩展"按钮，如图8.64所示。

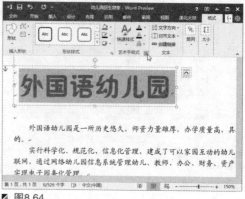

图8.64

05 打开"设置形状格式"窗格，切换到"文本填充"选项卡，在"文本填充"栏中选中"渐变填充"单选按钮，然后在下面的设置项中设置预设颜色、类型和方向等相关参数，设置完成后单击"关闭"按钮，如图8.65所示。

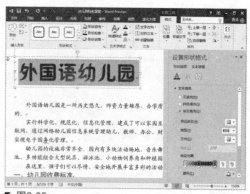

图8.65

06 用同样的方法，插入艺术字"招生简章"，并将其文本格式设置为"一号、楷体_GB2312"，完成设置后拖动其位置，最终效果如图8.66所示。

07 将光标插入点定位在第一段开始处，切换到"插入"选项卡，然后单击"插图"组中的"图片"按钮，如图8.67所示。

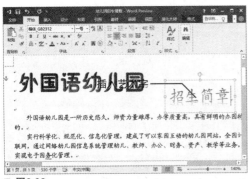

图8.66

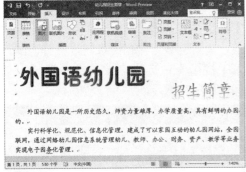

图8.67

08 在弹出的"插入图片"对话框中选择需要插入的图片，然后单击"插入"按钮，如图8.68所示。

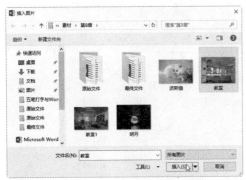

图8.68

09 选中插入的图片，切换到"图片工具/格式"选项卡，在"大小"组中，将高度设置为"5厘米"，将宽度设置为"6.66厘米"，如图8.69所示。

10 选中图片，在"图片样式"组中单击列表框中的▽按钮，在弹出的下拉列表中选择需要的图片样式，如图8.70所示。

图8.69

图8.70

11 选中图片，单击"排列"组中的"自动换行"按钮，在弹出的下拉列表中单击"四周型环绕"选项，如图8.71所示。

图8.71

12 对图片设置环绕方式后，将其拖动到合适的位置，其效果如图8.72所示。

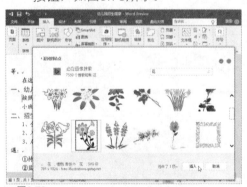

图8.72

13 将光标插入点定位在"一、幼儿园收费标准"下面第一个段落的开始处，切换到"插入"选项卡，然后单击"插图"组中的"联机图片"按钮。

14 打开"插入图片"对话框，在"必应图片搜索"后面的文本框中输入关键字，然后单击"搜索"按钮进行搜索。

15 完成搜索后，在列表框中单击需要插入的剪贴画，然后单击"插入"按钮，如图8.73所示。

图8.73

16 选中插入的剪贴画，切换到"图片工具/格式"选项卡，在"大小"组中，将高度设置为"3.7厘米"，将宽度设置为"2.82厘米"，如图8.74所示。

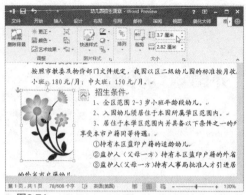

图8.74

17 选中剪贴画，在"图片样式"组中单击列表框中的按钮，在弹出的下拉列表中选择需要的图片样式，如图8.75所示。

图8.75

18 用同样的方法，将剪贴画设置为四周型环绕方式，然后拖动到合适的位置，其效果如图8.76所示。

图8.76

19 将光标插入点定位在"联系电话"的下一段中,切换到"插入"选项卡,然后单击"表格"组中的"表格"按钮,在弹出的下拉列表中将鼠标指针指向坐标为5列、4行的单元格,以在文档中插入一个5列4行的表格,如图8.77所示。

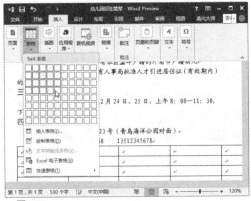
图8.77

提示

选择表格的行列值时,虚拟表格的上方会显示"5×4表格"之类的提示文字,同时文档中将模拟出表格的样子,但并没有将它真正插入到文档中。

20 插入表格后,在其中输入相应的文字内容,并将它们的字体设置为"方正卡通简体",然后根据操作需要调整行高及列宽,调整后的效果如图8.78所示。

图8.78

21 将光标插入点定位在表格内,切换到"表格工具/设计"选项卡,在

"表格样式"组中单击列表框中的按钮,在弹出的下拉列表中选择需要的表格样式,如图8.79所示。

图8.79

22 选中表格中所有的文字,切换到"表格工具/布局"选项卡,然后单击"对齐方式"组中的"水平居中"按钮,以设置水平居中对齐方式,如图8.80所示。

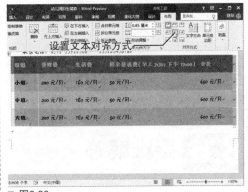
图8.80

23 选中表格,在"表格工具/布局"选项卡的"表"组中单击"属性"按钮,如图8.81所示。

24 弹出"表格属性"对话框,在"表格"选项卡的"对齐方式"栏中选中"居中"选项,将表格设置为居中对齐方式,设置完成后单击"确定"按钮,如图8.82所示。

25 在返回的文档中可查看表格的样式。

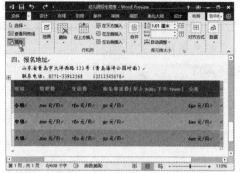

图8.81

图8.82

26 至此，完成了幼儿园招生简章的制作，如图8.83所示。

图8.83

想一想 8.6 疑难解答 »

问 怎样将文档中的图片"抠"出来？

答 如果希望把文档中的图片提取出来，同时又不想图片质量有太大的变化，可通过以下两种方法实现。

另存为网页类型：在含有图片的文档中切换到"文件"选项卡，在左侧窗格中选择"另存为"命令，在弹出的"另存为"对话框中设置好存储路径及文件名，然后在"保存类型"下拉列表框中选择"网页"选项，设置好后单击"保存"按钮，如图8.84所示。Word会自动把文档中的所有图片提取出来，并放在另存后的文件名再加上".files"的文件夹下。

直接保存图片：Word 2016提供了保存图片的功能，用户只需在文档中右击需要保存的图片，在弹出的快捷菜单中选择"另存为图片"命令，在弹出的"保存文件"对话框中设置图片的保存路径、文件名及保存类型等参数，然后单击"保存"按钮即可，如图8.85所示。

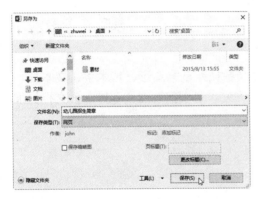

▨ 图8.84

▨ 图8.85

问 调整表格大小时，怎样才能不影响相邻单元格的行高或列宽？

答 在调整表格大小时，绝大多数用户都会通过拖动鼠标的方式来调整行高或列宽，但这种方法会影响相邻单元格的行高或列宽。例如，调整某个单元格的列宽时，就会影响其右侧单元格的列宽，针对这样的情况，我们可以利用"Ctrl"键和"Shift"键来灵活调整表格大小。

下面以调整列宽为例，讲解这两个键的使用方法。

▨ **按住"Ctrl"键后调整列宽：** 效果为在不改变整体表格宽度的情况下，调整当前列宽。当前列以后的其他各列依次向后进行压缩，但表格的右边线是不变的，除非当前列以后的各列已经压缩至极限。

▨ **按住"Shift"键调整列宽：** 效果为当前列宽发生变化但其他各列宽度不变，表格整体宽度会因此增加或减少。

▨ **按住"Ctrl+Shift"组合键调整列宽：** 效果为在不改变表格宽的情况下，调整当前列宽，并将当前列之后的所有列宽调整为相同。但如果当前列之后的其他列的列宽往表格尾部压缩到极限时，表格会向右延。

问 在同一页面中，当表格最后一行的内容超过单元格宽度时，会在下一页以另一行的形式出现，从而导致同一单元格的内容被拆分到不同的页面上，影响了表格的美观，有没有什么方法能防止表格跨页断行？

答 要想防止表格跨页断行，可按下面的操作步骤实现。

01 选中表格，切换到"表格工具/布局"选项卡，然后单击"表"组中的"属性"按钮。

02 弹出"表格属性"对话框，切换到"行"选项卡，取消"允许跨页断行"复选框的勾选，然后单击"确定"按钮即可，如图8.86所示。

▨ 图8.86

想一想 8.7 学习小结 >>

通过本章的学习，我们掌握了在Word文档中插入自选图形、艺术字、文本框、剪贴画、图片、SmartArt图形和表格等对象的方法，可以实现图文混排，使文档更加美观。

第9章
页面设置与文档打印

本章要点：
- ☑ 设置页面格式
- ☑ 创建目录
- ☑ 预览并打印文档

Chapter

9

学生：老师，可以在Word文档中添加页码吗？

老师：当然可以，不仅如此，我们还可以添加页眉、页脚、目录等。如果希望文档更加规范，还可以添加封面呢！

学生：太好了！老师，我还想将文档打印出来，你再教教我怎样打印文档吧！

老师：没问题！

在制作Word文档时，为了使其更加规范、精美，还需要对页面进行合理布局，以及创建封面等。设置完成后，还可以根据使用需要将其打印出来。本章将对这些知识进行讲解。

试一试 9.1 打印"会议通知"文档 »

案例描述 知识要点 素材文件 操作步骤

在文档中完成对文本内容的编辑后，可以将其打印出来，以便查阅。本例将为"会议通知"文档插入页眉，然后将其打印出来。

案例描述 **知识要点** 素材文件 操作步骤

- ✔ 插入页眉
- ✔ 打印文档

案例描述 知识要点 素材文件 **操作步骤**

01 打开"会议通知"文档，切换到"插入"选项卡，然后单击"页眉和页脚"组中的"页眉"按钮，在弹出的下拉列表中选择页眉样式，如图9.1所示。

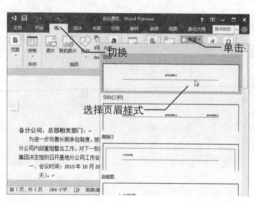

☑ 图9.1

02 所选样式的页眉将添加到页面顶端，同时自动进入到页眉编辑区，单击占位符可输入页眉内容（或者在段落标记处输入页眉内容），输入页眉内容后，可在"开始"选项卡中通过"字体"组进行格式设置，如图9.2所示。

03 完成页眉内容的编辑后，在"页眉和页脚工具/设计"选项卡的"关闭"组中单击"关闭页眉和页脚"按钮，退出页眉编辑状态，如图9.3所示。

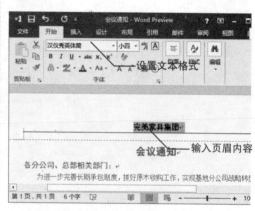

☑ 图9.2

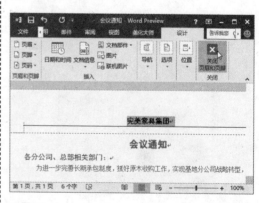

☑ 图9.3

04 返回文档，切换到"文件"选项卡，单击左侧窗格中的"打印"命令，在中间窗格保持默认设置，直接单击"打印"按钮，与电脑连接的打印机会自动打印文档，如图9.4所示。

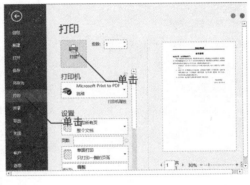

◢ 图9.4

学一学 9.2 设置页面格式 »

将Word文档制作好后，用户可根据实际需要对页面格式进行设置，主要包括设置页面大小、页眉和页脚，以及插入页码等。

9.2.1 页面设置 »»

页面设置主要包括设置页边距、纸张大小和纸张方向等。如果只是要对文档的页面进行简单设置，可切换到"布局"选项卡，然后在"页面设置"组中通过单击相应的按钮进行设置即可，如图9.5所示。

◢ 图9.5

◢ **页边距**：页边距是指文档内容与页面边缘之间的距离，用于控制页面中文档内容的宽度和长度。单击"页边距"按钮，可在弹出的下拉列表中选择页边距大小。

◢ **纸张方向**：默认情况下，纸张的方向为"纵向"。若要更改其方向，可单击"纸张方向"按钮，在弹出的下拉列表中进行选择。

◢ **纸张大小**：默认情况下，纸张的大小为"A4"。若要更改其大小，可单击"纸张大小"按钮，在弹出的下拉列表中进行选择。

如果要对文档的页面进行详细设置，可单击"页面设置"组中的"功能扩展"按钮，在弹出的"页面设置"对话框中进行设置。"页面设置"对话框中包括"页边距"、"纸张"、"版式"和"文档网格"4个选项卡，各选项卡的功能如下。

◢ **"页边距"选项卡**：在该选项卡中可自定义页边距大小、设置装订线的大小和位置，以及设置纸张方向等，如图9.6所示。

◢ **"纸张"选项卡**：在该选项卡中可选择固定的纸张大小，也可自定义纸张的宽度与高度。

◢ **"版式"选项卡**：在该选项卡中可设置页眉、页脚，以及设置页面的垂直对齐方式等，如图9.7所示。

■ 图9.6   ■ 图9.7

■ **"文档网格"选项卡**：在该选项卡中可设置文字的排列方向、每页的行数及每行的字符数等。通常情况下，该选项卡中的各项目保持默认设置。

9.2.2 设置页眉与页脚 »»

文档的页眉与页脚分别位于文档的最上方和最下方。为了使文档页面更加美观和便于查看，可在页眉和页脚处插入文本或图形，如页码、公司名称、日期和公司徽标等。

下面练习对文档设置页眉与页脚，具体操作步骤如下。

01 打开"员工考核制度"文档，切换到"插入"选项卡，然后单击"页眉和页脚"组中的"页眉"按钮，在弹出的下拉列表中选择页眉样式，如图9.8所示。

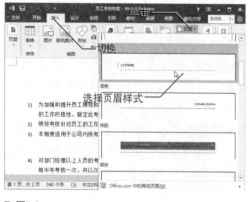

■ 图9.8

02 所选样式的页眉将添加到页面顶端，同时文档自动进入到页眉编辑

区，单击占位符可输入页眉内容，完成页眉内容的编辑后，在"页眉和页脚工具/设计"选项卡的"导航"组中单击"转至页脚"按钮，以转至当前页的页脚，如图9.9所示。

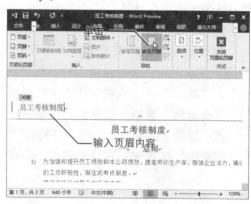

■ 图9.9

03 此时，页脚为空白样式，如果要更改其样式，可在"页眉和页脚工具 / 设计"选项卡的"页眉和页脚"组中单击"页脚"按钮，在弹出的下拉列表中选择需要的样式，如图9.10所示。

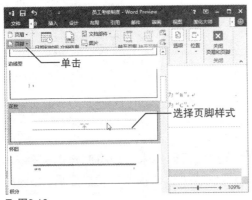

◢ 图9.10

04 确定页脚样式后，单击占位符可输入页脚内容，如图9.11所示。

提示

直接双击页眉/页脚处，可直接插入空白样式的页眉/页脚，并进入页眉/页脚编辑状态。

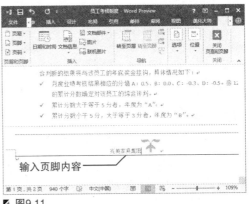

◢ 图9.11

05 完成页眉/页脚内容的编辑后，双击文档编辑区的任意位置，或在"页眉和页脚工具/设计"选项卡的"关闭"组中单击"关闭页眉和页脚"按钮，可退出页眉/页脚编辑状态，此时可查看设置页眉/页脚后的文档效果。

提示

在"页眉和页脚工具/设计"选项卡的"插入"组中，通过单击相应的按钮，可在页眉/页脚中插入图片、剪贴画等对象。

9.2.3 插入页码 ▷▷▷

如果一篇文档含有很多页，为了打印后便于排序和阅读，应为文档添加页码。在使用Word提供的页眉/页脚样式中，部分样式提供了添加页码的功能，即插入某些样式的页眉/页脚后，会自动添加页码。若使用的样式没有自动添加页码，就需要手动添加，具体操作步骤如下。

01 打开"员工考核制度1"文档，切换到"插入"选项卡，单击"页眉和页脚"组中的"页码"按钮，在弹出的下拉列表中选择页码位置，如"页边距"，在弹出的级联列表中选择需要的页码样式，如"圆（左侧）"，如图9.12所示。

◢ 图9.12

02 此时，页面的左侧将插入所选样式的页码，如图9.13所示。

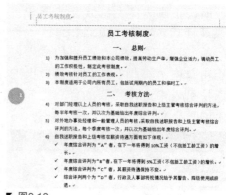

提示

单击"页码"按钮，在弹出的下拉列表中单击"设置页码格式"选项，可在弹出的"页码格式"对话框中设置页码的编码格式、起始页码等参数。

图9.13

学一学 9.3 打印文档

完成文档的编辑后，为了便于查阅，可将该文档打印出来，即将制作的文档内容输出到纸张上。在打印文档前，可通过Word提供的"打印预览"功能查看输出效果，以避免各种错误造成纸张的浪费。

9.3.1 打印预览

打印预览是指用户可以在屏幕上预览打印后的效果，如果对文档中的某些地方不满意，可返回编辑状态下对其进行修改。

对文档进行打印预览的操作方法为：打开需要打印的Word文档，切换到"文件"选项卡，然后单击左侧窗格中的"打印"命令，在右侧窗格中即可预览打印效果，如图9.14所示。

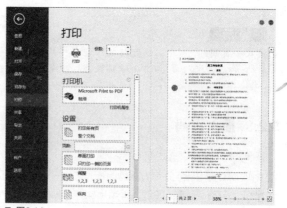

图9.14

对文档进行预览时，可通过右侧窗格下部的按钮对预览内容进行设置。

✓ 在右侧窗格的左下角，单击"上一页"按钮◀可查看前一页的预览效果，单击"下一页"按钮▶可查看下一页的预览效果，在两个按钮之间的文本框中输入页码数字，然后按下"Enter"键，可快速查看该页的预览效果。

✓ 在右侧窗格的右下角，通过显示比例调节工具可调整预览效果的显示比例，以便能清楚地查看文档的打印预览效果。

提示

完成预览后若确认没有任何问题，可单击中间窗格的"打印"按钮进行打印。若还需要对文档进行修改，可单击"文件"标签或其他选项卡的标签返回文档。

9.3.2 打印输出 >>>

如果确认文档的内容和格式都正确无误，或者对各项设置都很满意，就可以开始打印文档了。打印文档的操作方法为：打开需要打印的Word文档，切换到"文件"选项卡，在左侧窗格单击"打印"命令，在中间窗格的"份数"数值框中可设置打印份数，在"页数"文本框上方的下拉列表中可设置打印范围，相关参数设置完成后单击"打印"按钮，与电脑连接的打印机会自动打印输出文档，如图9.15所示。

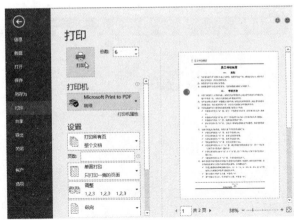
▧ 图9.15

技巧

选中文档中的部分内容后，在"页数"文本框上方的下拉列表中选择"打印所选内容"选项，可打印选中的内容。

练一练 9.4 设置并打印"货物运输合同"文档

案例描述 知识要点 素材文件 操作步骤

本章我们学习了设置页面的方法，以及如何将完成后的文档打印出来。下面我们将运用所学知识对"货物运输合同"文档进行页面设置，并将其打印出来。

案例描述 **知识要点** 素材文件 操作步骤

▨ 插入页眉
▨ 插入页码
▨ 打印文档

案例描述 知识要点 素材文件 **操作步骤**

01 打开"货物运输合同"文档，切换到"插入"选项卡，然后单击"页眉和页脚"组中的"页眉"按钮，在弹出的下拉列表中选择页眉样式，如图9.16所示。

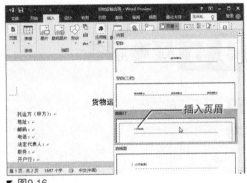
▧ 图9.16

02 进入页眉编辑区，在占位符处输入页眉内容，如图9.17所示。

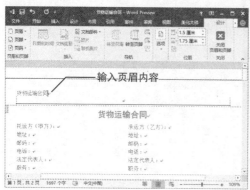

输入页眉内容

▌ 图9.17

眉和页脚"按钮退出页眉/页脚编辑状态，如图9.19所示。

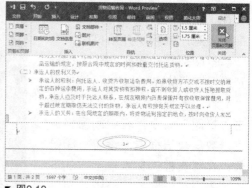

▌ 图9.19

03 在"页眉和页脚工具/设计"选项卡的"页眉和页脚"组中，单击"页码"按钮，在弹出的下拉列表中单击"页面底端"选项，在弹出的级联列表中选择需要的页码样式，如图9.18所示。

▌ 图9.18

04 所选样式的页码将插入到页面底端，单击"关闭"组中的"关闭页

05 切换到"文件"选项卡，在左侧窗格单击"打印"命令，在中间窗格的"份数"数值框中将打印份数设置为"2"，在"页数"文本框上方的下拉列表中选择"打印所有页"选项，然后单击"打印"按钮进行打印，如图9.20所示。

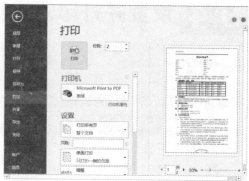

▌ 图9.20

想一想 9.5 疑难解答 >>

问 文档中的水印是怎么添加的？

答 水印是指将文本或图片以水印的方式设置为页面背景。文字水印多用于说明文件的属性，如一些重要文档中都带有"机密文件"字样的水印。图片水印大多用于修饰文档，如一些杂志的页面背景通常为一些淡化后的图片。

在要添加水印的文档中，切换到"设计"选项卡，然后单击"页面背景"组中的

"水印"按钮,在弹出的下拉列表中选中需要的水印样式即可,如图9.21所示。

提示

如果需要对文档设置自定义样式的水印,可单击"水印"按钮,在弹出的下拉列表中单击"自定义水印"选项,在弹出的"水印"对话框中进行设置即可,如图9.22所示。

◢ 图9.21 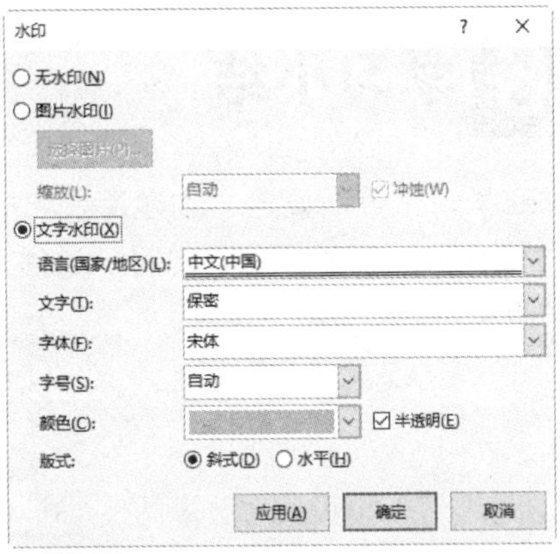　　　　　　　　　　　　　　　　　　　◢ 图9.22

问 添加页眉后,页眉里面有一条多余的横线,按"Delete"键也不能将它删除,该怎么办呢?

答 对于页眉中多余的横线,可以通过隐藏边框线的方法将其删除,具体操作步骤如下。

01 在文档中双击页眉位置,进入页眉/页脚编辑状态,在页眉区中选中多余横线临近的段落标记,切换到"设计"选项卡,然后单击"页面背景"组中的"页面边框"按钮,如图9.23所示。

02 弹出"边框和底纹"对话框,切换到"边框"选项卡,在"设置"栏中选择"无"选项,然后单击"确定"按钮即可,如图9.24所示。

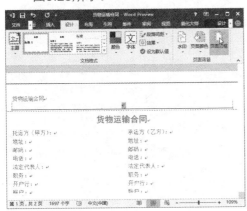

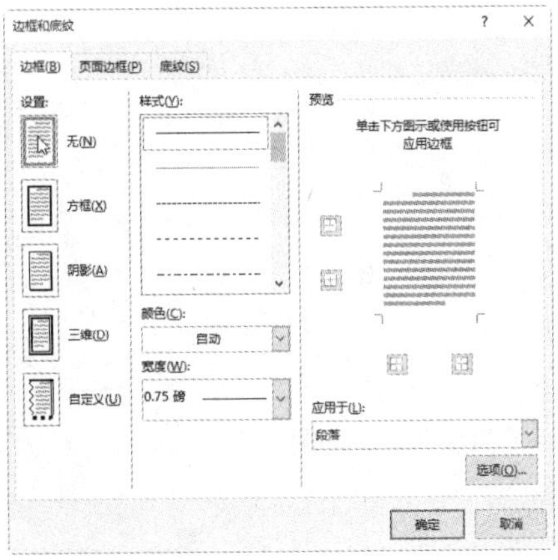

◢ 图9.23　　　　　　　　　　　　　　　　　　　◢ 图9.24

问 在打印过程中,如果发现打印选项设置有误,该怎样停止打印?

答 在打印过程中，如果发现打印选项设置错误，或打印时间太长而无法完成打印，可停止打印，方法为：在任务栏的通知区域中双击打印机图标，在打开的打印任务窗口中，使用鼠标右键单击需要停止的打印任务，在弹出的快捷菜单中单击"取消"命令，在弹出的提示对话框中单击"是"按钮即可停止。

想一想 9.6 学习小结 >>

　　本章学习了页面设置、创建目录和打印文档的相关知识，其中页面设置中包括添加页眉和页脚、添加页码等内容。通过这几章的学习，我们就可以掌握一般的Word文档排版了。

附录A　五笔字根速查表

本列表采用拼音顺序排列，每个汉字的右边是86版五笔编码，带圈数字表示该汉字是几级简码，最后边是拆分的字根。另外给出了部分汉字的98版五笔编码，用数字"98"表示。

a

啊	KBSK②	口阝丁口
吖	KUHH③	口丷丨丨
	KUHH98	口丷丨丨
阿	BSKG②	阝丁口一
锕	QBSK③	钅阝丁口
嘎	KDHT	口厂目夂

ai

哀	YEU	亠𧘇丷
哎	KAQY③	口艹乂丶
	KARY98③	口艹乂丶
唉	KCTD③	口厶𠂉大
埃	FCTD③	土厶𠂉大
挨	RCTD③	扌厶𠂉大
锿	QYEY	钅亠衣丶
捱	RDFF	扌厂土土
皑	RMNN	白山己乙
	RMNN98	白山己乙
癌	UKKM③	疒口口山
嗳	KEPC③	口⺈冖又
矮	TDTV	𠂉大禾女
蔼	AYJN③	艹讠日乙
霭	FYJN③	雨讠日乙
艾	AQU	艹乂丷
	ARU98	艹乂丷
爱	EPDC②	⺈冖一又
	EPDC98	⺈冖一又
砹	DAQY	石艹乂丶
	DARY98	石艹乂丶
隘	BUWL③	阝丷八皿
嗌	KUWL③	口丷八皿
嫒	VEPC	女⺈冖又
	VEPC98	女⺈冖又
碍	DJGF③	石日一寸
暧	JEPC③	日⺈冖又
瑷	GEPC	王⺈冖又

an

安	PVF②	宀女二
桉	SPVG③	木宀女一
氨	RNPV③	𠂉乙宀女
	RPVD98	气宀女三
庵	YDJN③	广大日乙
	ODJN98③	广大日乙
谙	YUJG③	讠立日一
鹌	DJNG	大日乙一
鞍	AFPV③	廿革宀女
俺	WDJN③	亻大日乙
掩	FDJN③	土大日乙
铵	QPVG③	钅宀女一
揞	RUJG③	扌立日一
犴	QTFH	犭丿干丨
岸	MDFJ③	山厂干刂

按	RPVG③	扌宀女一
案	PVS③	宀女木
胺	EPVG③	月宀女一
暗	JUJG②	日立日一
黯	LFOJ	四土灬日

ang

航	EYMN③	月亠几乙
	EYWN98③	月亠几乙
昂	JQBJ③	日匚卩刂
盎	MDLF③	冂大皿二

ao

熬	GQTO	圭勹夂灬
凹	MMGD	几冂一三
	HNHG98	丨乙丨一
坳	FXLN③	土幺力乙
	FXET98③	土幺力丿
敖	GQTY	圭勹夂丶
嗷	KGQT	口圭勹夂
廒	YGQT	广圭勹夂
	OGQT98③	广圭勹夂
獒	GQTD	圭勹夂犬
遨	GQTP	圭勹夂辶
螯	GQTB	圭勹夂耳
鳌	GQTJ	圭勹夂虫
鏖	GQTG	圭勹夂一
麇	YNJQ	广コ刂金
	OXXQ98	声匕匕金
袄	PUTD③	衤丷丿大
媪	VJLG③	女日皿一
吞	TDMJ③	丿大山刂
傲	WGQT	亻圭勹夂
奥	TMOD③	丿冂米大
骜	GQTC	圭勹夂马
	GQTG98	圭勹夂一
澳	ITMD③	氵丿冂大
慠	NTMD③	忄丿冂大
鳌	GQTQ	圭勹夂金
鳌	GQTM	圭勹夂贝

ba

八	WTY	八丿丶
巴	CNHN①	巴乙丨乙
叭	KWY	口八丶
吧	KCN②	口巴乙
岜	MCB	山巴《
芭	ACB②	艹巴《
疤	UCV	疒巴巛
捌	RKLJ	扌口力刂
	RKEJ98	扌口力刂
笆	TCB	⺮巴《
粑	OCN	米巴乙
拔	RDCY③	扌ナ又丶

	RDCY98	扌ナ又丶
茇	ADCU③	艹ナ又丷
	ADCY98③	艹ナ又丶
菝	ARDC③	艹扌ナ又
	ARDY98③	艹扌ナ丶
跋	KHDC	口止ナ又
	KHDY98	口止ナ丶
魃	RQCC	白儿厶又
	RQCY98	白儿厶丶
把	RCN	扌巴乙
钯	QCN	钅巴乙
靶	AFCN③	廿革巴乙
坝	FMY	土贝丶
爸	WQCB③	八乂巴《
	WRCB98③	八乂巴《
罢	LFCU③	皿土厶丷
鲅	QGDC	鱼一ナ又
	QGDY98	鱼一ナ丶
霸	FAFE③	雨廿革月
灞	IFAE③	氵雨廿月
耙	DICN③	三小巴乙
	FSCN98③	二木巴乙

bai

白	RRRR③	白白白白
捭	RWVR	龵八刀手
佰	WDJG③	亻ノ日一
柏	SRG	木白一
捭	RRTF③	扌白丿十
摆	RLFC③	扌皿土厶
败	MTY	贝夂丶
	MTY98②	贝夂丶
拜	RDFH	龵三十丨
稗	TRTF	禾白丿十
	TRTF98③	禾白丿十

ban

班	GYTG③	王丶丿王
扳	RRCY③	扌厂又丶
般	TEMC③	丿舟几又
	TUWC98	丿舟几又
颁	WVDM③	八刀厂贝
斑	GYGG③	王文王一
搬	RTEC③	扌丿舟又
	RTUC98③	扌丿舟又
瘢	UTEC③	疒丿舟又
	UTUC98	疒丿舟又
癍	UGYG③	疒王文王
	UGYG98	疒王文王
阪	BRCY③	阝厂又丶
坂	FRCY③	土厂又丶
板	SRCY③	木厂又丶
版	THGC③	丿丨一又
钣	QRCY③	钅厂又丶
舨	TERC③	丿舟厂又
	TURC98	丿舟厂又

办	LWI②	力八氵
	EW98	力八
半	UFK②	ⸯ十川
	UGK98②	ⸯ丰川
伴	WUFH③	亻ⸯ十丨
	WUGH98	亻ⸯ丰丨
扮	RWVN③	扌八刀乙
	RWVT98	扌八刀丿
拌	RUFH	扌ⸯ十丨
	RUGH98	扌ⸯ丰丨
绊	XUFH③	纟ⸯ十丨
	XUGH98③	纟ⸯ丰丨
瓣	URCU③	辛厂厶辛

bang

帮	DTBH②	三丿阝丨
	DTBH98	三丿阝丨
邦	DTBH③	三丿阝丨
梆	SDTB③	木三丿阝
浜	IRGW③	氵斤一八
	IRWY98③	氵丘八丶
绑	XDTB③	纟三丿阝
榜	SUPY③	木立一方
	SYUY98③	木ⸯⸯ方
膀	EUPY③	月立一方
	EYUY98③	月ⸯⸯ方
傍	WUPY③	亻立一方
	WYUY98	亻ⸯⸯ方
谤	YUPY③	讠立一方
	YYUY98③	讠ⸯⸯ方
棒	SDWH③	木三人丨
	SDWG98	木三八丰
蒡	AUPY③	艹立一方
	AYUY98	艹ⸯⸯ方
磅	DUPY③	石立一方
	DYUY98③	石ⸯⸯ方
镑	QUPY③	钅立一方
	QYUY98③	钅ⸯⸯ方

bao

包	QNV②	勹巳巛
孢	BQNN③	子勹巳乙
苞	AQNB③	艹勹巳巛
胞	EQNN③	月勹巳乙
煲	WKSO③	亻口木火
鲍	HWBN③	止人凵乙
褒	YWKE③	亠亻口衣
雹	FQNB③	雨勹巳巛
宝	PGYU③	宀王丶
饱	QNQN	乙乙勹巳
保	WKSY②	亻口木丶
鸨	XFQG③	匕十勹一
堡	WKSF③	亻口木土
葆	AWKS③	艹亻口木
褓	PUWS	衤亻木
报	RBCY②	扌卩又丶
抱	RQNN③	扌勹巳乙
豹	EEQY	四丿勹丶
	EQYY98③	豸勹丶丶
趵	KHQY③	口止勹丶
鲍	QGQN③	鱼一勹巳
暴	JAWI③	日艹八水

爆	OJAI③	火日艹水

bei

杯	SGIY③	木一小丶
	SDHY98③	木丆卜丶
呗	KMY	口贝丶
陂	BHCY③	阝广又丶
	BBY98	阝皮丶
卑	RTFJ③	白丿十丨
	RTFJ98③	白丿十丨
悲	DJDN	三川三心
	HDHN98③	丨三丨心
碑	DRTF③	石白丿十
鹎	RTFG	白丿十一
北	UXN②	丬匕乙
贝	MHNY	贝丨乙丶
狈	QTMY	犭丿贝丶
	QTMY98③	犭丿贝丶
邶	UXBH③	丬匕阝丨
备	TLF	夂田二
	TLF98②	夂田二
背	UXEF③	丬匕月二
钡	QMY	钅贝丶
倍	WUKG③	亻立口一
悖	NFPB③	忄十一子
被	PUHC	衤广又
	PUBY98③	衤皮丶
惫	TLNU③	夂田心丶
焙	OUKG③	火立口一
	OUKG98	火立口一
辈	DJDL③	三川三车
	HDHL98	丨三丨车
碚	DUKG③	石立口一
蓓	AWUK③	艹亻立口
褙	PUUE	衤丬月
鞴	AFAE	廿革艹用
鋬	NKUQ	尸口辛金
庳	YRTF③	广白丿十
	ORTF98③	广白丿十
孛	FPB	十一子

ben

奔	DFAJ③	大十艹川
贲	FAMU③	十艹贝丶
锛	QDFA③	钅大十艹
本	SGD③	木一三
苯	ASGF③	艹木一二
畚	CDLF③	厶大田二
坌	WVFF	八刀土二
	WVFF98③	八刀土二
笨	TSGF③	竹木一二

beng

崩	MEEF③	山月月二
蚌	JDHH③	虫三丨丨
绷	XEEG③	纟月月一
嘣	KMEE③	口山月月
	KMEE98	口山月月
甭	GIEJ③	一小用川
	DHEJ98	丆卜用川
泵	DIU	石水氵

迸	UAPK③	丬廾辶川
髼	FKUN	土口丬乙
	FKUY98	士口丬丶
蹦	KHME	口止山月
	KHME98	口止山月

bi

逼	GKLP	一口田辶
荜	AFPB	艹十一子
鼻	THLJ③	丿目田川
匕	XTN	匕丿乙
比	XXN②	匕匕乙
吡	KXXN③	口匕匕乙
	KXXN98	口匕匕乙
妣	VXXN③	女匕匕乙
彼	THCY③	彳广又丶
	TBY98	彳皮丶
秕	TXXN③	禾匕匕乙
俾	WRTF③	亻白丿十
笔	TTFN②	竹丿二乙
	TEB98	竹毛丨
舭	TEXX③	丿舟匕匕
	TUXX98	丿舟匕匕
鄙	KFLB③	口十口阝
币	TMHK③	丿冂丨川
必	NTE②	心丿彡
毕	XXFJ③	匕匕十川
闭	UFTE③	门十丿彡
庇	YXXV③	广匕匕巛
	OXXV98	广匕匕巛
畀	LGJJ③	田一川川
哔	KXXF	口匕匕十
怭	XXNT	匕匕心丿
荜	AXXF	艹匕匕十
陛	BXXF②	阝匕匕土
毙	XXGX	匕匕一匕
狴	QTXF	犭丿匕土
铋	QNTT	钅心丿
婢	VRTF③	女白丿十
敝	UMIT③	丷冂小攵
	ITY98	尚攵
萆	ARTF③	艹白丿十
弻	XDJX③	弓丆日弓
愎	NTJT	忄夂日夂
箅	TXXF	竹匕匕十
滗	ITTN③	氵竹丿乙
	ITEN98	氵竹毛乙
痹	ULGJ	疒田一川
蓖	ATLX③	艹丿口匕
裨	PURF③	衤白十
跸	KHXF	口止匕十
辟	NKUH③	尸口辛丨
弊	UMIA	丷冂小廾
	ITAJ98	尚攵廾川
碧	GRDF③	王白石二
箅	TLGJ③	竹田一川
蔽	AUMT③	艹丷冂攵
	AITU98	艹尚攵丷
壁	NKUF	尸口辛土
嬖	NKUV	尸口辛女
篦	TTLX	竹丿口匕
薜	ANKU③	艹尸口辛

避	NKUP②	尸口辛辶	裱	PUGE	衤一龶衣	剥	VIJH	⺕水刂丨
濞	ITHJ	氵丿目刂	鳔	QGSI③	鱼一西小		VIJH98③	⺕水刂丨
臂	NKUE	尸口辛月				钵	QSGG③	钅木一一
髀	MERF	⻣月白十		**bie**		饽	QNFB	勹乙十子
璧	NKUY	尸口辛、	别	KLJH③	口力刂丨		QNFB98③	勹乙十子
襞	NKUE	尸口辛衣		KEJH98③	口力刂丨	啵	KIHC③	口氵广又
			憋	UMIN	尚门小心		KIBY98③	口氵皮、
	bian			ITNU98	尚攵心丷	伯	WRG	亻白一
边	LPV②	力辶巛	鳖	UMIG	丷门小一	泊	IRG②	氵白一
	EP98	力辶		ITQG98	尚攵鱼一		IRG98	氵白一
砭	DTPY③	石丿之丶	整	UMIH	丷门小止	脖	EFPB③	月十冖子
笾	TLPU③	⺮力辶丷		ITKH98	尚攵口止	菠	AIHC③	⺿氵广又
	TEPU98③	⺮力辶丷	瘪	UTHX	疒丿目匕		AIBU98	⺿氵皮丷
编	XYNA	纟、尸⺿				播	RTOL	扌丿米田
煸	OYNA	火、尸⺿		**bin**			RTOL98③	扌丿米田
蝙	JYNA	虫、尸⺿	宾	PRGW③	宀斤一八	驳	CQQY③	马乂乂丶
鳊	QGYA	鱼一、⺿		PRWU98③	宀丘八丷		CGRR98	马一乂乂
鞭	AFWQ③	廿革亻乂	彬	SSET③	木木彡丿	帛	RMHJ③	白冂丨丨
	AFWR98	廿革亻乂	傧	WPRW③	亻宀斤八	勃	FPBL③	十冖子力
贬	MTPY③	贝丿之丶	斌	YGAH③	文一弋止		FPBE98③	十冖子力
扁	YNMA	、尸冂⺿	滨	IPRW③	氵宀斤八	铇	QDCY	钅ナ又丶
窆	PWTP	宀八丿之	缤	XPRW③	纟宀斤八		QDCY98③	钅ナ又丶
匾	AYNA	匚、尸⺿	槟	SPRW③	木宀斤八	铂	QRG	钅白一
碥	DYNA	石、尸⺿	镔	QPRW③	钅宀斤八	舶	TERG③	丿舟白一
褊	PUYA	衤、尸⺿	濒	IHIM	氵止小贝		TURG98③	丿舟白一
卞	YHU	一卜丷		IHHM98	氵止⺌贝	博	FGEF	十一月寸
弁	CAJ	厶廾刂	豳	EEMK	豖豖山川		FSFY98③	十甫寸丶
忭	NYHY	忄、卜丶		MGEE98③	山一豖豖	渤	IFPL③	氵十冖力
汴	IYHY③	氵、卜丶	摈	RPRW③	扌宀斤八		IFPE98③	氵十冖力
苄	AYHU③	⺿一卜丷	殡	GQPW③	一夕宀八	鹁	FPBG	十冖子一
便	WGJQ③	亻一日乂		GQPW98	一夕宀八	搏	RGEF	扌一月寸
	WGJR98③	亻一日乂	膑	EPRW③	月宀斤八		RSFY98③	扌甫寸丶
变	YOCU②	亠小又丷	髌	MEPW	⻣月宀八	箔	TIRF③	⺮氵白二
	YOCU98③	亠小又丷	鬓	DEPW	镸彡宀八	脯	EGEF	月一月寸
缏	XWGQ	纟亻一乂	玢	GWVN	王八刀乙		ESFY98③	月甫寸丶
	XWGR98	纟亻一乂		GWV98③	王八刀	踣	KHUK	口止立口
遍	YNMP③	、尸冂辶				薄	AIGF③	⺿氵一寸
辨	UYTU③	辛、丿辛		**bing**			AISF98	⺿氵甫寸
	UYTU98	辛、丿辛	兵	RGWU③	斤一八丷	礴	DAIF③	石⺿氵寸
辩	UYUH③	辛讠辛丨		RWU98②	丘八丷	跛	KHHC	口止广又
辫	UXUH③	辛纟辛丨	冰	UIY②	冫水丶		KHBY98③	口止皮、
			丙	GMWI③	一冂人丶	簸	TADC	⺮廿三又
	biao		邴	GMWB	一冂人阝		TDWB98	⺮共八皮
标	SFIY③	木二小丶	秉	TGVI③	丿一⺕小	擘	NKUR	尸口辛手
彪	HAME	虍七几彡		TVDI98③	禾⺕三丨	檗	NKUS	尸口辛木
	HWEE98③	虍几彡彡	柄	SGMW③	木一冂人			
飑	MQQN	几乂勹乙		SGMW98	木一冂人		**bu**	
	WRQN98	几乂勹巴	炳	OGMW③	火一冂人	不	GII②	一小氵
髟	DET	镸彡丿	饼	QNUA③	勹乙丷廾		DHI98	ア卜氵
骠	CSFI③	马西二小	禀	YLKI③	亠口口小	逋	GEHP	一月丨辶
	CGSI98③	马一西小	并	UAJ③	丷廾刂		SPI98	甫辶氵
膘	ESFI③	月西二小	病	UGMW③	疒一冂人	钸	QDMH	钅ナ冂丨
瘭	USFI③	疒西二小	摒	RNUA	扌尸丷廾		QDMH98③	钅ナ冂丨
镖	QSFI③	钅西二小		RNUA98③	扌尸丷廾	晡	JGEY	日一月丶
飙	DDDQ	犬犬犬乂					JSY98	日甫、
	DDDR98	犬犬犬乂		**bo**		醭	SGOY	西一业丶
飚	MQOO③	几乂火火	玻	GHCY③	王广又丶	卜	HHY	卜丨丶
	WROO98	几乂火火		GBY98	王皮、	卟	KHY	口卜丶
镳	QYNO	钅广彐灬	拨	RNTY③	扌乙丿丶	补	PUHY③	衤丶卜丶
	QOXO98③	钅声匕灬	波	IHCY③	氵广又丶	哺	KGEY	口一月丶
表	GEU②	龶衣丷		IBY98②	氵皮、		KSY98	口甫、
婊	VGEY	女龶衣丶				捕	RGEY③	扌一月丶

	bie	
褾	PUGE	衤一龶衣

第一列

汉字	编码	字根
	RSY98	扌甫丶
布	DMHJ③	ナ冂丨刂
步	HIR②	止小彡
	HHR98②	止少彡
怖	NDMH③	忄ナ冂丨
钚	QGIY	钅一小丶
	QDHY98	钅丆卜丶
部	UKBH②	立口阝丨
	UKBH98③	立口阝丨
埠	FWNF③	土亻冂十
	FTNF98③	土丿目十
瓿	UKGN③	立口一乙
	UKGY98③	立口一乙
簿	TIGF③	竹氵一寸
	TISF98③	竹氵甫寸

ca

汉字	编码	字根
擦	RPWI	扌宀夊小
嚓	KPWI③	口宀夊小
礤	DAWI③	石卄夊小

cai

汉字	编码	字根
猜	QTGE	犭丿龶月
才	FTE②	十丿彡
材	SFTT③	木十丿丿
财	MFTT②	贝十丿丿
裁	FAYE③	十戈亠衣
采	ESU②	爫木丶
彩	ESET③	爫木彡
睬	HESY③	目爫木丶
踩	KHES	口止爫木
菜	AESU②	卄爫木丶
	AESU98③	卄爫木丶
蔡	AWFI③	卄夊二小

can

汉字	编码	字根
餐	HQCE②	卜夕又匕
	HQCV98②	卜夕又艮
参	CDER②	厶大彡丿
骖	CCDE③	马厶大彡
	CGCE98	马一厶彡
残	GQGT③	一夕戋丿
	GQGA98③	一夕一戈
蚕	GDJU③	一大虫丷
惭	NLRH②	忄车斤丨
惨	NCDE③	忄厶大彡
黪	LFOE	黑土灬彡
灿	OMH②	火山丨
粲	HQCO	卜夕又米
璨	GHQO③	王卜夕米
孱	NBBB③	尸子子子

cang

汉字	编码	字根
仓	WBB	人巴《
沧	IWBN③	氵人巴乙
苍	AWBB③	卄人巴《

第二列

汉字	编码	字根
舱	TEWB③	丿舟人巴
	TUWB98	丿舟人巴
藏	ADNT	卄厂乙丿
	AAUN98③	卄戈爿乙

cao

汉字	编码	字根
操	RKKS③	扌口口木
	RKKS98	扌口口木
糙	OTFP③	米丿土辶
曹	GMAJ③	一冂卄日
	GMAJ98	一冂卄日
嘈	KGMJ	口一冂日
漕	IGMJ	氵一冂日
槽	SGMJ	木一冂日
	SGMJ98③	木一冂日
艚	TEGJ	丿舟一日
	TUGJ98③	丿舟一日
蝽	JGMJ	虫一冂日
草	AJJ	卄早刂

ce

汉字	编码	字根
策	TGMI③	竹一冂小
	TSMB98③	竹木门《
册	MMGD③	冂冂一三
侧	WMJH③	亻贝刂丨
厕	DMJK	厂贝刂川
	DMJK98③	厂贝刂川
恻	NMJH③	忄贝刂丨
测	IMJH③	氵贝刂丨

cen

汉字	编码	字根
岑	MWYN	山人丶乙
涔	IMWN③	氵山人乙

ceng

汉字	编码	字根
层	NFCI③	尸二厶氵
噌	KULJ③	口丷罒日
蹭	KHUJ	口止丷日
曾	ULJ②	丷罒日
	ULJF98③	丷罒日二

cha

汉字	编码	字根
插	RTFV③	扌丿十臼
	RTFE98	扌丿十臼
叉	CYI	又丶氵
杈	SCYY	木又丶丶
馇	QNSG③	勹乙木一
锸	QTFV	钅丿十臼
	QTFE98	钅丿十臼
查	SJGF②	木日一二
茬	ADHF	卄ナ丨土
茶	AWSU③	卄人木丶
搽	RAWS	扌卄人木
槎	SUDA	木丷手工
	SUAG98③	木羊工一
察	PWFI	宀夊二小
碴	DSJG③	石木日一
檫	SPWI	木宀夊小
衩	PUCY③	衤丶又丶
镲	QPWI	钅宀夊小
汊	ICYY	氵又丶丶

第三列

汉字	编码	字根
岔	WVMJ	八刀山刂
诧	YPTA	讠宀丿七
	YPTA98③	讠宀丿七
姹	VPTA③	女宀丿七
差	UDAF③	丷尹工二
	UAF98	羊工二

chai

汉字	编码	字根
拆	RRYY③	扌斤丶丶
钗	QCYY③	钅又丶丶
侪	WYJH③	亻文刂丨
柴	HXSU③	止匕木丶
豺	EEFT③	罒豸十丿
	EFTT98③	豸十丿丿
虿	DNJU	丆乙虫丷
	GQJU98	一勹虫丷
瘥	UUDA	疒丷尹工
	UUAD98③	疒羊工三

chan

汉字	编码	字根
搀	RQKU	扌勹口丷
觇	HKMQ③	卜口冂儿
掺	RCDE③	扌厶大彡
婵	VUJF③	女丷日十
谗	YQKU③	讠勹口丷
禅	PYUF	礻丶丷十
馋	QNQU	勹乙勹丷
缠	XYJF③	纟广日土
	XOJF98③	纟广日土
蝉	JUJF	虫丷日十
廛	YJFF③	广日土土
	OJFF98	广日土土
潺	INBB	氵尸子子
	INBB98③	氵尸子子
镡	QSJH	钅西早丨
	QSJH98③	钅西早丨
蟾	JQDY③	虫勹厂言
躔	KHYF	口止广土
	KHOF98	口止广土
产	UTE①	立丿彡
	UTE98①	立丿彡
谄	YQVG	讠勹臼一
	YQEG98③	讠勹臼一
铲	QUTT③	钅立丿丿
阐	UUJF③	门丷日十
蒇	ADMT	卄厂贝丿
	ADMU98	卄戊贝丶
冁	UJFE	丷日十乀
忏	NTFH	忄丿十丨
	NTFH98③	忄丿十丨
颤	YLKM	亠口口贝
	YLKM98③	亠口口贝
羼	NUDD	尸丶手手
	NUUU98③	尸羊羊羊
澶	IYLG	氵亠口一
	IYLG98③	氵亠口一
骣	CNBB③	马尸子子
	CGNB98③	马一尸子

chang

汉字	编码	字根
昌	JJF②	日日二

伥	WTAY③	亻丿七丶
娼	VJJG③	女日日一
猖	QTJJ	犭丿日日
菖	AJJF	艹日日二
阊	UJJD	门日日三
鲳	QGJJ	鱼一日日
长	TAYI②	丿七丶丿
肠	ENRT③	月乙丿丿
苌	ATAY③	艹丿七丶
尝	IPFC③	灬宀二厶
偿	WIPC②	亻灬宀厶
常	IPKH	灬宀口丨
	IPKH98③	灬宀口丨
徜	TIMK③	彳灬门口
嫦	VIPH③	女灬宀丨
厂	DGT	厂一丿
场	FNRT	土乙丿丿
昶	YNIJ	丶乙氺日
惝	NIMK③	忄灬门口
敞	IMKT	灬门口攵
氅	IMKN	灬门口乙
	IMKE98	灬门口毛
怅	NTAY③	忄丿七丶
畅	JHNR	日丨乙丿
	JHNR98③	日丨乙丿
倡	WJJG	亻日日一
巢	QOBX③	又灬凵匕
唱	KJJG③	口日日一

chao

超	FHVK③	土龰刀口
抄	RITT③	扌小丿丿
怊	NVKG③	忄刀口一
钞	QITT③	钅小丿丿
晁	JIQB	日氺儿巛
	JQIU98③	日儿氺巛
巢	VJSU③	巛日木
朝	FJEG③	十早月一
嘲	KFJE③	口十早月
潮	IFJE③	氵十早月
吵	KITT②	口小丿丿
炒	OITT②	火小丿丿
	OITT98③	火小丿丿
耖	DIIT	三小小丿
	FSIT98	二木小丿

che

车	LGNH②	车一乙丨
砗	DLH	石车丨
扯	RHG	扌止一
彻	TAVN	彳七刀乙
	TAVT98	彳七刀丿
坼	FRYY③	土斤丶丶
掣	RMHR	⺧冂丨手
	TGMR98	⺧一冂手
撤	RYCT③	扌云厶攵
澈	IYCT	氵云厶攵

chen

尘	IFF	小土二
抻	RJHH③	扌日丨丨
	RJHH98	扌日丨丨
郴	SSBH③	木木阝丨
琛	GPWS③	王宀八木
嗔	KFHW	口十且八
臣	AHNH③	匚丨乛丨
忱	NPQN③	忄宀儿乙
沉	IPMN③	氵宀几乙
	IPWN98③	氵宀几乙
辰	DFEI③	厂二𠃉丶
陈	BAIY③	阝七小丶
宸	PDFE	宀厂二𠃉
晨	JDFE	日厂二𠃉
谌	YADN	讠艹三乙
	YDWN98	讠甚八乙
碜	DCDE③	石厽大彡
衬	PUFY③	衤寸丶
称	TQIY	禾勹小丶
龀	HWBX	止人凵匕
趁	FHWE	土龰人彡
榇	SUSY③	木立木丶
谶	YWWG	讠人人一
龇	HWBX	止人凵匕

cheng

称	TQIY③	禾勹小丶
柽	SCFG	木又土一
蛏	JCFG	虫又土一
撑	RIPR③	扌灬宀手
瞠	HIPF③	目灬宀土
丞	BIGF③	了氺一二
成	DNNT②	厂乙乙丿
呈	KGF②	口王二
	KGF98	口王二
承	BDII②	了三氺丨
枨	STAY③	木丿七丶
诚	YDNT③	讠厂乙丿
	YDNN98②	讠厂乙乙
城	FDN②	土厂乙
	FDNT98②	土厂乙丿
乘	TUXV③	丿丬匕巛
埕	FKGG③	土口王一
铖	QDNT③	钅厂乙丿
	QDNN98③	钅厂乙乙
惩	TGHN	⼻一止心
程	TKGG③	禾口王一
裎	PUKG③	衤丬口王
塍	EUDF	月丷大一
	EUGF98	月丷夫土
酲	SGKG③	西一口王
澄	IWGU③	氵癶一丷
橙	SWGU③	木癶一丷
逞	KGPD③	口王辶三
骋	CMGN③	马由一乙
	CGMN98③	马一由乙
秤	TGUH③	禾一丷丨
	TGUF98③	禾一丷十

chi

吃	KTNN③	口丿乙乙
哧	KFOY③	口土小丶
蚩	BHGJ	凵丨一虫

鸱	QAYG③	匚七丶一
眵	HQQY③	目夕夕丶
答	TCKF③	竹厶口二
嗤	KBHJ	口凵丨虫
媸	VBHJ③	女凵丨虫
痴	UTDK	疒⺧大口
螭	JYBC	虫亠凵厶
	JYRC98	虫亠凵厶
魑	RQCC	白儿厶厶
弛	XBN	弓也乙
池	IBN②	氵也乙
	IBN98	氵也乙
驰	CBN	马也乙
	CGBN98	马一也乙
迟	NYPI③	尸丶辶丶
茬	AWFF	艹亻土二
持	RFFY②	扌土寸丶
墀	FNIH③	土尸水丨
	FNIG98③	土尸水丨
踟	KHTK	口止⺧口
篪	TRHM	竹⺁声几
	TRHW98③	竹⺁虍几
尺	NYI	尸丶丶
侈	WQQY③	亻夕夕丶
齿	HWBJ③	止人凵刂
耻	BHG②	耳止一
豉	GKUC	一口丷又
褫	PURM	衤⺁几
	PURW98	衤⺁几
叱	KXN	口匕乙
斥	RYI	斤丶丶
赤	FOU②	土小丶
饬	QNTL	⺈乙⺧力
	QNTE98	⺈乙⺧力
炽	OKWY②	火口八丶
	OKWY98③	火口八丶
翅	FCND③	十又羽三
敕	GKIT	一口小攵
	SKTY98	木口攵丶
啻	UPMK	立冖门口
	YUPK98	亠丷冖口
傺	WWFI③	亻㣇二小
瘛	UDHN	疒三丨心

chong

充	YCQB②	亠厶儿巛
冲	UKHH③	冫口丨丨
忡	NKHH③	忄口丨丨
茺	AYCQ③	艹亠厶儿
舂	DWVF③	三人臼二
	DWEF98	三人臼二
憧	NUJF	⺖立日土
艟	TEUF	丿舟立土
	TUUF98	丿舟立土
虫	JHNY	虫丨乙丶
崇	MPFI③	山宀二小
宠	PDXB③	宀ナ匕巛
铳	QYC③	钅亠厶儿
	QYCQ98③	钅亠厶儿
重	TGJF③	丿一日土
	TGJF98	丿一日土

chou

抽	RMG②	扌由一
瘳	UNWE	疒羽人彡
仇	WVN	亻九乙
俦	WDTF	亻三丿寸
帱	MHDF③	冂丨三寸
惆	NMFK③	忄冂土口
绸	XMFK③	纟冂土口
畴	LDTF③	田三丿寸
愁	TONU	禾火心冫
稠	TMFK③	禾冂土口
筹	TDTF③	𥫗三丿寸
酬	SGYH	西一、丨
踌	KHDF③	口止三寸
雠	WYYY③	亻隹讠隹
丑	NFD	乙土三
	NHGG98	乙丨一一
瞅	HTOY③	目禾火丶
臭	THDU	丿目犬丶

chu

初	PUVN③	衤冫刀乙
出	BMK②	凵山川
樗	SFFN	木雨二乙
刍	QVF	𠂊彐二
除	BWTY③	阝人禾丶
	BWGS98③	阝人一木
厨	DGKF	厂一口寸
滁	IBWT③	氵阝人禾
	IBWS98③	氵阝人木
锄	QEGL	钅月一力
	QEGE98	钅月一力
蜍	JWTY③	虫人禾
	JWGS98	虫人一木
雏	QVWY③	𠂊彐亻隹
橱	SDGF	木厂一寸
躇	KHAJ	口止艹日
蹰	KHDF	口止厂寸
杵	STFH	木丿十丨
础	DBMH③	石凵山丨
储	WYFJ③	亻讠土日
楮	SFTJ	木土丿日
楚	SSNH③	木木乙疋
褚	PUFJ③	衤冫土日
亍	FHK	二丨川
	GSJ98	一丁刂
处	THI②	夂卜氵
怵	NSYY③	忄木、、
绌	XBMH③	纟凵山丨
搐	RYXL	扌亠幺田
触	QEJY	𠂊用虫丶
憷	NSSH③	忄木木疋
黜	LFOM	𤼤土灬山
矗	FHFH	十且十且

chuai

揣	RMDJ③	扌山厂刂
搋	RRHM	扌厂广几
	RRHW98	扌厂虍几
啜	KCCC	口又又又
踹	KHMJ	口止山刂

膪	EUPK	月立冖口
	EYUK98	月亠冫口

chuan

川	KTHH	川丿丨丨
氚	RNKJ	𠂆乙川刂
	RKK98	气川川
穿	PWAT	穴八匚丿
传	WFNY	亻二乙、
	WFNY98③	亻二乙、
舡	TEAG③	丿舟工一
	TUAG98	丿舟工一
船	TEMK	丿舟几口
	TUWK98③	丿舟几口
遄	MDMP③	山厂冂辶
椽	SXEY③	木彑豕丶
舛	QAHH③	夕匚丨丨
	QGH98	夕一丨
喘	KMDJ③	口山厂刂
串	KKHK③	口口丨川
钏	QKH	钅川丨

chuang

窗	PWTQ③	穴八丿夕
闯	UCD	门马三
	UCGD98	门一三
疮	UWBV③	疒人巳巛
床	YSI	广木氵
	OSI98	广木氵
创	WBJH③	人巳刂刂
怆	NWBN③	忄人巳乙

chui

吹	KQWY③	口𠂊人丶
炊	OQWY③	火𠂊人丶
垂	TGAF③	丿一艹土
陲	BTGF③	阝丿一土
捶	RTGF③	扌丿一土
棰	STGF③	木丿一土
槌	SWNP③	木亻冂辶
锤	QTGF③	钅丿一土
椎	SWYG	木亻隹
	SWY98③	木亻隹

chun

春	DWJF②	三人日二
椿	SDWJ	木三人日
蝽	JDWJ	虫三人日
纯	XGBN③	纟一凵乙
唇	DFEK	厂二𧘇口
莼	AXGN③	艹纟一乙
淳	IYBG③	氵亠子一
鹑	YBQG③	亠子勹一
醇	SGYB	西一亠子
蠢	DWJJ	三人日虫

chuo

戳	NWYA	羽亻𠆤戈
踔	KHHJ	口止卜早
绰	XHJH③	纟卜早丨
辍	LCCC	车又又又

踎	HWBH	止人凵止

ci

词	YNGK	讠乙一口
疵	UHXV③	疒止匕巛
祠	PYNK	礻、乙口
茈	AHXB③	艹止匕巛
茨	AUQW	艹冫𠂊人
瓷	UQWN	冫𠂊人乙
	UQWY98	冫𠂊人、
慈	UXXN	丷幺幺心
辞	TDUH	丿古辛丨
磁	DUXX	石丷幺幺
雌	HXWY③	止匕亻隹
鹚	UXXG	丷幺幺一
糍	OUXX③	米丷幺幺
此	HXN②	止匕乙
次	UQWY③	冫𠂊人丶
刺	GMIJ③	一冂小刂
	SMJH98③	木冂刂丨
赐	MJQR③	贝日勹𠂇
伺	WNGK③	亻乙一口

cong

聪	BUKN	耳丷口心
囱	TLQI	丿囗夕
从	WWY②	人人丶
匆	QRYI③	勹𠂇丶丶
苁	AWWU	艹人人丷
枞	SWWY③	木人人丶
葱	AQRN	艹勹𠂇心
骢	CTLN③	马丿囗心
	CGTN98	马一丿心
璁	GTLN③	王丿囗心
丛	WWGF③	人人一二
淙	IPFI	氵宀二小
琮	GPFI③	王宀二小

cou

凑	UDWD③	冫三人大
楱	SDWD	木三人大
腠	EDWD③	月三人大
辏	LDWD③	车三人大

cu

粗	OEGG②	米月一一
徂	TEGG	彳月一一
殂	GQEG③	一夕月一
促	WKHY③	亻口止丶
猝	QTYF	犭丿亠十
酢	SGTF	西一丿二
蔟	AYTD③	艹方𠂆大
醋	SGAJ③	西一廿日
簇	TYTD③	𥫗方𠂆大
蹙	DHIH	厂上小疋
蹴	KHYN	口止亠乙
	KHYY98	口止亠丶

cuan

撺	RPWH	扌宀八丨
镩	QPWH③	钅宀八丨

	QPWH98	钅宀八丨
蹿	KHPH	口止宀丨
窜	PWKH③	宀八口丨
篡	THDC	⺮目大厶
爨	WFMO③	亻二门火
	EMGO98	臼门一火
氽	TYIU	丿、水冫

cui

崔	MWYF③	山亻圭二
催	WMWY③	亻山亻圭
摧	RMWY③	扌山亻圭
榱	SYKE③	木亠口衣
璀	GMWY	王山亻圭
脆	EQDB③	月⺈厂巳
啐	KYWF③	口亠人十
悴	NYWF	忄亠人十
淬	IYWF	氵亠人十
萃	AYWF③	艹亠人十
毳	TFNN	丿二乙乙
	EEEB98	毛毛毛《
瘁	UYWF③	疒亠人十
粹	OYWF③	米亠人十
翠	NYWF	羽亠人十
隹	WYG	亻圭一

cun

村	SFY②	木寸丶
	SFY98③	木寸丶
皴	CWTC	厶八夂又
	CWT98③	厶八夂皮
存	DHBD③	ナ丨子三
忖	NFY	忄寸丶
寸	FGHY	寸一丨丶

cuo

搓	RUDA③	扌丷ⱻ工
	RUAG98	扌羊工一
磋	DUDA③	石丷ⱻ工
	DUA98③	石羊工一
撮	RJBC③	扌曰耳又
蹉	KHUA	口止丷工
嵯	MUDA③	山丷ⱻ工
	MUA98③	山羊工一
痤	UWWF③	疒人人土
矬	TDWF③	一大人土
鹾	HLQA	卜口乂工
	HLRA98	卜口乂工
脞	EWWF③	月人人土
厝	DAJD③	厂艹日三
挫	RWWF③	扌人人土
措	RAJG③	扌艹日一
锉	QWWF③	钅人人土
错	QAJG③	钅艹日一

da

搭	RAWK	扌艹人口
哒	KDPY③	口大辶丶
耷	DBF	大耳二
嗒	KAWK	口艹人口
褡	PUAK③	衤冫艹口

达	DPI②	大辶氵
妲	VJGG③	女日一一
怛	NJGG③	忄日一一
沓	IJF	水日二
笪	TJGF	⺮日一二
答	TWGK	⺮人一口
瘩	UAWK	疒艹人口
靼	AFJG	廿中日一
鞑	AFDP	廿中大辶
打	RSH②	扌丁丨
大	DDDD②	大大大大

dai

呆	KSU②	口木冫
呔	KDYY	口大丶
歹	GQI	一夕丨
傣	WDWI③	亻三人水
代	WAY②	亻代丶
岱	WAMJ	亻代山刂
	WAYM98	亻弋、山
武	AAFD	弋艹二三
	AFY98	七甘、
绐	XCKG③	纟厶口一
迨	CKPD③	厶口辶三
带	GKPH③	一川冖丨
待	TFFY	彳土寸丶
怠	CKNU③	厶口心冫
殆	GQCK③	一夕厶口
玳	GWAY③	王亻代丶
	GWAY98	王亻弋
贷	WAMU③	亻代贝冫
	WAYM98	亻弋、贝
埭	FVIY③	土彐水丶
袋	WAYE	亻代亠衣
逮	VIPI③	彐水辶氵
戴	FALW	十戈田八
黛	WALO③	亻代罒灬
	WAYO98	亻弋、灬
骀	CCKG③	马厶口一
	CGCK98	马一厶口

dan

丹	MYD	门一三
单	UJFJ	丷日十刂
担	RJGG③	扌日一一
眈	HPQN③	目冖儿乙
耽	BPQN③	耳冖儿乙
郸	UJFB	丷日十阝
聃	BMFG	耳门土一
弹	GQUF	一夕丷十
瘅	UUJF	疒丷日十
箪	TUJF	⺮丷日十
儋	WQDY③	亻⺈厂言
胆	EJGG③	月日一一
疸	UJGD③	疒日一三
掸	RUJF	扌丷日十
旦	JGF	日一二
但	WJGG③	亻日一一
诞	YTHP	讠丿止辶
啖	KOOY	口火火丶
弹	XUJF③	弓丷日十

惮	NUJF③	忄丷日十
淡	IOOY②	氵火火丶
萏	AQVF	艹⺈臼二
	AQEF98③	艹⺈臼二
蛋	NHJU③	乙止虫冫
氮	RNOO③	𠂉乙火火
	ROOI98③	气火火氵
赕	MOOY③	贝火火丶

dang

当	IVF②	⺌彐二
铛	QIVG③	钅⺌彐一
裆	PUIV	衤冫⺌彐
挡	RIVG③	扌⺌彐一
党	IPKQ③	⺌冖口儿
	IPKQ98	⺌冖口儿
谠	YIPQ③	讠⺌冖儿
凼	IBK	水凵Ⅲ
宕	PDF	宀石二
砀	DNRT③	石乙勹丿
荡	AINR③	艹氵乙勹
档	SIVG②	木⺌彐一
菪	APDF③	艹宀石二

dao

刀	VNT②	刀乙丿
叨	KVN	口刀乙
	KVT98	口刀丿
忉	NVN	忄刀乙
	NVT98	忄刀丿
氘	RNJJ③	𠂉乙刂川
	RJK98	气刂川
导	NFU②	巳寸冫
岛	QYNM	勹、乙山
	QMK98	鸟山川
倒	WGCJ③	亻一厶刂
捣	RQYM	扌勹、山
	RQMH98③	扌鸟山丨
祷	PYDF③	礻、三寸
蹈	KHEV	口止爫臼
	KHEE98	口止爫臼
到	GCFJ②	一厶土刂
悼	NHJH	忄卜早丨
焘	DTFO	三丿寸灬
盗	UQWL	冫⺈人皿
道	UTHP	丷丿目辶
稻	TEVG③	禾爫臼一
	TEEG98	禾爫臼一
纛	GXFI③	圭毋十小
	GXHI98	圭母且小

de

得	TJGF②	彳日一寸
锝	QJGF	钅日一寸
德	TFLN③	彳十罒心

deng

登	WGKU	癶一口丷
灯	OSH②	火丁丨
噔	KWGU	口癶一丷
簦	TWGU	⺮癶一丷

蹬	KHWU	口止癶丷
等	TFFU	竹土寸丷
戥	JTGA	日丿一戈
邓	CBH②	又阝丨
凳	WGKM	癶一口几
	WGKW98	癶一口几
嶝	MWGU	山癶一丷
瞪	HWGU	目癶一丷
磴	DWGU	石癶一丷
镫	QWGU	钅癶一丷

di

低	WQAY③	亻𠂉七、
羝	UDQY③	丷丆七、
	UQAY98③	羊七、、
堤	FJGH	土日一龰
嘀	KUMD③	口立冂古
	KYUD98	口丶丷古
滴	IUMD③	氵立冂古
	IYUD98	氵丶丷古
镝	QUMD③	钅立冂古
	QYUD98	钅丶丷古
狄	QTOY③	犭丿火、
	QTOY98③	犭丿火、
籴	TYOU③	丿丶米丷
的	RQY③	白勹、
迪	MPD③	由辶三
	MPD98②	由辶三
敌	TDTY③	丿古攵、
涤	ITSY③	氵夂木、
荻	AQTO	艹犭丿火
笛	TMF	竹由二
觌	FNUQ	十乙丷儿
嫡	VUMD③	女立冂古
	VYUD98③	女丶丷古
氐	QAYI③	𠂉七、氵
诋	YQAY	讠𠂉七、
	YQAY98③	讠𠂉七、
邸	QAYB	𠂉七、阝
	QAYB98③	𠂉七、阝
坻	FQAY③	土𠂉七、
底	YQAY③	广𠂉七、
	OQAY98③	广𠂉七、
抵	RQAY③	扌𠂉七、
柢	SQAY③	木𠂉七、
砥	DQAY	石𠂉七、
	DQAY98③	石𠂉七、
骶	MEQY	骨月𠂉、
	MEQY98③	骨月𠂉、
地	FBN②	土也乙
	FBN98	土也乙
弟	UXHT③	丷弓丨丿
帝	UPMH③	立冖冂丨
	YUPH98	丶丷冖丨
娣	VUXT③	女丷弓丿
递	UXHP	丷弓丨辶
第	TXHT②	竹弓丨丿
	TXHT98③	竹弓丨丿
谛	YUPH	讠立冖丨
	YYUH98	讠丶丷丨
棣	SVIY③	木ヨ水、
睇	HUXT	目丷弓丿

缔	HUXT98③	目丷弓丿
蒂	XUPH③	纟立冖丨
	XYUH98③	纟丶丷丨
碲	AUPH③	艹立冖丨
	AYUH98③	艹丶丷丨
	DUPH	石立冖丨
	DYUH98	石丶丷丨

dia

| 嗲 | KWQQ③ | 口八乂夕 |
| | KWRQ③ | 口八乂夕 |

dian

颠	FHWM	十且八贝
掂	RYHK③	扌广卜口
	ROHK98③	扌广卜口
滇	IFHW	氵十且八
巅	MFHM	山十且八
	MFHM98③	山十且八
癫	UFHM	疒十且贝
	UFHM98③	疒十且贝
典	MAWU③	冂艹八丷
点	HKOU②	卜口灬丷
碘	DMAW③	石冂艹八
踮	KHYK	口止广口
	KHOK98	口止广口
电	JNV②	日乙巛
佃	WLG②	亻田一
	WLG98②	亻田一
甸	QLD②	勹田三
阽	BHKG	阝卜口一
坫	FHKG	土卜口一
	FHKG98③	土卜口一
店	YHKD③	广卜口三
	OHKD98	广卜口三
垫	RVYF	扌九丶土
玷	GHKG③	王卜口一
钿	QLG	钅田一
惦	NYHK③	忄广卜口
	NOHK98③	忄广卜口
淀	IPGH	氵宀一龰
奠	USGD	丷西一大
殿	NAWC③	尸廿八又
靛	GEPH③	丰月宀龰
癜	UNAC③	疒尸廿又
簟	TSJJ③	竹西早刂

diao

刁	NGD	乙一三
叼	KNGG③	口乙一一
调	YMFK③	讠冂土口
貂	EEVK③	豸刀口一
	EVKG98	豸刀口一
碉	DMFK③	石冂土口
雕	MFKY	冂土口圭
鲷	QGMK③	鱼一冂口
吊	KMHJ③	口冂丨刂
钓	QQYY	钅勹、、
掉	RHJH③	扌卜早丨
铞	QKMH	钅口冂丨
铫	QIQN③	钅氵儿乙

| | QQI98③ | 钅儿丷、 |

die

爹	WQQQ	八乂夕夕
	WRQQ98	八乂夕夕
跌	KHRW③	口止𠂉人
	KHTG98	口止丿夫
迭	RWPI③	𠂉人辶氵
	TGPI98	丿夫辶氵
垤	FGCF③	土一厶土
瓞	RCYW	厂厶乀人
	RCYG98	厂厶乀夫
谍	YANS③	讠廿乙木
喋	KANS	口廿乙木
堞	FANS③	土廿乙木
揲	RANS	扌廿乙木
叠	FTXF	土丿匕土
氎	CCCG	又又又一
牒	THGS	丿丨一木
碟	DANS③	石廿乙木
蝶	JANS③	虫廿乙木
蹀	KHAS	口止廿木
鲽	QGAS③	鱼一廿木
	QGAS98	鱼一廿木

ding

丁	SGH	丁一丨
仃	WSH	亻丁丨
叮	KSH	口丁丨
玎	GSH	王丁丨
疔	USK	疒丁川
盯	HSH②	目丁丨
钉	QSH②	钅丁丨
耵	BSH	耳丁丨
酊	SGSH③	西一丁丨
顶	SDMY③	丁丆贝、
鼎	HNDN③	目乙丆乙
订	YSH②	讠丁丨
定	PGHU②	宀一龰丷
	PGHU98③	宀一龰丷
啶	KPGH	口宀一龰
腚	EPGH③	月宀一龰
碇	DPGH	石宀一龰
锭	QPGH②	钅宀一龰
町	LSH	田丁丨

diu

| 丢 | TFCU③ | 丿土厶丷 |
| 铥 | QTFC | 钅丿土厶 |

dong

东	AII②	七小氵
冬	TUU	夂冫丷
	TUU98②	夂冫丷
咚	KTUY③	口夂冫、
岽	MAIU③	山七小丷
氡	RNTU	𠂉乙夂丷
	RTUI98	气夂冫氵
鸫	AIQG③	七小勹一
董	ATGF③	艹丿一土
懂	NATF③	忄艹丿土

字	编码	字根
动	FCLN③	二厶力乙
	FCET98	二厶力丿
冻	UAIY③	冫七小丶
侗	WMGK	亻冂一口
	WMGK98③	亻冂一口
垌	FMGK③	土冂一口
峒	MMGK③	山冂一口
恫	NMGK③	忄冂一口
栋	SAIY③	木七小丶
洞	IMGK③	氵冂一口
胨	EAIY③	月七小丶
胴	EMGK③	月冂一口
硐	DMGK③	石冂一口

dou

字	编码	字根
兜	QRNQ	⺁白コ儿
	RQNQ98	白⺁コ儿
都	FTJB	土丿日阝
蔸	AQRQ	⺾⺁白儿
	ARQQ98	⺾白⺁儿
篼	TQRQ	⺮⺁白儿
	TRQQ98	⺮白⺁儿
斗	UFK	冫十三
	UFK98②	冫十三
抖	RUFH	扌冫十丨
	RUFH98③	扌冫十丨
钭	QUFH③	钅冫十丨
陡	BFHY③	阝土止丶
蚪	JUFH	虫冫十丨
豆	GKUF③	一口丷二
逗	GKUP	一口丷辶
痘	UGKU	⼴一口丷
窦	PWFD	宀八十大

du

字	编码	字根
督	HICH	卜小又目
嘟	KFTB	口土丿阝
毒	GXGU	⺀母一丶
	GXU98	⺀母丶
读	YFND③	讠十乙大
渎	IFND	氵十乙大
椟	SFND③	木十乙大
牍	THGD	丿丨一大
犊	TRFD	丿扌十大
	CFND98	牛十乙大
黩	LFOD	四土灬大
髑	MELJ③	骨月皿虫
独	QTJY③	犭丿虫丶
笃	TCF	⺮马二
	TCGF98③	⺮马一二
堵	FFTJ③	土土丿日
赌	MFTJ	贝土丿日
睹	HFTJ③	目土丿日
芏	AFF	⺾土二
妒	VYNT	女丶尸丿
杜	SFG	木土一
肚	EFG	月土一
	EFG98②	月土一
度	YACI②	广廿又氵
	OAC98	广廿又
渡	IYAC③	氵广廿又
	IOAC98③	氵广廿又
镀	QYAC③	钅广廿又
	QOAC98③	钅广廿又
蠹	GKHJ	一口丨虫

duan

字	编码	字根
端	UMDJ	立山アリ
	UMDJ98②	立山アリ
短	TDGU	⺧大一丷
段	WDMC③	亻三几又
	THDC98	丿丨三又
断	ONRH②	米乙斤丨
缎	XWDC③	纟亻三又
	XTHC98③	纟丿丨又
椴	SWDC③	木亻三又
	STHC98	木丿丨又
煅	OWDC③	火亻三又
	OTHC98	火丿丨又
锻	QWDC③	钅亻三又
	QTHC98③	钅丿丨又
箣	TONR	⺮米乙斤

dui

字	编码	字根
堆	FWYG③	土亻主一
队	BWY②	阝人丶
对	CFY②	又寸丶
兑	UKQB	丷口儿《
怼	CFNU③	又寸心冫
碓	DWYG	石亻主一
憝	YBTN	亠子夂心
镦	QYBT③	钅亠子夂

dun

字	编码	字根
吨	KGBN③	口一凵乙
敦	YBTY③	亠子夂丶
墩	FYBT③	土亠子夂
礅	DYBT③	石亠子夂
蹲	KHUF③	口止丷寸
盹	HGBN③	目一凵乙
趸	DNKH③	⺄乙口止
	GQKH98③	一勹口止
沌	IGBN③	氵一凵乙
炖	OGBN③	火一凵乙
盾	RFHD③	⺁十目三
砘	DGBN③	石一凵乙
钝	QGBN③	钅一凵乙
顿	GBNM	一凵乙贝
遁	RFHP	⺁十目辶

duo

字	编码	字根
多	QQU②	夕夕冫
咄	KBMH③	口凵山丨
哆	KQQY③	口夕夕丶
裰	PUCC	衤冫又又
夺	DFU②	大寸冫
铎	QCFH③	钅又二丨
	QCGH98③	钅又⺀丨
掇	RCCC③	扌又又又
跺	KHYC	口止广又
	KHOC98	口止广又
朵	MSU②	几木冫
	WSU98	几木冫
哚	KMSY③	口几木丶
	KWSY98	口几木丶
垛	FMSY③	土几木丶
	FWSY98③	土几木丶
缍	XTGF③	纟丿一木
躲	TMDS	丿丨三木
剁	MSJH③	几木刂丨
	WSJH98③	几木刂丨
沱	ITBN③	氵丿也乙
堕	BDEF	阝ナ月土
舵	TEPX	丿舟宀匕
	TUPX98③	丿舟宀匕
惰	NDAE③	忄ナ工月
跺	KHMS③	口止几木
	KHWS98	口止几木
柁	SPXN③	木宀匕乙

e

字	编码	字根
屙	NBSK③	尸阝丁口
讹	YWXN	讠亻匕乙
俄	WTRT③	亻丿扌丿
	WTRY98③	亻丿扌丶
娥	VTRT③	女丿扌丿
	VTRY98③	女丿扌丶
峨	MTRT③	山丿扌丿
	MTRY98③	山丿扌丶
莪	ATRT③	⺾丿扌丿
	ATRY98③	⺾丿扌丶
锇	QTRT③	钅丿扌丿
	QTRY98	钅丿扌丶
鹅	TRNG	丿扌乙一
蛾	JTRT③	虫丿扌丿
	JTRY98③	虫丿扌丶
额	PTKM	宀夂口贝
婀	VBSK③	女阝丁口
厄	DBV	⼚巳《
呃	KDBN③	口⼚巳乙
扼	RDBN③	扌⼚巳乙
苊	ADBB③	⺾⼚巳《
轭	LDBN③	车⼚巳乙
垩	GOGF	一业一土
	GOFF98③	一业土二
恶	GOGN	一业一心
	GONU98③	一业心冫
饿	QNTT③	勹乙丿丿
	QNTY98	勹乙丿丶
谔	YKKN	讠口口乙
鄂	KKFB	口口二阝
愕	NKKN③	忄口口乙
萼	AKKN③	⺾口口乙
遏	JQWP	日勹人辶
	JQWP98③	日勹人辶
腭	EKKN③	月口口乙
锷	QKKN③	钅口口乙
鹗	KKFG	口口二一
颚	KKFM	口口二贝
鳄	GKKK	王口口口
鳄	QGKN③	鱼一口乙
	QGKN98③	鱼一口乙

ei

字	编码	字根
诶	YCTD③	讠厶⺧大

en

恩	LDNU③	囗大心冫
蒽	ALDN	艹囗大心
摁	RLDN③	扌囗大心
	RLDN98	扌囗大心

er

儿	QTN②	儿丿乙
而	DMJJ③	丆冂刂刂
	DMJJ98②	丆冂刂刂
鸸	DMJG	丆冂刂一
鲕	QGDJ	鱼一丆刂
尔	QIU	勹小冫
	QIU98②	勹小冫
耳	BGHG③	耳一丨一
迩	QIPI③	勹小辶氵
洱	IBG	氵耳一
饵	QNBG	饣乙耳一
珥	GBG	王耳一
铒	QBG	钅耳一
二	FGG②	二一一
	FGG98	二一一
贰	AFMI③	弋二贝氵
	AFMY98③	弋二贝丶

fa

发	NTCY③	乙丿又㇏
乏	TPI	丿之氵
	TPU98②	丿之冫
伐	WAT	丿戈丿
	WAY98	亻戈丶
垡	WAFF	亻戈土二
罚	LYJJ②	罒讠刂刂
阀	UWAE③	门亻戈彡
	UWAI98③	门亻戈氵
筏	TWAR③	⺮亻戈彡
	TWAU98③	⺮亻戈冫
法	IFCY②	氵土厶丶
	IFCY98③	氵土厶丶
砝	DFCY	石土厶丶
珐	GFCY③	王土厶丶

fan

帆	MHMY③	冂丨几丶
	MHWY98③	冂丨几丶
番	TOLF③	丿米田二
幡	MHTL	冂丨丿田
翻	TOLN	丿米田羽
藩	AITL	艹氵丿田
凡	MYI②	几丶氵
	WYI98	几丶氵
矾	DMYY③	石几丶丶
	DWYY98③	石几丶丶
钒	QMYY	钅几丶丶
	QWYY98	钅几丶丶
烦	ODMY③	火丆贝丶
樊	SQQD	木㐅㐅大
	SRRD98	木㐅㐅大
蕃	ATOL③	艹丿米田
燔	OTOL③	火丿米田
繁	TXGI	𠂉母一小
	TXTI98	𠂉母攵小
蹯	KHTL	口目丿田
蘩	ATXI	艹𠂉母小
反	RCI②	厂又氵
返	RCPI③	厂又辶氵
犯	QTBN③	犭丿㔾乙
泛	ITPY③	氵丿之㇏
饭	QNRC③	饣乙厂又
范	AIBB③	艹氵㔾巛
贩	MRCY②	贝厂又㇏
	MRCY98③	贝厂又㇏
畈	LRCY③	田厂又㇏
梵	SSMY③	木木几丶
	SSWY98③	木木几丶

fang

方	YYGN②	方丶一乙
邡	YBH	方阝丨
坊	FYN	土方乙
	FYT98②	土方丿
芳	AYB②	艹方巛
	AYR98②	艹方彡
枋	SYN	木方乙
	SYT98	木方丿
钫	QYN	钅方乙
	QYT98	钅方丿
防	BYN②	阝方乙
	BYT98	阝方丿
妨	VYN②	女方乙
	VYT98②	女方丿
房	YNYV③	丶尸方巛
肪	EYN	月方乙
	EYT98②	月方丿
鲂	QGYN	鱼一方乙
	QGYT98	鱼一方丿
仿	WYN	亻方乙
	WYT98	亻方丿
访	YYN	讠方乙
	YYT98	讠方丿
纺	XYN②	纟方乙
	XYT98②	纟方丿
舫	TEYN	丿舟方乙
	TUYT98	丿舟方丿
放	YTY②	方攵㇏

fei

飞	NUI	乙冫氵
妃	VNN	女巳乙
非	DJDD③	三刂三三
	HDHD98	丨三丨三
啡	KDJD③	口三刂三
	KHDD98	口丨三三
绯	XDJD	纟三刂三
	XHDD98	纟丨三三
菲	ADJD③	艹三刂三
	AHDD98	艹丨三三
扉	YNDD	丶尸三三
	YNHD98	丶尸丨三
蜚	DJDJ	三刂三虫
	HDHJ98	丨三丨虫
霏	FDJD	雨三刂三
	FHDD98	雨丨三三
鲱	QGDD	鱼一三三
	QGHD98	鱼一丨三
肥	ECN②	月巴乙
淝	IECN③	氵月巴乙
腓	EDJD③	月三刂三
	EHDD98	月丨三三
匪	ADJD	匚三刂三
	AHDD98	匚丨三三
诽	YDJD③	讠三刂三
	YHDD98	讠丨三三
悱	NDJD	忄三刂三
	NHDD98	忄丨三三
斐	DJDY	三刂三文
	HDHY98	丨三丨文
榧	SADD	木匚三三
	SAHD98	木匚丨三
翡	DJDN	三刂三羽
	HDHN98	丨三丨羽
篚	TADD	⺮匚三三
	TAHD98	⺮匚丨三
吠	KDY	口犬丶
废	YNTY	广乙丿丶
	ONTY98	广乙丿丶
沸	IXJH③	氵弓刂丨
狒	QTXJ③	犭丿弓刂
	QTXJ98	犭丿弓刂
肺	EGMH③	月一冂丨
费	XJMU③	弓刂贝冫
痱	UDJD	疒三刂三
	UHDD98	疒丨三三
镄	QXJM③	钅弓刂贝
芾	AGMH③	艹一冂丨

fen

分	WVB②	八刀巛
吩	KWVN③	口八刀乙
	KWVT98	口八刀丿
纷	XWVN③	纟八刀乙
芬	AWVB③	艹八刀巛
	AWVR98	艹八刀彡
氛	RNWV③	𠂉乙八刀
	RWV98	气八刀
酚	SGWV③	西一分刀
坟	FYY②	土文㇏
	FYY98	土文㇏
汾	IWVN③	氵分刀乙
棼	SSWV③	木木八刀
焚	SSOU③	木木火冫
	SSOU98	木木火冫
鼢	VNUV	臼乙冫刀
	ENUV98	臼乙冫刀
粉	OWVN②	米八刀乙
	OWVT98③	米八刀丿
份	WWVN③	亻八刀乙
	WWVT98	亻八刀丿
奋	DLF	大田二
忿	WVNU	八刀心冫
偾	WFAM③	亻十艹贝
愤	NFAM③	忄十艹贝
粪	OAWU	米龷八冫
鲼	QGFM	鱼一十贝

潢	IOLW③	氵米田八	敷	GEHT	一月丨攵	腑	EYWF③	月广亻寸

feng

风	MQI②	几乂氵		SYTY98	甫方攵丶		EOWF98	月广亻寸
	WR98②	几乂	弗	XJK	弓川川	滏	IWQU③	氵八乂丷
丰	DHK②	三丨川	伏	WDY	亻犬丶		IWRU98	氵八乂丷
	DHK98③	三丨川	凫	QYNM	勹丶乙几	腐	YWFW	广亻寸人
沣	IDHH③	氵三丨丨		QWB98	鸟几《		OWFW98	广亻寸人
枫	SMQY③	木几乂丶	孚	EBF	爫子二	黼	OGUY	业一丷丶
	SWRY98	木几乂丶	扶	RFWY③	扌二人丶		OISY98	业氺甫丶
封	FFFY	土土寸丶		RGY98	扌夫丶	父	WQU	八乂丷
疯	UMQI③	疒几乂氵	芙	AFWU③	艹二人丷		WRU98	八乂丷
	UWRI98	疒几乂氵		AGU98	艹夫丷	讣	YHY	讠卜丶
砜	DMQY	石几乂丶	怫	NXJH③	忄弓川丨	付	WFY	亻寸丶
	DWRY98	石几乂丶	拂	RXJH	扌弓川丨	妇	VVG②	女ヨ一
峰	MTDH③	山夂三丨	服	EBCY②	月卩又丶	负	QMU②	勹贝丷
烽	OTDH②	火夂三丨	绂	XDCY③	纟ナ又丶	附	BWFY③	阝亻寸丶
	OTDH98③	火夂三丨	绋	XXJH③	纟弓川丨	咐	KWFY③	口亻寸丶
葑	AFFF	艹土土寸	符	AWFU	艹亻寸丷	阜	WNNF	丿コ コ十
锋	QTDH③	钅夂三丨	俘	WEBG③	亻爫子一		TNFJ98	丿阜十川
蜂	JTDH③	虫夂三丨	氟	RNXJ③	𠂉乙弓川	驸	CWFY③	马亻寸丶
酆	DHDB	三丨三阝		RXJK98	气弓川川		CGWF98	马一亻寸
	MDH98③	山三丨	袯	PYDC	衤丶ナ又	复	TJTU③	𠂉日夂丷
冯	UCG②	冫马一		PYDY98	衤丶ナ丶	赴	FHHI③	土龰卜氵
	UCGG98	冫马一一	罘	LGIU③	皿一小丷	副	GKLJ③	一口田川
逢	TDHP③	夂三丨辶		LDHU98	皿丆卜丷	傅	WGEF③	亻一月寸
缝	XTDP	纟夂三辶	茯	AWDU③	艹亻犬丷		WSFY98	亻甫寸丶
讽	YMQY③	讠几乂丶	邪	EBBH③	爫子阝丨	富	PGKL③	宀一口田
	YWRY98	讠几乂丶	浮	IEBG③	氵爫子一	赋	MGAH③	贝一弋止
唪	KDWH③	口三人丨	砩	DXJH③	石弓川丨		MGAY98	贝一七丶
	KDWG98③	口三人半	莩	AEBF	艹爫子二	缚	XGEF③	纟一月寸
凤	MCI②	几又氵	蚨	JFWY③	虫二人丶		XSFY98	纟甫寸丶
	WCI98	几又氵		JGY98	虫夫丶	腹	ETJT③	月𠂉日夂
奉	DWFH③	三人二丨	匐	QGKL③	勹一口田	鲋	QGWF③	鱼一亻寸
	DWG98	三人半		QGKL98	勹一口田		QGWF98	鱼一亻寸
俸	WDWH③	亻三人丨	桴	SEBG③	木爫子一	赙	MGEF③	贝一月寸
	WDWG98	亻三人半	涪	IUKG③	氵立口一		MSF98	贝甫寸

fo

佛	WXJH③	亻弓川丨	符	TWFU③	𥫗亻寸丷	蝮	JTJT	虫𠂉日夂
			舭	XJQC③	引川夕巴	鳆	QGTT	鱼一𠂉夂

fou

否	GIKF③	一小口二	舨	AEBC	艹月卩又	覆	STTT③	西亻𠂉夂
	DHKF98	丆卜口二	袱	PUWD	衤丷亻犬	馥	TJTT③	禾日亻夂
缶	RMK	𠂉山川	幅	MHGL③	冂丨一田			
	TFBK98	𠂉十凵川	福	PYGL③	衤丶一田			

fu

			蜉	JEBG③	虫爫子一	**ga**		
夫	FWI②	二人氵	辐	LGKL③	车一口田	嘎	KDHA③	口丆目戈
	GGGY98	夫一一丶	幞	MHOY③	冂丨业丶	旮	VJF	九日二
呋	KFWY③	口二人丶		MHOY98③	冂丨业丶	钆	QNN	钅乙乙
	KGY98	口夫丶	蝠	JGKL	虫一口田	尜	IDIU③	小大小丷
肤	EFWY③	月二夫丶	黻	OGUC③	业一丷又	噶	KAJN③	口艹日乙
	EGY98	月夫丶		OIDY98	业氺丶	尕	EIU③	乃小丷
趺	KHFW③	口止二人	抚	RFQN③	扌二儿乙		BIU98③	乃小丷
	KHGY98	口止夫丶	甫	GEHY③	一月丨丶	尥	DNWJ③	丆乙人川
麸	GQFW	麦夕二人		SGHY98	甫一丨丶			
	GQGY98	麦夕夫丶	府	YWFI③	广亻寸氵	**gai**		
稃	TEBG	禾爫子一		OWFI98	广亻寸氵	该	YYNW	讠亠乙人
驸	KHWF	口止亻寸	拊	RWFY③	扌亻寸丶	陔	BYNW	阝亠乙人
孵	QYTB	𠂉丶丿子	斧	WQRJ③	八乂斤川	垓	FYNW	土亠乙人
				WRRJ98	八乂斤川	赅	MYNW	贝亠乙人
			俯	WYWF③	亻广亻寸	改	NTY	乙攵丶
				WOWF98	亻广亻寸	丐	GHNV	一丨乙巛
			釜	WQFU③	八乂干丷	钙	QGHN③	钅一丨乙
				WRFU98	八乂干丷		QGHN98	钅一丨乙
			辅	LGEY	车一月丶	盖	UGLF③	丷王皿二
				LSY98	车甫丶			

字	编码	字根
溉	IVCQ③	氵ヨムル
	IVAQ98	氵ヨ匚儿
戤	ECLA	乃又皿戈
	BCLA98②	乃又皿戈
概	SVCQ③	木ヨムル
	SVAQ98	木ヨ匚儿

gan

字	编码	字根
干	FGGH	干一一丨
甘	AFD	++二三
	FGHG98	甘一丨一
杆	SFH	木干丨
肝	EFH②	月干丨
	EFH98	月干丨
坩	FAFG	土++二一
	FFG98	土甘一
泔	IAFG③	氵++二一
	IFG98	氵甘一
苷	AAFF③	++++二二
	AFF98	++甘二
柑	SAFG③	木++二一
	SFG98	木甘一
竿	TFJ	～干刂
疳	UAFD③	疒++二三
	UFD98	疒甘三
酐	SGFH	西一干丨
尴	DNJL	尢乙刂皿
秆	TFH	禾干丨
赶	FHFK	土止干川
敢	NBTY②	乙耳攵丶
感	DGKN	厂一口心
澉	INBT③	氵乙耳攵
	INBT98	氵乙耳攵
橄	SNBT③	木乙耳攵
擀	RFJF③	扌十早干
旰	JFH	日干丨
矸	DFH	石干丨
绀	XAFG③	纟++二一
	XFG98	纟甘一
淦	IQG	氵金一
赣	UJTM③	立早攵贝

gang

字	编码	字根
钢	QMQY③	钅门乂丶
	QMRY98	钅门乂丶
冈	MQI	门乂氵
	MR98②	门乂
刚	MQJH③	门乂刂丨
	MRJH98	门乂刂丨
岗	MMQU③	山门乂氵
	MMR98③	山门乂
纲	XMQY②	纟门乂丶
	XMRY98	纟门乂丶
肛	EAG②	月工一
缸	RMAG③	～山工一
	TFBA98	～十山工
罡	LGHF③	皿一止二
港	IAWN	氵++八巳
杠	SAG	木工一
筻	TGJQ	～一日乂
	TGJR98	～一日乂
戆	UJTN	立早攵心

gao

字	编码	字根
高	YMKF②	古冂口二
	YMKF98③	古冂口二
皋	RDFJ	白大十丨
羔	UGOU③	·· 王灬
	UGOU98	·· 王灬丷
槔	SRDF③	木白大十
睾	TLFF	丿皿土十
膏	YPKE③	古冖口月
篙	TYMK	～古冂口
糕	OUGO	米·· 王灬
杲	JSU	日木丷
搞	RYMK③	扌古冂口
缟	XYMK③	纟古冂口
稿	TYMK③	禾古冂口
镐	QYMK③	钅古冂口
薧	AYMS	++古冂木
告	TFKF	丿土口二
诰	YTFK	讠丿土口
郜	TFKB	丿土口阝
锆	QTFK	钅丿土口

ge

字	编码	字根
哥	SKSK③	丁口丁口
	SKSK98	丁口丁口
戈	AGNT	戈一乙丿
	AGNY98	戈一乙丶
圪	FTNN③	土丿乙乙
	FTNN98	土丿乙乙
纥	XTNN	纟丿乙乙
疙	UTNV③	疒丿乙巛
胳	ETKG③	月夊口一
袼	PUTK	礻丶夊口
鸽	WGKG	人一口一
割	PDHJ	宀三丨刂
搁	RUTK③	扌门夊口
歌	SKSW	丁口丁人
阁	UTKD③	门夊口三
革	AFJ②	廿中刂
格	STKG	木夊口一
	STKG98③	木夊口一
骼	GKMH	一口冂丨
葛	AJQN③	++日勹乙
隔	BGKH③	阝一口丨
嗝	KGKH	口一口丨
塥	FGKH③	土一口丨
搿	RWGR	手人一手
膈	EGKH③	月一口丨
镉	QGKH	钅一口丨
骼	METK③	冎月夊口
颌	LKSK86	力口丁口
	EKSK98②	力口丁口
舸	TESK③	丿舟丁口
	TUSK98	丿舟丁口
个	WHJ②	人丨刂
各	TKF②	夊口二

字	编码	字根
蚅	JTNN③	虫丿乙乙
硌	DTKG③	石夊口一
铬	QTKG③	钅夊口一
颌	WGKM	人一口贝
咯	KTKG③	口夊口一
仡	WTNN③	亻丿乙乙
	WTNN98	亻丿乙乙

gei

字	编码	字根
给	XWGK②	纟人一口

gen

字	编码	字根
根	SVEY③	木ヨ乀丶
	SVY98	木艮
跟	KHVE③	口止ヨ乀
	KHVY98	口止艮丶
哏	KVEY③	口ヨ乀丶
	KVY98	口艮丶
亘	GJGF③	一日一二
艮	VEI	ヨ乀氵
	VNGY98	艮乙一丶
茛	AVEU③	++ヨ乀丷
	AVU98	++艮丷
莨	AYVE③	++丶ヨ乀
	AYVU98	++丶艮丷

geng

字	编码	字根
耕	DIFJ③	三小二刂
	FSFJ98	二木十刂
更	GJQI③	一日乂氵
	GJR98③	一日乂
庚	YVWI③	广ヨ人氵
	OVWI98	广ヨ人氵
赓	YVWM	广ヨ人贝
	OVWM98	广ヨ人贝
羹	UGOD	·· 王灬大
哽	KGJQ	口一日乂
	KGJR98	口一日乂
埂	FGJQ③	土一日乂
	FGJR98	土一日乂
绠	XGJQ③	纟一日乂
	XGJR98	纟一日乂
耿	BOY②	耳火丶
梗	SGJQ	木一日乂
	SGJR98	木一日乂
鲠	QGGQ	鱼一一乂
	QGGR98	鱼一一乂

gong

字	编码	字根
工	AAAA	工工工工
弓	XNGN③	弓乙一乙
公	WCU②	八厶丷
功	ALN②	工力乙
	AET98	工力丿
攻	ATY②	工攵丶
供	WAWY③	亻++八丶
肱	EDCY③	月ナ厶丶
宫	PKKF②	宀口口二
恭	AWNU	++八小丷
蚣	JWCY③	虫八厶丶

躬	TMDX	ノ门三弓
粪	DXAW③	丷匕共八
	DXYW98	ナ匕、八
觥	QEIQ③	夕用屮儿
巩	AMYY③	工几、、
	AWYY98	工几、、
汞	AIU	工水氵
拱	RAWY③	扌共八
珙	GAWY③	王共八
共	AWU②	共八
贡	AMU②	工贝
	AM98②	工贝

gou

沟	IQCY③	氵勹厶、
勾	QCI	勹厶氵
佝	WQKG③	亻勹口一
	WQKG98	亻勹口一
钩	QQCY③	钅勹厶、
緱	XWND③	纟亻ㄱ大
篝	TFJF	⺮二刂土
	TAMF98	⺮共门土
耩	AFFF	廿丰二土
	AFAF98	廿丰共土
岣	MQKG③	山勹口一
狗	QTQK③	犭丿勹口
苟	AQKF	⺾勹口二
枸	SQKG③	木勹口一
笱	TQKF③	⺮勹口二
构	SQCY②	木勹厶、
诟	YRGK③	讠厂一口
购	MQCY③	贝勹厶、
垢	FRGK②	土厂一口
够	QKQQ	勹口夕夕
媾	VFJF③	女二刂土
	VAMF98	女共门土
觳	FPGC	士冖一又
遘	FJGP	二刂一辶
	AMFP98	共门土辶
觏	FJGQ	二刂一儿
	AMFQ98	共门土儿

gu

姑	VDG②	女古一
估	WDG②	亻古一
咕	KDG②	口古一
孤	BRCY②	子厂厶、
沽	IDG③	氵古一
轱	LDG③	车古一
鸪	DQYG	古勹、一
	DQG98	古鸟一
菇	AVDF③	⺾女古二
菰	ABRY③	⺾子厂、
	ABRY98	⺾子厂、
蛄	JDG③	虫古一
觚	QERY③	夕用厂、
辜	DUJ	古辛刂
酤	SGDG	西一古一
毂	FPLC③	士冖车又
箍	TRAH③	⺮扌匚丨
鹘	MEQG③	罒月勹一
	MEQG98	罒月勹一

古	DGHG③	古一丨一
汩	IJG③	氵日一
诂	YDG③	讠古一
谷	WWKF③	八人口二
股	EMCY③	月几又、
	EWCY98	月几又、
牯	TRDG	ノ扌古一
	CDG98	牜古一
骨	MEF②	罒月二
罟	LDF	罒古二
钴	QDG③	钅古一
蛊	JLF	虫皿二
鹄	TFKG	ノ土口一
鼓	FKUC	士口丷又
鰕	DNHC③	古コ丨又
臌	EFKC	月士口又
瞽	FKUH	士口丷目
固	LDD	囗古三
故	DTY	古攵、
顾	DBDM②	厂巴ㄏ贝
	DBDM98③	厂巴ㄏ贝
崮	MLDF③	山囗古二
梏	STFK	木ノ土口
牿	TRTK	ノ扌ノ口
	CTFK98	牜ノ土口
雇	YNWY	、尸亻圭
痼	ULDD③	疒囗古三
锢	QLDG	钅囗古一
鲴	QGLD	角一口古
呱	KRCY③	口厂厶、
衮	UCEU	六厶𧘇丶

gua

瓜	RCYI③	厂厶、氵
	RCYI98③	厂厶、氵
刮	TDJH	ノ古刂丨
胍	ERCY③	月厂厶、
鸹	TDQG③	ノ古勹一
剐	KMWJ	口门人刂
寡	PDEV	宀ㄏ月刀
卦	FFHY	土土卜、
诖	YFFG	讠土土一
挂	RFFG	扌土土一
褂	PUFH	衤丶土卜
栝	STDG	木ノ古一

guai

乖	TFUX③	ノ十丬匕
拐	RKLN③	扌口力乙
	RKEN98	扌口力乙
怪	NCFG②	忄又土一

guan

关	UDU②	丷大丷
	UDU98③	丷大丷
观	CMQN②	又门儿乙
官	PNHN②	宀コ丨コ
	PNF98②	宀目二
冠	PFQF	冖二儿寸
倌	WPNN③	亻宀コ コ
	WPNG98③	亻宀目一
棺	SPNN③	木宀コ コ

	SPN98	木宀目
鳏	QGLI	角一罒小
馆	QNPN③	勹乙宀コ
	QNPN98	勹乙宀コ
管	TPNN②	⺮宀コ コ
	TPNG98③	⺮宀目二
贯	XFMU③	母十贝
	XMU98②	毌贝
惯	NXFM③	忄母十贝
	NXMY98③	忄毌贝、
掼	RXFM③	扌母十贝
	RXMY98③	扌毌贝、
涫	IPNN③	氵宀コ コ
	IPNG③	氵宀目一
盥	QGIL③	匚一水皿
	EIL98	臼水皿
灌	IAKY③	氵⺾口圭
鹳	AKKG	⺾口口一
罐	RMAY	⻟山⺾圭
	TFBY98	⻟十山圭

guang

光	IQB③	业儿《
	IGQ98②	业一儿
咣	KIQN③	口业儿乙
	KIGQ98③	口业一儿
桄	SIQN	木业儿乙
	SIGQ98	木业一儿
胱	EIQN③	月业儿乙
	EIGQ98③	月业一儿
广	YYGT	广、一ノ
	OYGT98②	广、一ノ
犷	QTYT	犭丿广ノ
	QTOT98	犭丿广ノ
逛	QTGP	犭丿王辶

gui

归	JVG②	刂ヨ一
圭	FFF③	土土二
妫	VYLY③	女、力、
	VYEY98③	女、力、
龟	QJNB③	夕日乙《
规	FWMQ③	二人门儿
	GMQN98③	夫门儿乙
皈	RRCY	白厂厶、
闺	UFFD	门土土三
	UFFD98③	门土土三
硅	DFFG③	石土土一
	DFFG98③	石土土一
瑰	GRQC③	王白儿厶
鲑	QGFF	角一土土
宄	PVB	宀九《
轨	LVN②	车九乙
庋	YFCI③	广十又氵
	OFCI98③	广十又氵
匦	ALVV③	匚车九《
诡	YQDB③	讠夕厂巴
癸	WGDU③	癶一大丷
鬼	RQCI③	白儿厶氵
晷	JTHK	日夂卜口
簋	TVEL③	⺮ヨЬ皿
	TVLF98③	⺮艮皿二

剑	WFCJ	人二厶刂
刿	MQJH	山夕刂丨
柜	SANG③	木匚一一
炅	JOU	日火冫
贵	KHGM	口丨一贝
桂	SFFG③	木土土一
跪	KHQB	口止夕㔾
鳜	QGDW	鱼一厂人
桧	SWFC③	木人二厶

gun

滚	IUCE③	氵六厶𧘇
绲	XJXX③	纟日匕匕
辊	LJXX②	车日匕匕
磙	DUCE③	石六厶𧘇
鲧	QGTI	鱼一丿小
棍	SJXX③	木日匕匕

guo

锅	QKMW③	钅口冂人
呙	KMWU	口冂人丷
埚	FKMW③	土口冂人
郭	YBBH③	亠子阝丨
崞	MYBG③	山亠子一
聝	BTDG③	耳丿古一
蝈	JLGY③	虫口王丶
国	LGYI③	囗王丶
帼	MHLY③	冂丨口丶
掴	RLGY③	扌口王丶
虢	EFHM	𠂉寸广几
	EFHW98	𠂉寸虍几
馘	UTHG	丷丿目一
果	JSI②	日木氵
猓	QTJS	犭丿日木
椁	SYBG③	木亠子一
蜾	JJSY③	虫日木丶
裹	YJSE	亠日木𧘇
过	FPI	寸辶氵
涡	IKMW③	氵口冂人

ha

哈	KWGK③	口人一口
蛤	JWGK②	虫人一口
铪	QWGK	钅人一口

hai

孩	BYNW③	子亠乙人
	BYNW98③	子亠乙人
嗨	KITU	口氵𠂉母
	KITX98	口氵𠂉母
骸	MEYW③	骨月亠人
海	ITXU③	氵𠂉母丷
	ITX98	氵𠂉母
胲	EYNW	月亠乙人
醢	SGDL	西一𠂉皿
亥	YNTW	亠乙丿人
骇	CYNW	马亠乙人
	CGYW98	马一亠人
害	PDHK②	宀三丨口
氦	RNYW	𠂉乙亠人
	RYNW98	气一亠人
还	GIPI③	一小辶氵

	DHP98②	丆卜辶

han

酣	SGAF	西一廿二
	SGFG98③	西一甘一
犴	QTFH	犭丿干丨
顸	FDMY	干丆贝丶
蚶	JAFG③	虫廿二一
	JFG98	虫甘一
憨	NBTN	乙耳攵心
鼾	THLF	丿目田干
邗	FBH	干阝丨丨
含	WYNK	人丶乙口
邯	AFBH③	廿二阝丨
	FBH98	甘阝丨
函	BIBK	了𫏋凵刂
晗	JWYK	日人丶口
涵	IBIB③	氵了𫏋凵
焓	OWYK	火人丶口
寒	PFJU③	宀二刂丷
	PAWU98③	宀艹八丷
韩	FJFH	十早二丨
罕	POWFJ	一八干刂
喊	KDGT	口厂一丿
	KDGK98	口厂一口
汉	ICY②	氵又丶
汗	IFH③	氵干丨
	IF98②	氵干丨
旱	JFJ	日干刂
悍	NJFH③	忄日干丨
捍	RJFH③	扌日干丨
	RJFH98	扌日干丨
焊	OJFH③	火日干丨
菡	ABIB	艹了𫏋凵
颔	WYNM	人丶乙贝
撖	RNBT	扌乙耳攵
憾	NDGN	忄厂一心
撼	RDGN	扌厂一心
翰	FJWN③	十早人羽
瀚	IFJN	氵十早羽

hang

杭	SYMN③	木亠几乙
	SYWN98③	木亠几乙
夯	DLB	大力《
	DER98	大力彡
绗	XTFH	纟彳二丨
	XTGS98	纟彳一丁
航	TEYM③	丿舟亠几
	TUYW98③	丿舟亠几
沆	IYMN③	氵亠几乙
	IYWN98③	氵亠几乙

hao

蒿	AYMK③	艹亠冂口
嚆	KAYK③	口艹亠口
薅	AVDF	艹女厂寸
蚝	JTFN③	虫丿二乙
	JEN98	虫毛乙
毫	YPTN③	亠冖丿乙
	YPE98	亠冖毛

嗥	KRDF③	口白大十
	KRDF98	口白大十
豪	YPEU	亠冖豕丷
嚎	KYPE③	口亠冖豕
壕	FYPE③	土亠冖豕
濠	IYPE③	氵亠冖豕
好	VBG②	女子一
郝	FOBH③	土小阝丨
号	KGNB③	口一乙《
	KGNB②	口一乙《
昊	JGDU③	日一大丷
浩	ITFK	氵丿土口
耗	DITN	三小丿乙
	FSEN98	二木毛乙
皓	RTFK	白丿土口
颢	JYIM③	日亠小贝
	JYIM98	日亠小贝
灏	IJYM	氵日亠贝

he

喝	KJQN③	口日勹乙
诃	YSKG③	讠丁口一
呵	KSKG③	口丁口一
嗬	KAWK	口艹イ口
禾	TTTT	禾禾禾禾
合	WGKF③	人一口二
	WGKF98	人一口二
何	WSKG③	イ丁口一
劾	YNTL	亠乙丿力
	YNTE98	亠乙丿力
和	TKG	禾口一
河	ISKG③	氵丁口一
曷	JQWN	日勹人乙
阂	UYNW③	门亠乙人
核	SYNW	木亠乙人
	SYNW98③	木亠乙人
盍	FCLF	土厶皿二
	FCLF98	土厶皿二
荷	AWSK③	艹イ丁口
涸	ILDG③	氵口古一
盒	WGKL	人一口皿
菏	AISK③	艹氵丁口
蚵	JSKG③	虫丁口一
貉	EETK	四勹夂口
	ETKG98	豸夂口一
阖	UFCL③	门土厶皿
翮	GKMN	一口冂羽
贺	LKMU③	力口贝丷
	EKMU98③	力口贝丷
褐	PUJN	衤冫曰乙
赫	FOFO③	土小土小
鹤	PWYG③	一イ隹一
壑	HPGF③	卜一一土

hei

黑	LFOU③	囗土灬丷
嘿	KLFO③	口囗土灬

hen

痕	UVEI③	疒彐㇇氵

	编码	字根
	UVI98	广艮氵
很	TVEY③	彳彐㇏、
	TVY98	彳艮、
狠	QTVE③	犭丿彐㇏
	QTVY98③	犭丿艮、
恨	NVEY②	忄彐㇏、
	NVY98②	忄艮、

heng

	编码	字根
恒	NGJG③	忄一日一
亨	YBJ	亠口了刂
哼	KYBH③	口亠了丨
桁	STFH	木彳二丨
	STGS98	木彳一丁
珩	GTFH③	王彳二丨
	GTGS98③	王彳一丁
横	SAMW③	木艹由八
衡	TQDH	彳角大丨
	TQDS98③	彳角大丁
蘅	ATQH	艹彳角丨
	ATQS98	艹彳角丁

hong

	编码	字根
烘	OAWY③	火艹八、
	OAWY98③	火艹八、
轰	LCCU③	车又又丷
哄	KAWY③	口艹八、
訇	QYD	勹言三
薨	ALPX	艹皿冖匕
弘	XCY	弓厶、
	XCY98②	弓厶、
红	XAG②	纟工一
宏	PDCU③	宀𠂇厶丷
闳	UDCI③	门𠂇厶氵
泓	IXCY③	氵弓厶、
洪	IAWY③	氵艹八、
荭	AXAF③	艹纟工二
虹	JAG	虫工一
	JAG98	虫工一
鸿	IAQG	氵工勹一
	IAQG98③	氵工勹一
蕻	ADAW	艹長共八
黉	IPAW③	⺍冖艹八
讧	YAG	讠工一

hou

	编码	字根
喉	KWND③	口亻彐大
侯	WNTD③	亻彐丿大
猴	QTWD③	犭丿亻大
瘊	UWND③	疒亻彐大
篌	TWND③	竹亻彐大
糇	OWND③	米亻彐大
骺	MERK③	⺆月厂口
吼	KBNN③	口子乙乙
后	RGKD②	厂一口三
厚	DJBD③	厂日子三
後	TXTY③	彳幺夂、
	TXTY98	彳幺夂、
逅	RGKP	厂一口辶
候	WHND③	亻丨彐大
堠	FWND	土亻彐大

	编码	字根
	FWND98③	土亻彐大
鲎	IPQG	⺍冖鱼一
钬	QOY	钅火、
夥	JSQQ③	日木夕夕
嚯	KFWY	口雨亻
蠼	JAWC	虫艹亻又

hu

	编码	字根
呼	KTUH②	口丿丷丨
	KTUF98③	口丿丷十
乎	TUHK③	丿丷丨川
	TUFK98	丿丷十川
忽	QRNU	勹㇆心丷
烀	OTUH③	火丿丷丨
	OTUF98	火丿丷十
轷	LTUH	车丿丷丨
	LTUF98	车丿丷十
唿	KQRN	口勹㇆心
惚	NQRN③	忄勹㇆心
滹	IHAH③	氵虍七丨
	IHTF98	氵虍丿十
囫	LQRE③	囗勹㇆彡
弧	XRCY③	弓厂厶、
狐	QTRY③	犭丿厂、
胡	DEG②	古月一
	DEG98	古月一
壶	FPOG	士冖业一
	FPOF98③	士冖业二
斛	QEUF	夕用丷十
	QEUF98	夕用冫十
湖	IDEG③	氵古月一
猢	QTDE	犭丿古月
葫	ADEF	艹古月二
煳	ODEG③	火古月一
瑚	GDEG③	王古月一
鹕	DEQG③	古月勹一
槲	SQEF	木夕用十
糊	ODEG③	米古月一
蝴	JDEG③	虫古月一
醐	SGDE	西一古月
觳	FPGC	士冖一又
虎	HAMV②	虍七几巛
	HWV98	虍几巛
浒	IYTF	氵讠丿十
唬	KHAM	口虍七几
	KHWG98	口虍几二
琥	GHAM③	王虍七几
	GHW98	王虍几
互	GXGD②	一𠃋一三
	GXD98②	一𠃋三
户	YNE	、尸彡
冱	UGXG	冫一𠃋一
	UGXG98	冫一𠃋一
护	RYNT	扌、尸丿
沪	IYNT	氵、尸丿
岵	MDG	山古一
怙	NDG	忄古一
祜	YNUF③	、尸丷十
祐	PYDG	礻、古一
笏	TQRR③	⺮勹㇆㇆
扈	YNKC	、尸口巴
瓠	DFNY	大二乙丶

	编码	字根
貛	QYNC	勹、乙又
	QGAC98	鸟一廾又
镬	QAWC	钅艹亻又
	QAWC98③	钅艹亻又
藿	AFWY	艹雨亻

hua

	编码	字根
花	AWXB③	艹亻匕《
华	WXFJ③	亻匕十刂
哗	KWXF③	口亻匕十
骅	CWXF③	马亻匕十
	CGWF98③	马一亻十
铧	QWXF③	钅亻匕十
滑	IMEG③	氵⺆月一
猾	QTME③	犭丿⺆月
	QTME98	犭丿⺆月
化	WXN②	亻匕乙
划	AJH②	戈刂丨
画	GLBJ②	一田凵刂
话	YTDG③	讠丿古一
桦	SWXF③	木亻匕十
耆	DHDF	三丨石二

huai

	编码	字根
怀	NGIY②	忄一小、
	NDHY98③	忄丁卜、
徊	TLKG③	彳囗口一
淮	IWYG③	氵亻隹一
槐	SRQC③	木白儿厶
踝	KHJS	口止日木
坏	FGIY③	土一小、
	FDH98	土丁卜

huan

	编码	字根
欢	CQWY③	又𠂉人、
獾	QTAY	犭丿艹、
环	GGIY③	干一小、
	GDHY98③	王丁卜、
洹	IGJG③	氵一日一
桓	SGJG	木一日一
萑	AWYF	艹亻隹二
镮	QEFC	钅一二又
	QEGC98	钅一一又
寰	PLGE③	宀罒一㇏
缳	XLGE	纟罒一㇏
鬟	DELE	镸彡罒㇏
缓	XEFC③	纟一二又
	XEGC98	纟一一又
幻	XNN	幺乙乙
奂	QMDU③	𠂊冂大丷
宦	PAHH③	宀匚丨丨
唤	KQMD③	口𠂊冂大
换	RQMD②	扌𠂊冂大
浣	IPFQ	氵宀二儿
涣	IQMD③	氵𠂊冂大
患	KKHN	口口丨心
焕	OQMD③	火𠂊冂大
逭	PNHP	宀乙丨辶
	PNPD98③	宀⺆辶三
痪	UQMD③	疒𠂊冂大
豢	UDEU③	丷大豕丷

	UGGE98③	丷夫一豕
漶	IKKN	氵口口心
鲩	QGPQ③	鱼一宀儿
擐	RLGE	扌罒一𧘇
	RLGE③	扌罒一𧘇
圜	LLGE③	囗罒一𧘇

huang

荒	AYNQ	艹亠乙儿
	AYNK98	艹亠乙儿
肓	YNEF	亠乙月二
慌	NAYQ③	忄艹亠儿
	NAYK98③	忄艹亠儿
皇	RGF	白王二
凰	MRGD③	几白王三
	WRGD98	几白王三
隍	BRGG③	阝白王一
黄	AMWU③	龷由八冫
徨	TRGG③	彳白王一
惶	NRGG	忄白王一
湟	IRGG	氵白王一
遑	RGPD③	白王辶三
煌	ORGG②	火白王一
潢	IAMW③	氵龷由八
璜	GAMW	王龷由八
篁	TRGF	竹白王二
蝗	JRGG②	虫白王一
癀	UAMW③	疒龷由八
磺	DAMW③	石龷由八
簧	TAMW	竹龷由八
蟥	JAMW③	虫龷由八
鳇	QGRG③	鱼一白王
恍	NIQN③	忄⺌儿乙
	NIGQ98	忄⺌一儿
晃	JIQB②	日⺌儿巜
	JIGQ98②	日⺌一儿
谎	YAYQ③	讠艹亠儿
	YAYK98	讠艹亠儿
幌	MHJQ	冂丨日儿

hui

灰	DOU②	𠂇火冫
	DOU98	𠂇火冫
诙	YDOY③	讠𠂇火丶
咴	KDOY③	口𠂇火丶
恢	NDOY③	忄𠂇火㇏
挥	RPLH③	扌冖车丨
虺	GQJI	一儿虫氵
晖	JPLH	日冖车丨
辉	IQPL	⺌儿冖车
	IGQL98	⺌一儿车
麾	YSSN	广木木乙
	OSSE98	广木木毛
徽	TMGT	彳山一夂
隳	BDAN	阝𠂇工小
回	LKD	囗口三
	LKD98②	囗口三
洄	ILKG③	氵囗口一
茴	ALKF	艹囗口二
蛔	JLKG③	虫囗口一
悔	NTXU③	忄𠂉母冫
	NTXY98③	忄𠂉母丶
卉	FAJ	十廾丨
汇	IAN	氵匚乙
会	WFCU②	人二厶冫
讳	YFNH	讠二乙丨
哕	KMQY③	口山夕丶
浍	IWFC	氵人二厶
绘	XWFC③	纟人二厶
荟	AWFC	艹人二厶
诲	YTXU③	讠𠂉母冫
	YTXY98③	讠𠂉母丶
恚	FFNU	土土心冫
烩	OWFC③	火人二厶
	OWFC98	火人二厶
贿	MDEG③	贝𠂇月一
彗	DHDV	三丨三彐
	DHDV98③	三丨三彐
晦	JTXU③	日𠂉母冫
	JTXY98	日𠂉母丶
秽	TMQY③	禾山夕丶
喙	KXEY③	口彑豕㇏
惠	GJHN③	一日丨心
缋	XKHM③	纟口丨贝
毁	VAMC②	臼工几又
	EAWC98	臼工几又
慧	DHDN③	三丨三心
蕙	AGJN③	艹一日心
蟪	JGJN	虫一日心

hun

昏	QAJF	𠂆七日二
珲	GPLH③	王冖车丨
荤	APLJ	艹冖车丨
婚	VQAJ②	女𠂆七日
阍	UQAJ③	门𠂆七日
	UQAJ98	门𠂆七日
浑	IPLH③	氵冖车丨
馄	QNJX	饣乙日匕
魂	FCRC③	二厶白厶
诨	YPLH③	讠冖车丨
混	IJXX③	氵日匕匕
溷	ILEY	氵囗豕㇏
	ILGE98	氵囗一豕

huo

耠	DIWK③	三小人口
	FSWK98③	二木人口
锪	QQRN③	钅勹彡心
劐	AWYJ	艹亻圭刂
豁	PDHK	宀三丨口
	PDHK98③	宀三丨口
攉	RFWY	扌雨亻圭
	RFWY98③	扌雨亻圭
活	ITDG③	氵丿古一
火	OOOO③	火火火火
伙	WOY②	亻火丶
钬	QOY	钅火丶
夥	JSQQ	日木夕夕
	JSQQ98③	日木夕夕
或	AKGD②	戈口一三
货	WXMU③	亻匕贝冫
获	AQTD③	艹犭丿犬
	AQTD98	艹犭丿犬
祸	PYKW	礻丶口人
惑	AKGN	戈口一心
霍	FWYF	雨亻圭二
镬	QAWC③	钅艹亻又
藿	AFWY	艹雨亻圭
蠖	JAWC	虫艹亻又

ji

机	SMN②	木几乙
	SWN98②	木几乙
讥	YMN	讠几乙
	YWN98	讠几乙
丌	GJK	一丿川
击	FMK	二山川
	GBK98②	丰凵川
叽	KMN	口几乙
	KWN98	口几乙
饥	QNMN③	⺈乙几乙
	QNWN98③	⺈乙几乙
乩	HKNN③	⺊口乙乙
圾	FEYY②	土乃㇏㇏
	FBYY98	土乃㇏㇏
玑	GMN	王几乙
	GWN98	王几乙
肌	EMN	月几乙
	EWN98	月几乙
芨	AEYU③	艹乃㇏冫
	ABYU98③	艹乃㇏冫
矶	DMN	石几乙
	DWN98	石几乙
鸡	CQYG③	又勹丶一
	CQGG98③	又鸟一一
咭	KFKG	口士口一
迹	YOPI③	亠小辶氵
剞	DSKJ	大丁口刂
唧	KVCB	口彐厶卩
	KVBH98③	口艮卩丨
姬	VAHH③	女匚丨丨
屐	NTFC	尸彳十又
积	TKWY③	禾口八丶
笄	TGAJ	竹一廾丨
基	ADWF②	艹三八土
	DWFF98③	甘八土二
绩	XGMY③	纟龶贝丶
嵇	TDNM	禾尤乙山
犄	TRDK③	丿扌大口
	CDSK98③	牛大丁口
缉	XKBG③	纟口耳一
赍	FWWM③	十人人贝
畸	LDSK③	田大丁口
跻	KHYJ	口止文刂
箕	TADW③	竹艹三八
	TDWU98③	竹甘八冫
畿	XXAL③	幺幺戈田
稽	TDNJ	禾尤乙日
齑	YDJJ	文三丿丨
墼	GJFF	一日十土
	LBWF98③	车凵几土
激	IRYT③	氵白方攵
羁	LAFC③	罒廿申马
	LAFG98③	罒廿申一
及	EYI②	乃㇏氵

	BYI98②	乃丶氵	继	XONN②	纟米乙乙		AGUD98	艹一丷大
吉	FKF②	士口二	凯	MNMQ	山已门儿	恝	DHVN	三丨刀心
发	MEYU	山乃丶冫		MNMQ98③	山已门儿	戛	DHAR③	厂目戈丿
	MBYU98③	山乃丶冫	寂	PHIC②	宀上小又		DHAU98③	厂目戈丶
汲	IEYY③	氵乃丶丶	寄	PDSK③	宀大丁口	铗	QGUW	钅一丷人
	IBYY98③	氵乃丶丶	悸	NTBG③	忄禾子一		QGUD98	钅一丷大
级	XEYY②	纟乃丶丶	祭	WFIU③	夕二小冫	蛱	JGUW③	虫一丷人
	XBYY98②	纟乃丶丶	蓟	AQGJ	艹角一刂		JGUD98③	虫一丷大
即	VCBH③	∃厶卩丨		AQGJ98③	艹角一刂	颊	GUWM	一丷人贝
	VBH98	即丨	暨	VCAG	∃厶匚一		GUDM98	一丷大贝
极	SEYY②	木乃丶丶		VAQG98	∃匚儿一	甲	LHNH	甲丨乙丨
	SBYY98③	木乃丶丶	跽	KHNN	口止己心	胛	ELH	月甲丨
亟	BKCG③	了口又一	霁	FYJJ	雨文刂刂	贾	SMU	西贝冫
佶	WFKG	亻士口一	鲚	QGYJ	鱼一文刂		SM98②	西贝
急	QVNU③	勹∃心冫	稷	TLWT③	禾田八夂	钾	QLH	钅甲丨
笈	TEYU	竹乃丶冫	鲫	QGVB	鱼一∃卩	瘕	UNHC③	疒コ丨又
	TBYU98	竹乃丶冫		QGVB98③	鱼一∃卩	价	WWJH③	亻人刂丨
疾	UTDI③	疒大氵	冀	UXLW③	丷匕田八	驾	LKCF③	力口马二
戢	KBNT	口耳乙丿	髻	DEFK	镸彡士口		EKCG98③	力口马一
	KBNY98	口耳乙丶	骥	CUXW98	马丷匕八	架	LKSU③	力口木冫
棘	GMII	一冂小小		CGUW98③	马一丷八		EKSU98③	力口木冫
	SMSM98	木冂木冂	诘	YFK	讠士口	假	WNHC③	亻コ丨又
殛	GQBG③	一夕了一	藉	ADIJ③	艹三小日	嫁	VPEY③	女宀豕丶
集	WYSU③	亻主木冫		AFSJ98③	艹二木日		VPGE98③	女宀一豕
嫉	VUTD③	女疒大	荠	AYJJ	艹文刂刂	稼	TPEY③	禾宀豕丶
楫	SKBG③	木口耳一					TPGE98③	禾宀一豕
蒺	AUTD③	艹疒大		**jia**				
辑	LKBG③	车口耳一					**jian**	
瘠	UIWE③	疒丷人月	加	LKG②	力口一			
戴	AKBT	艹口耳丿		EKG98②	力口一	戋	GGGT	戋一一丿
	AKBY98	艹口耳丶	伽	WLKG	亻力口一		GAI98	一戈氵
籍	TDIJ	竹三小日		WEKG98③	亻力口一	奸	VFH	女干丨
	TFSJ98③	竹二木日	夹	GUWI③	一丷人氺	尖	IDU②	小大冫
几	MTN②	几丿乙		GUD98	一丷大	坚	JCFF③	刂又土二
	WTN98	几丿乙	佳	WFFG	亻土土一		JCFF③	刂又土二
己	NNGN③	己乙一乙		WFFG98③	亻土土一	歼	GQTF③	一夕丿十
虮	JMN	虫几乙	迦	LKPD③	力口辶三	间	UJD②	门日三
	JWN98	虫几乙		EKPD98③	力口辶三	肩	YNED	丶尸月三
挤	RYJH③	扌文刂丨	枷	SLKG③	木力口一	艰	CVEY②	又∃月丶
脊	IWEF③	丷人月二		SEKG98③	木力口一		CVY98②	又艮丶
掎	RDSK③	扌大丁口	浃	IGUW③	氵一丷人	兼	UVOU③	丷∃小丷
戟	FJAT③	十早戈丿		IGUD98	氵一丷大		UVJW98③	丷∃刂八
	FJAY98③	十早戈丶	珈	GLKG③	王力口一	监	JTYL	刂丿丶皿
嵴	MIWE③	山丷人月		GEKG98③	王力口一	笺	TGR	竹戋丿
麂	YNJM	广コ刂几	家	PEU②	宀豕冫		TGAU98③	竹一戈丶
	OXXW98	鹿匕匕几		PGEU98②	宀一豕冫	湔	IUEJ③	氵丷月刂
计	YFH②	讠十丨	痂	ULKD	疒力口三	犍	TRVP③	丿扌∃辶
伎	WFCY	亻十又丶		UEKD98	疒力口三		CVGP98③	牜∃扌辶
纪	XNN②	纟已乙	笳	TLKF	竹力口二	缄	XDGT③	纟厂一丿
妓	VFCY③	女十又丶		TEKF98③	竹力口二		XDGK98③	纟厂一口
忌	NNU	己心冫	袈	LKYE③	力口丶衣	搛	RUVO	扌丷∃小
技	RFCY③	扌十又丶		EKYE98③	力口丶衣		RUVW98	扌丷∃八
芰	AFCU	艹十又冫	裌	PUWK	衤冫人口	煎	UEJO	丷月刂灬
际	BFIY②	阝二小丶	葭	ANHC	艹コ丨又	缣	XUVO③	纟丷∃小
剂	YJJH	文刂刂丨	跏	KHLK	口止力口		XUVW98③	纟丷∃八
季	TBF②	禾子二		KHEK98	口止力口	蒹	AUVO③	艹丷∃小
	TBF98	禾子二	嘉	FKUK	士口丷口		AUVW98③	艹丷∃八
哜	KYJH③	口文刂丨	镓	QPEY③	钅宀豕丶	鲣	QGJF	鱼一刂土
既	VCAQ③	∃厶匚儿		QPGE98	钅宀一豕	鹣	UVOG	丷∃小一
	VAQN98	∃匚儿乙	岬	MLH	山甲丨		UVJG98	丷∃刂一
洎	ITHG	氵丿目一	郏	GUWB	一丷人阝	鞯	AFAB③	廿革艹子
济	IYJH③	氵文刂丨		GUDB98	一丷大阝	囝	LBD②	口子三
			荚	AGUW	艹一丷人	拣	RANW	扌七乙八

字	编码	字根
枧	SMQN	木门儿乙
	SMQN98③	木门儿乙
俭	WWGI	亻人一丷
柬	GLII③	一口小氵
	SLD98②	木口三
茧	AJU	艹虫丶
捡	RWGI	扌人一丷
	RWGG98③	扌人一一
笕	TMQB	竹门儿
减	UDGT③	冫厂一丿
	UDGK98③	冫三一口
剪	UEJV	丷月刂刀
检	SWGI	木人一丷
	SWGI98③	木人一一
趼	KHGA	口止一廾
睑	HWGI	目人一丷
	HWGG98	目人一一
碱	DWGI	石人一丷
	DWGG98	石人一一
裥	PUUJ	衤丷门日
锏	QUJG	钅门日一
简	TUJF③	竹门日二
谫	YUEV③	讠丷月刂
戬	GOGA	一业一戈
	GOJA98	一业日戈
碱	DDGT③	石厂一丿
	DDGK98③	石厂一口
翦	UEJN	丷月刂羽
謇	PFJY	宀二刂言
	PAWY98	宀共八言
蹇	PFJH	宀二刂止
	PAWH98	宀共八止
见	MQB	门儿《
	MQB98②	门儿《
件	WRHH③	亻⺊丨丨
	WTGH98③	亻丿丰丨
建	VFHP	ヨ二丨廴
	VGP98②	ヨ丰廴
饯	QNGT	夕乙戋丿
	QNGA98③	夕乙一戈
剑	WGIJ③	人一丷刂
牮	WARH③	亻弋⺊丨
	WAYG98	亻弋丶丰
荐	ADHB③	艹ナ丨子
贱	MGT	贝戋丿
	MGAY98	贝一戈丶
健	WVFP③	亻ヨ二廴
	WVGP98③	亻ヨ丰廴
涧	IUJG	氵门日一
舰	TEMQ	丿舟门儿
	TUMQ98③	丿舟门儿
渐	ILRH③	氵车斤丨
	ILRH98③	氵车斤丨
谏	YGLI③	讠一口小
	YSLG98③	讠木口一
键	TFNP	丿二乙廴
	EVGP98	毛ヨ丰廴
溅	IMGT	氵贝戋丿
	IMGA98	氵贝一戈
腱	EVFP	月ヨ二廴
	EVGP98③	月ヨ丰廴
践	KHGT③	口止戋丿
	KHGA98③	口止一戈
鉴	JTYQ	⺀丿丶金
键	QVFP	钅ヨ二廴
	QVGP98	钅ヨ丰廴
僭	WAQJ	亻匚儿日
槛	SJTL③	木刂丿皿
箭	TUEJ③	竹丷月刂
键	KHVP	口止ヨ廴

jiang

字	编码	字根
江	IAG②	氵工一
姜	UGVF③	丷王女二
	UGVF98	丷王女二
将	UQFY③	丬夕寸丶
茳	AIAF③	艹氵工二
浆	UQIU③	丬夕水氵
豇	GKUA	一口丷工
僵	WGLG	亻一田一
缰	XGLG	纟一田一
礓	DGLG	石一田一
疆	XFGG③	弓土一一
	XFGG98③	弓土一一
讲	YFJH③	讠二刂丨
奖	UQDU③	丬夕大丶
桨	UQSU③	丬夕木丶
蒋	AUQF③	艹丬夕寸
	AUQF98	艹丬夕寸
耩	DIFF	三小二土
	FSAF98	二木艹土
匠	ARK②	匚斤川
降	BTAH②	阝夂工丨
	BTGH98②	阝夂丰丨
洚	ITAH③	氵夂工丨
	ITGH98③	氵夂丰丨
绛	XTAH	纟夂工丨
	XTGH98③	纟夂丰丨
酱	UQSG	丬夕西一
犟	XKJH	弓口虫丨
	XKJG98	弓口虫丨
糨	OXKJ③	米弓口虫
	OXKJ98③	米弓口虫

jiao

字	编码	字根
交	UQU②	六乂冫
	UR98②	六乂
郊	UQBH③	六乂阝丨
	URBH98③	六乂阝丨
姣	VUQY③	女六乂丶
	VURY98③	女六乂丶
娇	VTDJ	女丿大刂
浇	IATQ③	氵七丿儿
茭	AUQU	艹六乂冫
	AURU98③	艹六乂冫
骄	CTDJ	马丿大刂
	CGTJ98③	马一丿刂
胶	EUQY②	月六乂丶
	EURY98②	月六乂丶
椒	SHIC③	木上小又
焦	WYOU③	亻主灬冫
蛟	JUQY③	虫六乂丶
	JURY98	虫六乂丶
跤	KHUQ	口止六乂
	KHUR98	口止六乂
僬	WWYO	亻亻主灬
鲛	QGUQ	鱼一六乂
	QGUR98	鱼一六乂
蕉	AWYO③	艹亻主灬
	AWYO98	艹亻主灬
礁	DWYO③	石亻主灬
	DWYO98	石亻主灬
鹪	WYOG	亻主灬一
角	QEJ②	勹用刂
佼	WUQY③	亻六乂丶
	WURY98③	亻六乂丶
侥	WATQ	亻七丿儿
	WATQ98③	亻七丿儿
狡	QTUQ③	犭丿六乂
	QTUR98③	犭丿六乂
绞	XUQY③	纟六乂丶
	XURY98③	纟六乂丶
饺	QNUQ	夕乙六乂
	QNUR98	夕乙六乂
皎	RUQY③	白六乂丶
	RURY98③	白六乂丶
矫	TDTJ	丿大丿刂
脚	EFCB	月土厶卩
铰	QUQY③	钅六乂丶
	QURY98③	钅六乂丶
搅	RIPQ	扌⺍冖儿
剿	VJSJ	巛日木刂
敫	RYTY	白方攵丶
徼	TRYT③	彳白方攵
缴	XRYT③	纟白方攵
叫	KNHH②	口乙丨丨
峤	MTDJ	山丿大刂
轿	LTDJ	车丿大刂
较	LUQY②	车六乂丶
	LURY98②	车六乂丶
教	FTBT	土丿子攵
窖	PWTK	宀八丿口
酵	SGFB	西一土子
醮	SGWO	西一亻灬
嚼	KELF③	口咼皿寸
爝	OELF③	火咼皿寸

jie

字	编码	字根
阶	BWJH③	阝人刂丨
	BWJ98③	阝人刂
偈	WJQN86	亻日勹乙
	WJQ98	亻日勹
疖	UBK	疒卩川
皆	XXRF③	匕匕白二
接	RUVG③	扌立女一
秸	TFKG	禾土口一
喈	KXXR	口匕匕白
嗟	KUDA	口丷尹工
	KUAG98③	口羊工一
揭	RJQN	扌日勹乙
街	TFFH	彳土土丨
	TFFS98	彳土土丁
孑	BNHG	了乙丨一
节	ABJ②	艹卩丨
讦	YFH	讠干丨
劫	FCLN	土厶力乙

	FCET98	土厶力丿
杰	SOU②	木灬丶
拮	RFKG③	扌士口一
洁	IFKG③	氵士口一
结	XFKG②	纟土口一
桀	QAHS	夕匚丨木
	QGSU98③	夕牛木丶
婕	VGVH③	女一ヨ止
捷	RGVH③	扌一ヨ止
颉	FKDM③	土口厂贝
睫	HGVH③	目一ヨ止
截	FAWY③	十戈亻亻
	FAWY98	十戈亻亻
碣	DJQN③	石曰勹乙
竭	UJQN	立曰勹乙
鲒	QGFK③	鱼一土口
羯	UDJN	羊日勹乙
	UJQN98	羊曰勹乙
姐	VEGG③	女月一一
解	QEVH③	夕用刀丨
	QEVG98	夕用刀一
介	WJJ②	人刂刂
戒	AAK	戈廾川
芥	AWJJ③	艹人刂刂
届	NMD②	尸由三
界	LWJJ③	田人刂刂
	LWJJ98	田人刂刂
疥	UWJK③	疒人刂川
诫	YAAH	讠戈廾丨
借	WAJG③	亻廿日一
蚧	JWJH③	虫人刂丨
骱	MEWJ③	冎月人刂

jin

今	WYNB	人丶乙《
	WYN98③	人丶乙
巾	MHK	冂丨川
斤	RTTH③	斤丿丿丨
金	QQQQ	金金金金
津	IVFH	氵ヨ二丨
	IVGH98	氵ヨ丰丨
矜	CBTN	マ乙丿乙
	CNHN98	マ乙乙丿
衿	PUWN	衤丶人乙
筋	TELB	灬月力乙
	TEER98	灬月力乙
襟	PUSI③	衤丶木小
仅	WCY	亻又丶
卺	BIGB	了水一巴
紧	JCXI②	刂又幺小
堇	AKGF	廿口丰二
谨	YAKG③	讠廿口丰
锦	QRMH③	钅白门丨
廑	YAKG	广廿口丰
	OAKG98③	广廿口丰
馑	QNAG	勹乙廿丰
槿	SAKG③	木廿口丰
瑾	GAKG	王廿口丰
尽	NYUU③	尸丶丶丶
劲	CALN③	厶工力乙
	CAET98③	厶工力丿
妗	VWYN③	女人丶乙

	VWYN98②	女人丶乙
近	RPK②	斤辶川
进	FJPK②	二刂辶川
	FJPK③	二刂辶川
荩	ANYU	艹尸丶丶
	ANYU98③	艹尸丶丶
晋	GOGJ	一业一日
	GOJF98③	一业日二
浸	IVPC③	氵ヨ冖又
烬	ONYU③	火尸丶丶
赆	MNYU③	贝尸丶丶
缙	XGOJ	纟一业日
	XGOJ98③	纟一业日
禁	SSFI③	木木二小
靳	AFRH③	廿甲斤丨
觐	AKGQ	廿口丰儿
喋	KSSI	口木木小

jing

京	YIU	亠小丶
泾	ICAG③	氵ス工一
经	XCAG②	纟ス工一
	XCAG98③	纟ス工一
茎	ACAF③	艹ス工二
荆	AGAJ③	艹一廾刂
惊	NYIY	忄亠小丶
旌	YTTG	方丿丿丰
菁	AGEF	艹丰月二
	AGEF98③	艹丰月二
晶	JJJF③	日日日二
腈	EGEG	月丰月一
睛	HGEG②	目一丰月
粳	OGJQ③	米一日乂
	OGJR98③	米一日乂
兢	DQDQ③	古儿古儿
精	OGEG③	米丰月一
	OGEG98②	米丰月一
鲸	QGYI③	鱼一亠小
井	FJK③	二刂川
阱	BFJH③	阝二刂丨
刭	CAJH	ス工刂丨
肼	EFJH③	月二刂丨
颈	CADM③	ス工厂贝
景	JYIU②	日亠小丶
	JYIU98③	日亠小丶
儆	WAQT	亻艹勹夂
	WAQT98③	亻艹勹夂
憬	NJYI③	忄日亠小
警	AQKY	艹勹口言
净	UQVH③	丷勹ヨ丨
弪	XCAG	弓ス工一
径	TCAG③	彳ス工一
迳	CAPD③	ス工辶三
胫	ECAG③	月ス工一
痉	UCAD③	疒ス工三
竞	UKQB	立口儿《
	UKQB98③	立口儿《
婧	VGEG③	女丰月一
竟	UJQB③	立日儿《
敬	AQKT③	艹勹口夂
	AQKT98	艹勹口夂
靓	GEMQ③	丰月门儿

靖	UGEG③	立丰月一
境	FUJQ③	土立日儿
獍	QTUQ	犭丿立儿
静	GEQH③	丰月夕丨
镜	QUJQ③	钅立日儿

jiong

迥	MKPD③	冂口辶三
	MKPD98②	冂口辶三
扃	YNMK	丶尸门口
炯	OMKG③	火门口一
窘	PWVK	宀八ヨ口

jiu

究	PWVB③	宀八九《
纠	XNHH③	纟乙丨丨
鸠	VQYG	九勹丶一
	VQGG98	九鸟一一
赳	FHNH	土止乙丨
阄	UQJN③	门夕日乙
啾	KTOY③	口禾火丶
揪	RTOY③	扌禾火丶
鬏	DETO	镸彡禾火
九	VTN③	九丿乙
久	QYI③	夕丶丶
灸	QYOU③	夕丶火丶
玖	GQYY③	王夂丶丶
韭	DJDG	三刂三一
酒	ISGG	氵西一一
旧	HJG③	丨日一
臼	VTHG③	臼丿丨一
	ETHG98	臼丿丨一
咎	THKF③	夂卜口二
疚	UQYI③	疒夂丶丶
枢	SAQY	木匚夂丶
柏	SVG	木臼一
	SEG98	木臼一
厩	DVCQ③	厂ヨム儿
	DVAQ98	厂臼匚儿
救	FIYT	十水丶夂
	GIYT98	一水丶夂
就	YIDN②	亠小尤乙
舅	VLLB③	臼田力乙
	ELER98	臼田力丿
傲	WYIN86③	亻亠小乙
鹫	YIDG	亠小尤一

ju

居	NDD③	尸古三
拘	RQKG③	扌勹口一
狙	QTEG③	犭丿目一
苴	AEGF③	艹目一二
驹	CQKG③	马勹口一
	CGQK98	马一勹口
疽	UEGD③	疒目一三
掬	RQOY③	扌勹米丶
椐	SNDG③	木尸古一
琚	GNDG③	王尸古一
锔	QNNK	钅尸乙口
裾	PUND	衤丶尸古
雎	EGWY	月一亻圭

鞠	AFQO③	廿串勹米	狷	QTKE	犭丿口月	咖	KLKG③	口力口一
鞫	AFQY	廿串勹言	绢	XKEG③	纟口月一		KEKG98	口力口一
局	NNKD③	尸乙口三	隽	WYEB	亻隹乃《	咔	KHHY	口上卜丶
桔	SFKG	木士口一		WYBR98	亻隹乃彡	喀	KPTK③	口宀夂口
菊	AQOU③	艹勹米丷	眷	UDHF	丷大目二	卡	HHU	上卜丷
橘	SCBK	木マ卩口		UGHF98	丷夫目二	佧	WHHY③	亻上卜丶
	SCNK98	木マ乙口	郪	SFBH③	西土子丨	胩	EHHY③	月上卜丶
咀	KEGG③	口月一一						

jue

沮	IEGG③	氵月一一	决	UNWY②	冫乛人丶
举	IWFH③	丷八二丨	嚼	KDUW	口厂䒑人
	IGWG98	丷一八丰	撅	RDUW	扌厂䒑人
矩	TDAN③	丿大匚乙	孑	BYI	了乚丶
莒	AKKF	艹口口二	诀	YNWY	讠乛人丶
榉	SIWH③	木丷八丨	抉	RNWY	扌乛人丶
	SIGG98	木丷一一	珏	GGYY	王王丶丶
椐	TDAS	丿大匚木	绝	XQCN	纟⺈巴乙
龃	HWBG	止人凵一	觉	IPMQ	丷冖冂儿
踽	KHTY	口止丿丶	倔	WNBM	亻尸凵山
句	QKD	勹口三	崛	MNBM	山尸凵山
巨	AND	匚乙三	掘	RNBM	扌尸凵山
讵	YANG	讠匚乙一	桷	SQEH③	木⺈用丨
拒	RANG③	扌匚乙一	觖	QENW③	⺈用乙人
苣	AANF③	艹匚乙二	厥	DUBW	厂䒑凵人
具	HWU③	且八丷	劂	DUBJ	厂䒑凵刂
炬	OANG③	火匚乙一	谲	YCBK	讠マ凵口
钜	QANG③	钅匚乙一		YCNK98	讠マ乙口
俱	WHWY③	亻且八丶	獗	QTDW	犭丿厂人
倨	WNDG③	亻尸古一	蕨	ADUW③	艹厂䒑人
剧	NDJH③	尸古刂丨	噱	KHAE	口虍七豕
惧	NHWY③	忄且八丶		KHGE98	口虍一豕
据	RNDG③	扌尸古一	橛	SDUW③	木厂䒑人
距	KHAN③	口止匚乛	爵	ELVF③	爫罒彐寸
惎	TRHW	丿牛且八	镢	QDUW	钅厂䒑人
	CHWY98	牛且八丶	蹶	KHDW	口止厂人
飓	MQHW	几乂且八	矍	HHWC③	目目亻又
	WRHW98	几乂且八	爝	OELF③	火爫罒寸
锯	QNDG③	钅尸古一	攫	RHHC③	扌目目又
窭	PWOV③	宀八米女			

jun

聚	BCTI③	耳又丿水	军	PLJ③	冖车刂
	BCI98③	耳又氺	君	VTKD	ヨ丿口三
屦	NTOV	尸彳米女		VTKF98	ヨ丿口二
踞	KHND	口止尸古	均	FQUG	土勹冫一
遽	HAEP③	虍七豕辶	钧	QQUG	钅勹冫一
	HGEP98	虍一豕辶	辄	PLHC③	冖车广又
醵	SGHE	西一虍豕		PLBY98	冖车皮丶

juan

			菌	ALTU③	艹囗禾丷
捐	RKEG③	扌口月一	筠	TFQU	⺮土勹冫
娟	VKEG③	女口月一	麇	YNJT	广ヨⅡ禾
涓	IKEG③	氵口月一		OXXT98	声比匕禾
鹃	KEQG③	口月勹一	俊	WCWT③	亻厶八夂
镌	QWYE	钅亻隹乃	郡	VTKB	ヨ丿口阝
	QWYB98	钅亻隹乃	峻	MCWT③	山厶八夂
蠲	UWLJ	䒑八皿虫	捃	RVTK③	扌ヨ丿口
卷	UDBB③	丷大㔾《	浚	ICWT③	氵厶八夂
	UGBB98	丷夫㔾《	骏	CCWT③	马厶八夂
锩	QUDB③	钅丷大㔾		CGCT98	马一厶夂
	QUGB98	钅丷夫㔾	竣	UCWT③	立厶八夂
倦	WUDB③	亻丷大㔾			
	WUGB98	亻丷夫㔾			

ka

桊	UDSU③	丷大木丷
	UGS98	丷夫木

kai

开	GAK③	一廾川
揩	RXXR	扌比匕白
锎	QUGA	钅门一艹
凯	MNMN③	山乙几乙
	MNWN98	山乙几乙
剀	MNJH③	山乙刂丨
垲	FMNN③	土山己乙
恺	NMNN③	忄山己乙
铠	QMNN③	钅山己乙
慨	NVCQ③	忄ヨム儿
	NVAQ98	忄艮匚儿
蒈	AXXR	艹比匕白
楷	SXXR②	木比匕白
锴	QXXR③	钅比匕白
忾	NRNN86③	忄气乙乙
	NRN98	忄气乙

kan

刊	FJH③	干刂丨
槛	SJTL	木刂⺊皿
勘	ADWL	艹三八力
	DWNE98	甚八乙力
龛	WGKX	人一口七
	WGKY98	人一口丶
堪	FADN③	土艹三乙
	FDWN98	土甚八乙
戡	ADWA	艹三八戈
	DWNA98	甚八乙戈
坎	FQWY③	土夕人丶
侃	WKQN③	亻口川乙
	WKKN98	亻口川乙
砍	DQWY③	石夕人丶
莰	AFQW	艹土夕人
看	RHF	手目二
阚	UNBT③	门乙耳攵
瞰	HNBT③	目乙耳攵

kang

康	YVII③	广ヨ水氵
	OVI98③	广ヨ水
慷	NYVI③	忄广ヨ水
	NOVI98	忄广ヨ水
糠	OYVI	米广ヨ水
	OOVI98	米广ヨ水
亢	YMB	亠几《
	YWB98	亠几《
伉	WYMN③	亻亠几乙
	WYWN98	亻亠几乙
扛	RAG	扌工一
抗	RYMN	扌亠几乙
	RYWN98	扌亠几乙
闶	UYMV	门亠几巛

	UYWV98	门一几巛
炕	OYMN③	火一几乙
	OYWN98	火一几乙
钪	QYMN	钅一几乙
	QYWN98	钅一几乙

kao

考	FTGN③	土丿一乙
尻	NVV	尸九巛
拷	RFTN③	扌土丿乙
栲	SFTN	木土丿乙
烤	OFTN③	火土丿乙
铐	QFTN	钅土丿乙
犒	TRYK	丿扌亠口
	CYMK98	牜一门口
靠	TFKD	丿土口三

ke

科	TUFH②	禾丷十丨
	TUFH98	禾丷十丨
坷	FSKG③	土丁口一
苛	ASKF③	艹丁口二
柯	SSKG③	木丁口一
珂	GSKG③	王丁口一
轲	LSKG③	车丁口一
疴	USKD	疒丁口三
钶	QSKG③	钅丁口一
棵	SJSY③	木日木丶
额	YNTM	一乙丿贝
稞	TJSY	禾日木丶
窠	PWJS③	宀八日木
颗	JSDM③	日木厂贝
瞌	HFCL	目土厶皿
磕	DFCL③	石土厶皿
蝌	JTUF③	虫禾丷士
髁	MEJS③	罒月日木
壳	FPMB③	士冖几巛
	FPWB98	士冖几巛
咳	KYNW	口亠乙人
可	SK②	丁口
岢	MSKF③	山丁口二
渴	IJQN③	氵日勹乙
克	DQB③	古儿巛
刻	YNTJ③	一乙丿刂
客	PTKF②	宀夂口二
恪	NTKG③	忄夂口一
课	YJSY③	讠日木丶
氪	RNDQ	一乙古儿
	RDQ98	气古儿
骒	CJSY③	马日木丶
	CGJS98	马一日木
缂	XAFH	纟廿串丨
嗑	KFCL③	口土厶皿
溘	IFCL③	氵土厶皿

锞	QJSY③	钅日木丶

ken

肯	HE②	止月
垦	VEFF③	彐以土二
	VFF98	艮土二
恳	VENU	彐以心丶
	VNU98	艮心丶
啃	KHEG③	口止月一
裉	PUVE	衤彐以
	PUVY98	衤艮丶

keng

吭	KYMN③	口一几乙
	KYWN98	口一几乙
坑	FYMN	土一几乙
	FYWN98	土一几乙
铿	QJCF③	钅刂又土

kong

空	PWAF②	宀八工二
倥	WPWA③	亻宀八工
崆	MPWA③	山宀八工
箜	TPWA③	竹宀八工
孔	BNN	子乙乙
恐	AMYN	工几丶心
	AWYN98	工几丶心
控	RPWA③	扌宀八工

kou

抠	RAQY③	扌匚乂丶
	RAR98	扌匚乂
彀	FPGC	士冖一又
芤	ABNB③	艹子乙巛
眍	HAQY③	目匚乂丶
	HARY98	目匚乂丶
口	KKKK	口口口口
叩	KBH	口卩丨
扣	RKG③	扌口一
	RK98②	扌口
寇	PFQC	宀二儿又
筘	TRKF③	竹扌口二
蔻	APFC	艹宀二又

ku

枯	SDG②	木古一
	SDG98③	木古一
刳	DFNJ	大二乙刂
哭	KKDU	口口犬
堀	FNBM	土尸凵山
窟	PWNM③	宀八尸山
骷	MEDG	罒月古一
苦	ADF	艹古二
库	YLK	广车川
	OL98	广车川
绔	XDFN③	纟大二乙
誊	IPTK③	氵宀丿口
裤	PUYL③	衤丶广车
	PUO98	衤丷广车
酷	SGTK	西一丿口

kua

夸	DFNB③	大二乙巛
侉	WDFN③	亻大二乙
垮	FDFN	土大二乙
挎	RDFN	扌大二乙
胯	EDFN③	月大二乙
跨	KHDN③	口止大乙

kuai

快	NNWY③	忄コ人丶
蒯	AEEJ	艹月月刂
块	FNWY③	土コ人丶
侩	WWFC	亻人二厶
郐	WFCB	人二厶阝
哙	KWFC	口人二厶
狯	QTWC	犭丿人厶
脍	EWFC③	月人二厶
筷	TNNW③	竹忄コ人

kuan

宽	PAMQ②	宀艹门儿
髋	MEPQ	罒月宀儿
款	FFIW③	士二小人

kuang

匡	AGD	匚王三
诓	YAGG	讠匚王一
哐	KAGG③	口匚王一
筐	TAGF③	竹匚王二
狂	QTGG③	犭丿王一
诳	YQTG③	讠犭丿王
夼	DKJ	大川刂
邝	YBH	广阝丨
	OBH98	广阝丨
圹	FYT	土广丿
	FOT98	土广丿
纩	XYT	纟广丿
	XOT98	纟广丿
况	UKQN③	冫口儿乙
旷	JYT	日广丿
	JOT98	日广丿
矿	DYT	石广丿
	DOT98	石广丿
贶	MKQN③	贝口儿乙
框	SAGG	木匚王一
眶	HAGG③	目匚王一

kui

亏	FNV	二乙巛
	FNB98	二乙巛
岿	MJVF③	山刂彐二
悝	NJFG	忄日土一
盔	DOLF③	ナ火皿二
窥	PWFQ	宀八二人
	PWGQ98	宀夫门儿
奎	DFFF	大土土二
逵	FWFP	土八土辶
馗	VUTH	九丷丿目
喹	KDFF③	口大土土
揆	RWGD	扌癶一大

葵	AWGD③	艹癶一大
暌	JWGD	日癶一大
魁	RQCF	白儿厶十
暌	HWGD	目癶一大
蝰	JDFF	虫大土土
夔	UHTT	丷止丿夂
	UTHT98	丷丿目夂
傀	WRQC	亻白儿厶
跬	KHFF	口止土土
匮	AKHM	匚口丨贝
喟	KLEG③	口田月一
愦	NKHM	忄口丨贝
愧	NRQC③	忄白儿厶
溃	IKHM③	氵口丨贝
蒉	AKHM	艹口丨贝
馈	QNKM③	夕乙口贝
箦	TKHM	竹口丨贝
聩	BKHM③	耳口丨贝

kun

昆	JXXB③	日匕匕《
坤	FJHH	土日丨丨
琨	GJXX③	王日匕匕
锟	QJXX③	钅日匕匕
髡	DEGQ	镸彡一儿
醌	SGJX	西一日匕
悃	NLSY③	忄囗木丶
捆	RLSY③	扌囗木丶
阃	ULSI③	门囗木氵
困	LSI③	囗木氵

kuo

阔	UITD③	门氵丿古
扩	RYT②	扌广丿
	RO98②	扌广
括	RTDG③	扌丿古一
蛞	JTDG	虫丿古一
廓	YYBB③	广古子阝

la

垃	FUG	土立一
拉	RUG②	扌立一
啦	KRUG③	口扌立一
邋	VLQP③	巛口乂辶
	VLRP98	巛口乂辶
晃	JVB	日九《
砬	DUG	石立一
喇	KGKJ③	口一口刂
	KSKJ98	口木口刂
剌	GKIJ	一口小刂
	SKJH98	木口刂丨
腊	EAJG③	月廿日一
瘌	UGKJ	疒一口刂
	USKJ98	疒木口刂
蜡	JAJG③	虫廿日一
辣	UGKI	辛一口小
	USKG98	辛木口一

lai

| 来 | GOI② | 一米氵 |
| | GUSI98② | 一丷木氵 |

崃	MGOY③	山一米丶
	MGUS98	山一丷木
徕	TGOY③	彳一米丶
	TGUS98	彳一丷木
涞	IGOY③	氵一米丶
	IGUS98	氵一丷木
莱	AGOU③	艹一米丷
	AGUS98	艹一丷木
铼	QGOY	钅一米丶
	QGUS98	钅一丷木
赉	GOMU③	一米贝丷
	GUSM98	一丷木贝
睐	HGOY③	目一米丶
	HGUS98	目一丷木
赖	GKIM	一口小贝
	SKQM98	木口勹贝
濑	IGKM	氵一口贝
	ISKM98	氵木口贝
癞	UGKM	疒一口贝
	USKM98	疒木口贝
籁	TGKM	竹一口贝
	TSKM98	竹木口贝

lan

兰	UFF	丷二二
	UDF98	丷三二
岚	MMQU	山几乂丷
	MWRU98	山几乂丷
拦	RUFG③	扌丷二一
	RUDG98	扌丷三一
栏	SUFG③	木丷二一
	SUDG98	木丷三一
婪	SSVF③	木木女二
阑	UGLI	门一囗小
	USLD98	门木囗三
蓝	AJTL③	艹刂𠂉皿
谰	YUGI③	讠门一小
	YUSL98	讠门木囗
澜	IUGI	氵门一小
	IUSL98	氵门木囗
褴	PUJL	衤丨𠂉皿
斓	YUGI	文门一小
	YUSL98	文门木囗
篮	TJTL	竹刂𠂉皿
镧	QUGI	钅门一小
	QUSL98	钅门木囗
览	JTYQ	刂𠂉丶儿
揽	RJTQ③	扌刂𠂉儿
缆	XJTQ③	纟刂𠂉儿
榄	SJTQ③	木刂𠂉儿
漤	ISSV	氵木木女
罱	LFMF③	罒十门十
懒	NGKM	忄一口贝
	NSKM98	忄木口贝
烂	OUFG	火丷二一
	OUDG98	火丷三一
滥	IJTL③	氵刂𠂉皿

lang

狼	QTYE③	犭丿丶㐄
	QTYV98	犭丿丶艮
啷	KYVB③	口丶彐阝

嵊	KYVB98	口丶彐阝
郎	YVCB	丶彐厶阝
	YVBH98	丶彐阝丨
莨	AYVE③	艹丶彐㐄
	AYV98	艹丶艮
廊	YYVB③	广丶彐阝
	OYVB98	广丶阝
琅	GYVE③	王丶彐㐄
	GYVV98	王丶艮
榔	SYVB③	木丶彐阝
稂	TYVE③	禾丶彐㐄
	TYVV98	禾丶艮
锒	QYVE	钅丶彐㐄
	QYVY98	钅丶艮
螂	JYVB③	虫丶彐阝
朗	YVCE③	丶彐厶月
	YVEG98	丶彐月一
阆	UYVE③	门丶彐㐄
	UYVI98	门丶艮氵
浪	IYVE③	氵丶彐㐄
	IYVY98	氵丶艮丶
蒗	AIYE	艹氵丶㐄
	AIYV98	艹氵丶艮

lao

捞	RAPL③	扌艹冖力
	RAP98	扌艹冖力
劳	APLB③	艹冖力《
	APER98	艹冖力彡
牢	PRHJ③	宀牛丨丨
	PTGJ98	宀丿丰刂
唠	KAPL③	口艹冖力
	KAPE98	口艹冖力
崂	MAPL③	山艹冖力
	MAPE98	山艹冖力
痨	UAPL	疒艹冖力
	UAPE98	疒艹冖力
铹	QAPL③	钅艹冖力
	QAPE98	钅艹冖力
醪	SGNE	西一羽彡
老	FTXB③	土丿匕《
佬	WFTX③	亻土丿匕
姥	VFTX③	女土丿匕
栳	SFTX	木土丿匕
铑	QFTX	钅土丿匕
涝	IAPL③	氵艹冖力
	IAPE98	氵艹冖力
烙	OTKG③	火夂口一
耢	DIAL	三小艹力
	FSAE98	二木艹力
酪	SGTK	西一夂口

le

勒	AFLN③	廿革力乙
	AFE98	廿革力丿
仂	WLN	亻力乙
	WET98	亻力丿
乐	QII③	匚小氵
	TNII98②	丿乙小氵
叻	KLN	口力乙
	KET98	口力丿
泐	IBLN③	氵阝力乙

字	编码	字根
	IBET98	氵阝力丿
鰳	QGAL	鱼一廿力
	QGAE98	鱼一廿力
肋	ELN	月力乙
	EET98	月力丿

lei

字	编码	字根
雷	FLF	雨田二
嫘	VLXI③	女田幺小
缧	XLXI	纟田幺小
檑	SFLG③	木雨田一
镭	QFLG③	钅雨田一
羸	YNKY	亠乙口、
	YEUY98	亠月羊、
耒	DII	三小氵
	FSI98	二木氵
诔	YDIY	讠三小丶
	YFSY98	讠二木、
垒磊	CCCF	厶厶厶土
	DDDF③	石石石二
蕾	AFLF	艹雨田二
儡	WLLL③	亻田田田
泪	IHG	氵目一
类	ODU③	米大丷
累	LXIU②	田幺小丷
醽	SGEF③	西一罒寸
擂	RFLG③	扌雨田二
嘞	KAFL③	口廿甲力
	KAFE98③	口廿甲力

leng

字	编码	字根
棱	SFWT③	木土八夂
塄	FLYN③	土罒方乙
	FLYT98	土罒方丿
楞	SLYN③	木罒方乙
	SLYT98	木罒方丿
冷	UWYC	冫人、マ
愣	NLYN③	忄罒方乙
	NLYT98	忄罒方丿

li

字	编码	字根
厘	DJFD	厂日土三
梨	TJSU③	禾刂木丷
狸	QTJF	犭丿日土
离	YBMC③	文凵冂厶
	YBMC98	文凵冂厶
莉	ATJJ③	艹禾刂刂
骊	CGMY	马一冂、
	CGGY98③	马一一、
犁	TJRH③	禾刂丿丨
	TJTG98	禾刂丿丰
喱	KDJF	口厂日土
	KDJF98③	口厂日土
鹂	GMYG	一冂、一
漓	IYBC	氵文凵厶
	IYRC98③	氵亠乂厶
缡	XYBC③	纟文凵厶
	XYRC98③	纟亠乂厶
蓠	AYBC	艹文凵厶
	AYRC98	艹亠乂厶
蜊	JTJH③	虫禾刂丨

字	编码	字根
嫠	FITV③	二小攵女
璃	FTDV98③	未攵厂女
	GYBC③	王文凵厶
	GYRC98	王亠乂厶
鲡	QGGY	鱼一一、
	QGGY98③	鱼一一、
黎	TQTI③	禾勹丿水
篱	TYBC③	⺮文凵厶
	TYRC98③	⺮亠乂厶
罹	LNWY③	罒忄亻主
藜	ATQI③	艹禾勹水
黧	TQTO	禾勹丿灬
蠡	XEJJ③	彑豖虫虫
礼	PYNN	礻、乙乙
李	SBF②	木子二
里	JFD	日土三
俚	WJFG③	亻日土一
哩	KJFG③	口日土一
娌	VJFG	女日土一
逦	GMYP	一冂、辶
理	GJFG②	王日土一
锂	QJFG③	钅日土一
鲤	QGJF	鱼一日土
澧	IMAU③	氵冂艹䒑
醴	SGMU	西一冂䒑
鳢	QGMU	鱼一冂䒑
力	LTN②	力丿乙
	ENT98②	力乙丿
历	DLV②	厂力《
	DEE98	厂力彡
厉	DDNV③	厂丆乙《
	DGQ98	厂一勹
立	UUUU②	立立立立
吏	GKQI③	一口乂小
	GKRI98③	一口乂小
丽	GMYY③	一冂、、
利	TJH	禾刂丨
励	DDNL	厂丆乙力
	DGQE98	厂一勹力
呖	KDLN③	口厂力乙
	KDET98	口厂力丿
坜	FDLN③	土厂力乙
	FDET98	土厂力丿
沥	IDLN③	氵厂力乙
	IDET98	氵厂力丿
苈	ADLB③	艹厂力乙
	ADER98	艹厂力彡
例	WGQJ③	亻一夕刂
戾	YNDI③	、尸犬
枥	SDLN③	木厂力乙
	SDET98③	木厂力丿
疠	UDNV③	疒厂乙《
	UGQE98	疒一勹
隶	VII	⺕水氵
俐	WTJH③	亻禾刂丨
俪	WGMY	亻一冂、
栎	SQIY③	木匚小
	STNI98	木丿乙小
疬	UDLV③	疒厂力《
	UDEE98③	疒厂力彡
荔	ALLL③	艹力力力
	AEEE98③	艹力力力

字	编码	字根
轹	LQIY③	车匚小
	LTNI98③	车丿乙小
郦	GMYB	一冂、阝
栗	SSU	西木氵
猁	QTTJ③	犭丿禾刂
砺	DDDN	石厂丆乙
	DDGQ98	石厂一勹
砾	DQIY③	石匚小
	DTNI98	石丿乙小
苙	AWUF	艹亻立二
唳	KYND	口、尸犬
笠	TUF	⺮立二
粒	OUG	米立一
	OUG98②	米立一
粝	ODDN③	米厂丆乙
	ODGQ98	米厂一勹
蛎	JDDN③	虫厂丆乙
	JDGQ98	虫厂一勹
傈	WSSY③	亻西木、
痢	UTJK③	疒禾刂⺲
詈	LYF	⺲言二
跞	KHQI③	口止匚小
	KHTI98	口止丿小
雳	FDLB	雨厂力《
	FDER98③	雨厂力彡
溧	ISSY③	氵西木、
篥	TSSU③	⺮西木丷

lia

字	编码	字根
俩	WGMW③	亻一冂人
	WGMW98	亻一冂人

lian

字	编码	字根
连	LPK③	车辶⺌
	LP98②	车辶
奁	DAQU③	大匚乂丷
	DARU98③	大匚乂丷
帘	PWMH③	宀八冂丨
怜	NWYC	忄人、マ
涟	ILPY③	氵车辶、
莲	ALPU③	艹车辶丷
联	BUDY②	耳丷大、
裢	PULP③	衤丷车辶
廉	YUVO	广丷⺕小
	OUVW98③	广丷⺕八
鲢	QGLP	鱼一车辶
濂	IYUO③	氵广丷小
	IOUW98	氵广丷八
臁	EYUO③	月广丷小
	EOUW98	月广丷八
镰	QYUO	钅广丷小
	QOUW98	钅广丷八
蠊	JYUO③	虫广丷小
	JOUW98	虫广丷八
敛	WGIT	人一⺌攵
琏	GLPY③	王车辶、
脸	EWGI②	月人一⺌
裣	PUWI	衤丷人⺌
	PUWG98	衤丷人一
蔹	AWGT	艹人一攵
练	XANW	纟七乙八
炼	OANW	火七乙八

恋	YONU③	亠⺊心丶
殓	GQWI③	一夕人⺷
	GQWG98	一夕人一
链	QLPY③	钅车辶丶
楝	SGLI③	木一囗小
	SSLG98	木木囗一
潋	IWGT	⺡人一攵

liang

良	YVEI②	丶彐㇏丷
	YVI98	丶艮㇏
凉	UYIY	冫古小丶
梁	IVWS③	⺡刀八木
椋	SYIY	木古小丶
粮	OYVE③	米丶彐㇏
	OYVY98	米丶艮㇏
梁	IVWO	⺡刀八米
墚	FIVS③	土⺡刀木
踉	KHYE	口止丶㇏
	KHYV98	口止丶艮
两	GMWW	一冂人人
魉	RQCW	白儿厶人
亮	YPMB③	亠冖几《
	YPWB98	亠冖几《
谅	YYIY③	讠古小丶
辆	LGMW③	车一冂人
晾	JYIY	日古小丶
量	JGJF②	日一日土

liao

疗	UBK	疒了川
潦	IDUI③	⺡大丷小
辽	BPK②	了辶川
聊	BQTB③	耳卩丿阝
僚	WDUI③	亻大丷小
寮	PNWE③	宀羽人彡
廖	YNWE③	广羽人彡
嘹	KDUI③	口大丷小
寮	PDUI③	宀大丷小
撩	RDUI③	扌大丷小
獠	QTDI③	犭丿大小
缭	XDUI③	纟大丷小
燎	ODUI③	火大丷小
镣	QDUI③	钅大丷小
鹩	DUJG	大丷日一
钌	QBH	钅了丨
蓼	ANWE③	艹羽人彡
了	BNH	了乙丨
尥	DNQY③	尢乙勹丶
料	OUFH③	米丷十丨
撂	RLTK③	扌田夂口

lie

列	GQJH②	一夕刂丨
咧	KGQJ③	口一夕刂
劣	ITLB③	小丿力《
	ITER98	小丿力彡
冽	UGQJ③	冫一夕刂
洌	IGQJ③	⺡一夕刂
埒	FEFY③	土爫寸丶
烈	GQJO	一夕刂灬

掠	RYND	扌丶尸犬
猎	QTAJ③	犭丿艹日
裂	GQJE	一夕刂衣
趔	FHGJ	土⻊一刂
躐	KHVN	口止巛乙
鬣	DEVN	镸彡巛乙

lin

林	SSY②	木木丶
邻	WYCB	人丶マ阝
临	JTYJ③	‖丿丶⼕
啉	KSSY③	口木木丶
淋	ISSY③	⺡木木丶
琳	GSSY③	王木木丶
粼	OQAB	米夕⼕⻊
	OQGB98	米夕一牛
嶙	MOQH③	山米夕丨
	MOQQ98	山米夕牛
遴	OQAP③	米夕⼕辶
	OQGP98	米夕牛辶
辚	LOQH③	车米夕丨
	LOQG98	车米夕牛
霖	FSSU③	雨木木丷
瞵	HOQH③	目米夕丨
	HOQG98	目米夕牛
磷	DOQH③	石米夕丨
	DOQG98	石米夕牛
鳞	QGOH③	鱼一米丨
	QGOG98	鱼一米牛
麟	YNJH	广コ刂丨
	OXXG98	声匕匕牛
凛	UYLI③	冫亠口小
廪	YYLI	广亠口小
	OYLI98	广亠口小
懔	NYLI③	忄亠口小
檩	SYLI	木亠口小
吝	YKF	文口二
赁	WTFM	亻丿士贝
蔺	AUWY③	艹门亻
膦	EOQH③	月米夕丨
	EOQG98	月米夕牛
躏	KHAY	口止艹

ling

玲	GWYC③	王人丶マ
拎	RWYC	扌人丶マ
伶	WWYC	亻人丶マ
灵	VOU②	彐火丷
囹	LWYC③	囗人丶マ
岭	MWYC	山人丶マ
泠	IWYC	⺡人丶マ
苓	AWYC	艹人丶マ
柃	SWYC	木人丶マ
领	WYCN	人丶マ乙
	WYCY98	人丶マ丶
凌	UFWT③	冫土八夂
铃	QWYC	钅人丶マ
陵	BFWT③	阝土八夂
棂	SVOY③	木彐火丶
绫	XFWT③	纟土八夂
羚	UDWC	⺷大人マ
	UWYC98	羊人丶マ

翎	WYCN	人丶マ羽
聆	BWYC	耳人丶マ
菱	AFWT	⺀土八夂
蛉	JWYC	虫人丶マ
零	FWYC	雨人丶マ
龄	HWBC	止人凵マ
鲮	QGFT	鱼一土夂
酃	FKKB③	雨口口⻖
领	WYCM	人丶マ贝
令	WYCU③	人丶マ冫
另	KLB②	口力《
	KEB98②	口力《
吟	KWYC	口人丶マ

liu

溜	IQYL	⺡⺉丶田
熘	OQYL	火⺉丶田
刘	YJH②	文刂丨
浏	IYJH	⺡文刂丨
流	IYCQ③	⺡亠厶儿
	IYCK98	⺡亠厶儿
留	QYVL	⺉丶刀田
琉	GYCQ③	王亠厶儿
	GYCK98	王亠厶儿
硫	DYCQ③	石亠厶儿
	DYCK98	石亠厶儿
旒	YTYQ	方⺁亠儿
	YTYK98	方⺀亠儿
遛	QYVP	⺉丶刀辶
馏	QNQL	⺈乙⺉田
骝	CQYL	马⺉丶田
	CGQL98	马一⺉田
榴	SQYL③	木⺉丶田
瘤	UQYL	疒⺉丶田
镏	QQYL	钅⺉丶田
鎏	IYCQ	⺡亠厶金
柳	SQTB③	木⺉丿⻖
绺	XTHK③	纟丿卜口
铳	QYCQ	钅亠厶儿
	QYCK98	钅亠厶儿
六	UYGY②	六丶一丶
鹨	NWEG	羽人彡一

long

龙	DXV②	ナ匕巛
	DXYI98②	ナ匕丶
咙	KDXN③	口ナ匕乙
	KDXY98	口ナ匕丶
泷	IDXN③	⺡ナ匕乙
	IDXY98	⺡ナ匕丶
茏	ADXB③	艹ナ匕巛
	ADXY98	艹ナ匕丶
栊	SDXN③	木ナ匕乙
	SDXY98	木ナ匕丶
珑	GDXN③	王ナ匕乙
	GDXY98	王ナ匕丶
胧	EDXN③	月ナ匕乙
	EDXY98	月ナ匕丶
砻	DXDF③	ナ匕石二
	DXYD98	ナ匕丶石
笼	TDXB③	⺮ナ匕巛
	TDXY98	⺮ナ匕丶

字	编码	字根
聋	DXBF③	ナ匕耳二
	DXYB98	ナ匕、耳
隆	BTGG③	阝夂一丰
癃	UBTG	疒阝夂丰
窿	PWBG③	宀八阝丰
陇	BDXN③	阝ナ匕乙
	BDXY98	阝ナ匕
垄	DXFF③	ナ匕土二
	DXYF98	ナ匕、土
垅	FDXN③	土ナ匕乙
	FDXY98	土ナ匕
拢	RDXN③	扌ナ匕乙
	RDXY98	扌ナ匕

lou

字	编码	字根
搂	ROVG②	扌米女一
娄	OVF	米女二
喽	KOVG③	口米女一
蒌	AOVF③	艹米女二
楼	SOVG③	木米女一
耧	DIOV③	三小米女
	FSOV98	二木米女
蝼	JOVG③	虫米女一
髅	MEOV③	严月米女
嵝	MOVG③	山米女一
篓	TOVF③	竹米女二
陋	BGMN③	阝一门乙
漏	INFY	氵尸雨、
瘘	UOVD③	疒米女三
镂	QOVG③	钅米女一
露	FKHK	雨口止口

lu

字	编码	字根
卢	HNE②	卜尸彡
噜	KQGJ③	口鱼一日
撸	RQGJ③	扌鱼一日
庐	YYNE	广、尸彡
	OYNE98	广、尸彡
芦	AYNR	艹、尸丿
垆	FHNT	土卜尸丿
泸	IHNT③	氵卜尸丿
炉	OYNT③	火、尸丿
栌	SHNT	木卜尸丿
胪	EHNT	月卜尸丿
轳	LHNT	车卜尸丿
鸬	HNQG③	卜尸勹一
舻	TEHN③	丿舟卜尸
	TUHN98	丿舟卜尸
颅	HNDM	卜尸ア贝
鲈	QGHN	鱼一卜尸
卤	HLQI③	卜口乂小
	HLR98	卜口乂
虏	HALV	广七力川
	HEE98	虍力彡
掳	RHAL③	扌广七力
	RHET98	扌虍力丿
鲁	QGJF③	鱼一日二
橹	SQGJ③	木鱼一日
镥	QQGJ③	钅鱼一日
陆	BFMH③	阝二山丨
	BGB98	阝丰山
录	VIU②	彐水

字	编码	字根
赂	MTKG③	贝夂口一
辂	LTKG	车夂口一
渌	IVIY③	氵彐水丶
逯	VIPI	彐水辶氵
鹿	YNJX③	广コ川匕
	OXXV98	声匕匕
禄	PYVI③	礻、彐水
碌	DVIY③	石彐水丶
路	KHTK③	口止夂口
潞	IYNX	氵广コ匕
	IOXX98	氵声匕匕
戮	NWEA	羽人彡戈
辘	LYNX③	车广コ匕
	LOXX98	车声匕匕
潞	IKHK	氵口止口
璐	GKHK	王口止口
簏	TYNX	竹广コ匕
	TOXX98	竹声匕匕
麓	KHTG	口止夂一
麓	SSYX	木木广匕
	SSOX98	木木声匕
氇	TFNJ	丿二乙日
	EQGJ98	毛角一日
倮	WJSY③	亻日木丶

luan

字	编码	字根
栾	YOSU③	亠小木
峦	YOVF③	亠小女二
孪	YOBF③	亠小子二
娈	YOMJ③	亠小山刂
挛	YORJ③	亠小手刂
鸾	YOQG③	亠小勹一
脔	YOMW	亠小门人
滦	IYOS	氵亠小木
銮	YOQF	亠小金二
卵	QYTY③	匚、丿、
乱	TDNN③	丿古乙乙

lun

字	编码	字根
抡	RWXN③	扌人匕乙
仑	WXB	人匕《
伦	WWXN③	亻人匕乙
囵	LWXV	口人匕巛
沦	IWXN③	氵人匕乙
纶	XWXN③	纟人匕乙
轮	LWXN③	车人匕乙
论	YWXN③	讠人匕乙

luo

字	编码	字根
罗	LQU②	罒夕
猡	QTLQ	犭丿罒夕
脶	EKMW③	月口门人
萝	ALQU③	艹罒夕
逻	LQPI③	罒夕辶
椤	SLQY③	木罒夕
锣	QLQY③	钅罒夕
箩	TLQU③	竹罒夕
骡	CLXI③	马田幺小
	CGLI98	马一田小
镙	QLXI③	钅田幺小
螺	JLXI③	虫田幺小

字	编码	字根
裸	PUJS	礻冫日木
瘰	ULXI③	疒田幺小
蠃	YEJY98	亠月虫、
泺	IQIY③	氵夕小丶
	ITNI98	氵丿乙小
洛	ITKG③	氵夂口一
络	XTKG③	纟夂口一
荦	APRH③	艹冖牛丨
	APTG98	艹冖丿丰
骆	CTKG③	马夂口一
	CGTK98	马一夂口
珞	GTKG③	王夂口一
落	AITK③	艹氵夂口
摞	RLXI③	扌田幺小
漯	ILXI③	氵田幺小
雒	TKWY	夂口亻圭

lü

字	编码	字根
吕	KKF②	口口二
偻	WOVG③	亻米女一
滤	IHAN③	氵卢七心
	IHNY98	氵虍心、
驴	CYNT③	马、尸丿
	CGY98③	马一、
闾	UKKD	门口口三
榈	SUKK③	木门口口
侣	WKKG③	亻口口一
旅	YTEY	方卜⺇⺆
稆	TKKG③	禾口口一
铝	QKKG③	钅口口一
屡	NOVD②	尸米女三
缕	XOVG③	纟米女一
膂	YTEE	方卜⺇月
褛	PUOV③	礻冫米女
履	NTTT③	尸彳一夂
律	TVFH③	彳彐二丨
	TVGH98	彳彐丰丨
虑	HANI③	卢七心氵
	HNI98	虍心氵
绿	XVIY②	纟彐水丶
氯	RNVI③	气乙彐水
	RVII98	气彐水氵
捋	REFY③	扌爫寸、

lüe

字	编码	字根
略	LTKG③	田夂口一
掠	RYIY	扌古小丶
锊	QEFY	钅爫寸、

m

字	编码	字根
呒	KFQN③	口二儿乙
唔	KGKG③	口五口一
	KGK98	口五口

ma

字	编码	字根
妈	VCG②	女马一
嬷	VYSC③	女广木厶
	VOSC98	女广木厶
麻	YSSI③	广木木氵
	OSSI98	广木木氵

字	编码	字根
蟆	JAJD	虫艹日大
马	CNNG②	马乙乙一
	CG98②	马一
犸	QTCG	犭丿马一
玛	GCG	王马一
码	DCG	石马一
蚂	JCG	虫马一
	JCGG98	虫马一一
杩	SCG	木马一
骂	KKCF③	口口马二
	KKCG98	口口马一
唛	KGTY③	口ま夂丶
吗	KCG	口马一
嘛	KYSS②	口广木木
	KOSS98	口广木木

mai

字	编码	字根
埋	FJFG③	土日土一
霾	FEEF	雨四豸土
	FEJF98	雨豸日土
买	NUDU	乙冫大
荬	ANUD	艹乙冫大
劢	DNLN③	丆乙力乙
	GQET98	一勹力丿
迈	DNPV③	丆乙辶巛
	GQP98	一勹辶
麦	GTU	ま夂冫
卖	FNUD	十乙冫大
脉	EYNI	月丶乙乂

man

字	编码	字根
蛮	YOJU③	亠小虫
颟	AGMM	艹一门贝
馒	QNJC	夕乙日又
瞒	HAGW	目艹一人
鞔	AFQQ	廿革夕儿
鳗	QGJC	鱼一日又
满	IAGW	氵艹一人
螨	JAGW	虫艹一人
曼	JLCU③	曰皿又
谩	YJLC③	讠曰皿又
墁	FJLC③	土曰皿又
幔	MHJC	冂丨曰又
慢	NJLC③	忄曰皿又
漫	IJLC③	氵曰皿又
缦	XJLC③	纟曰皿又
蔓	AJLC③	艹一皿又
熳	OJLC③	火曰皿又
镘	QJLC③	钅曰皿又

mang

字	编码	字根
忙	NYNN	忄丶乙乙
邙	YNBH③	亠乙阝丨
芒	AYNB③	艹丶乙巛
盲	YNHF③	亠乙目二
茫	AIYN③	艹氵丶乙
硭	DAYN③	石艹亠乙
莽	ADAJ③	艹犬卅刂
漭	IADA	氵艹犬卅
蟒	JADA	虫艹犬卅
氓	YNNA	丶乙彐七

mao

字	编码	字根
猫	QTAL	犭丿艹田
毛	TFNV③	丿二乙巛
	ETGN98	毛丿一乙
矛	CBTR③	マ卩丿丿
	CNHT98	マ乙丨丿
牦	TRTN	丿扌丿乙
	CEN98	牜毛乙
茅	ACBT	艹マ卩丿
	ACNT98	艹マ乙丿
旄	YTTN	方ゲ丿乙
	YTEN98	方ゲ毛乙
锚	QALG③	钅艹田一
髦	DETN	镸彡丿乙
	DEEB98	镸彡毛巛
蛑	CBTJ	マ卩丿虫
孟	CNHJ98	マ乙丨虫
蟊	CBTJ	マ卩丿虫
	CNHJ98	マ乙丨虫
卯	QTBH	匚丿卩丨
峁	MQTB③	山匚丿卩
泖	IQTB③	氵匚丿卩
茆	AQTB	艹匚丿卩
昴	JQTB③	日匚丿卩
铆	QQTB③	钅匚丿卩
茂	ADNT③	艹丆乙丿
	ADU98	艹戊
冒	JHF	曰目二
贸	QYVM③	匚丶刀贝
氋	FTXN	士丿匕乙
	FTXE98	士丿匕毛
表	YCBE	亠マ卩衣
	YCNE98	亠マ乙衣
帽	MHJH③	冂丨曰目
瑁	GJHG	王曰目一
瞀	CBTH	マ卩丿目
	CNHH98	マ乙丨目
貌	EERQ	四豸白儿
	ERQN98	豸白儿乙
懋	SCBN	木マ卩心
	SCNN98	木マ乙心

me

字	编码	字根
么	TCU②	丿厶冫

mei

字	编码	字根
眉	NHD	尸目三
没	IMCY②	氵几又丶
	IWCY98	氵几又丶
枚	STY	木攵丶
玫	GTY③	王攵丶
莓	ATXU③	艹ゲ母丶
	ATXU98	艹ゲ母丶
梅	STXU③	木ゲ母丶
	STXY98	木ゲ母丶
媒	VAFS③	女艹二木
	VFSY98	女甘木丶
嵋	MNHG③	山尸目一
湄	INHG③	氵尸目一
猸	QTNH	犭丿尸目
楣	SNHG③	木尸目一

字	编码	字根
煤	OAFS②	火艹二木
	OFSY98	火甘木丶
酶	SGTU	酉一ゲ冫
	SGTX98	酉一ゲ母
镅	QNHG③	钅尸目一
鹛	NHQG③	尸目勹一
霉	FTXU③	雨ゲ母冫
	TXGU98	ゲ母一冫
	TXU98	ゲ母冫
美	UGDU	丷王大
浼	IQKQ③	氵⺈口儿
镁	QUGD③	钅丷王大
妹	VFIY③	女二小丶
	VFY98	女未丶
昧	JFIY③	日二小丶
	JFY98	日未丶
袂	PUNW③	衤丶コ人
媚	VNHG③	女尸目一
寐	PNHI	宀乙丨小
	PUFU98	宀爿未
魅	RQCI	白儿厶小
	RQCF98	白儿厶未

men

字	编码	字根
门	UYHN③	门丶丨乙
扪	RUN	扌门乙
钔	QUN	钅门乙
闷	UNI	门心氵
焖	OUNY③	火门心丶
懑	IAGN	氵艹一心
们	WUN②	亻门乙

meng

字	编码	字根
蒙	APGE③	艹冖一豕
	APFE98	艹冖二豕
虻	JYNN③	虫亠乙乙
萌	AJEF③	艹日月二
盟	JELF③	日月皿二
甍	ALPN	艹皿冖乙
	ALPY98	艹皿冖丶
甍	ALPH	艹皿冖丨
朦	EAPE③	月艹冖豕
檬	SAPE③	木艹冖豕
礞	DAPE③	石艹冖豕
艨	TEAE	丿舟艹豕
	TUAE98	丿舟艹豕
勐	BLLN③	子皿力乙
	BLET98	子皿力丿
猛	QTBL	犭丿子皿
锰	QBLG③	钅子皿一
艋	TEBL	丿舟子皿
	TUBL98	丿舟子皿
蜢	JBLG③	虫子皿一
懵	NALH③	忄艹皿目
蟊	JAPE③	虫艹冖豕
梦	SSQU③	木木夕冫

mi

字	编码	字根
迷	OPI②	米辶氵
咪	KOY	口米丶
弥	XQIY③	弓勹小丶

祢	PYQI③	礻、勹小
猕	QTXI	犭丿弓小
谜	YOPY	讠米辶、
醚	SGOP③	西一米辶
糜	YSSO	广木木米
	OSSO98	广木木米
縻	YSSI	广木木小
	OSSI98	广木木小
麋	YNJO	广コ刂米
	OXXO98	声比比米
靡	YSSD	广木木三
	OSSD98	广木木三
蘼	AYSD	艹广木三
	AOSD98	艹广木三
米	OYT③	米、丿
芈	GJGH	一刂一丨
弭	XBG	弓耳一
敉	OTY	米攵丶
脒	EOY	月米丶
眯	HOY②	目米丶
糸	XIU	幺小冫
汨	IJG	氵日一
宓	PNTR	宀心丿彡
泌	INTT③	氵心丿丿
觅	EMQB③	爫冂儿彡
秘	TNTT②	禾心丿丿
密	PNTM③	宀心丿山
幂	PJDH③	冖日大丨
谧	YNTL	讠心丿皿
嘧	KPNM③	口宀心山
蜜	PNTJ	宀心丿虫

mian

面	DMJD②	丆冂刂三
	DLJF98②	丆囗刂二
眠	HNAN③	目尸七乙
绵	XRMH③	纟白冂丨
棉	SRMH③	木白冂丨
免	QKQB③	勹口儿《
沔	IGHN③	氵一丨乙
勉	QKQL	勹口儿力
	QKQE98	勹口儿力
眄	HGHN③	目一丨乙
	HGHN98	目一丨乙
娩	VQKQ③	女勹口儿
冕	JQKQ	日勹口儿
湎	IDMD③	氵丆冂三
	IDLF98③	氵丆囗二
缅	XDMD	纟丆冂三
	XDLF98②	纟丆囗二
腼	EDMD	月丆冂三
	EDLF98	月丆囗二
渑	IKJN③	氵口日乙

miao

苗	ALF	艹田二
	ALF98②	艹田二
喵	KALG③	口艹田一
描	RALG③	扌艹田一

瞄	HALG③	目艹田一
	HALG98②	目艹田一
鹋	ALQG	艹田勹一
杪	SITT③	木小丿丿
眇	HITT③	目小丿丿
秒	TITT②	禾小丿丿
淼	IIIU	水水水冫
渺	IHIT③	氵目小丿
缈	XHIT③	纟目小丿
藐	AEEQ③	艹爫豸儿
	AERQ98③	艹豸白儿
邈	EERP	爫豸白辶
	ERQP98	豸白儿辶
妙	VITT③	女小丿丿
庙	YMD	广由三
	OMD98②	广由三
缪	XNWE③	纟羽人彡

mie

灭	GOI	一火冫
乜	NNV	乙乙巛
咩	KUDH③	口丷手丨
	KUH98	口羊丨
蔑	ALDT	艹皿厂丿
	ALAW98③	艹皿戈人
篾	TLDT	竹皿厂丿
	TLAW98③	竹皿戈人
蠛	JALT	虫艹皿丿
	JALW98③	虫艹皿人

min

民	NAV①	尸七巛
黾	KJNB③	口日乙《
岷	MNAN③	山尸七乙
玟	GYY	王文、
苠	ANAB③	艹尸七《
珉	GNAN③	王尸七乙
缗	XNAJ③	纟尸七日
皿	LHNG③	皿丨乙一
	LHNG98	皿丨乙一
闵	UYI	门文冫
抿	RNAN③	扌尸七乙
泯	INAN③	氵尸七乙
闽	UJI	门虫冫
悯	NUYY③	忄门文、
敏	TXGT	𠂉母一攵
	TXTY98	𠂉母攵、
愍	NATN	尸七攵心
鳘	TXGG	𠂉母一一
	TXTG98	𠂉母攵一

ming

明	JEG②	日月一
名	QKF②	夕口二
鸣	KQYG③	口勹丶一
	KQGG98②	口鸟一一
茗	AQKF	艹夕口二
冥	PJUU③	冖日六冫
铭	QQKG③	钅夕口一
溟	IPJU	氵冖日六
暝	JPJU	日冖日六

瞑	HPJU③	目冖日六
螟	JPJU③	虫冖日六
酩	SGQK	西一夕口
命	WGKB	人一口卩

miu

谬	YNWE	讠羽人彡

mo

摸	RAJD	扌艹日大
谟	YAJD③	讠艹日大
嫫	VAJD	女艹日大
	VAJD98③	女艹日大
馍	QNAD	夕乙艹大
摹	AJDR	艹日大手
模	SAJD③	木艹日大
	SAJD98②	木艹日大
膜	EAJD	月艹日大
	EAJD98③	月艹日大
麽	YSSC	广木木厶
	OSSC98	广木木厶
摩	YSSR	广木木手
	OSSR98③	广木木手
磨	YSSD	广木木石
	OSSD98	广木木石
蘑	AYSD③	艹广木石
	AOSD98③	艹广木石
魔	YSSC	广木木厶
	OSSC98	广木木厶
抹	RGSY③	扌一木、
末	GSI②	一木冫
殁	GQMC	一夕几又
	GQWC98③	一夕几又
沫	IGSY③	氵一木、
茉	AGSU③	艹一木冫
陌	BDJG③	阝丆日一
秣	TGSY③	禾一木、
	TGSY98	禾一木、
莫	AJDU③	艹日大冫
	AJDU98	艹日大冫
寞	PAJD③	宀艹日大
漠	IAJD③	氵艹日大
蓦	AJDC	艹日大马
	AJDG98	艹日大一
貊	EEDJ③	爫豸丆日
	EDJG98	豸丆日一
墨	LFOF	囗土灬土

瘼	UAJD	疒艹日大
镆	QAJD	钅艹日大
默	LFOD	黑土灬犬
貘	EEAD③	四勿艹大
	EAJD98	豸日大
糖	DIYD③	三小广石
	FSOD98	二木广石

mou

谋	YAFS③	讠艹二木
	YFSY98	讠甘木、
蛑	JCRH③	虫厶⺌丨
	JCTG98	虫厶丿丰
哞	KCRH③	口厶⺌丨
	KCTG98	口厶⺌丨
牟	CRHJ②	厶⺌丨丨
	CTGJ98	厶丿丰刂
侔	WCRH③	亻厶⺌丨
	WCTG98	亻厶丿丰
眸	HCRH③	目厶⺌丨
	HCTG98	目厶丿丰
鍪	CBTQ	マ卩丿金
	CNHQ98	マ乙丨金
某	AFSU③	艹二木丷
	FSU98②	甘木丷

mu

母	XGUI③	口一丷冫
	XNNY98	母乙乙、
毪	TFNH	丿二乙丨
	ECTG98③	毛厶丿丰
亩	YLF	亠田二
	YLF98②	亠田二
牡	TRFG	丿扌土一
	CFG98	牡一
姆	VXGU③	女口一丷
	VXY98②	女母、
拇	RXGU③	扌口一丷
	RXY98	扌母
木	SSSS	木木木木
仫	WTCY	亻丿厶丶
目	HHHH	目目目目
沐	ISY	氵木丶
坶	FXGU③	土口一丷
	FXY98②	土母、
牧	TRTY③	丿扌攵丶
	CTY98②	牧丶
苜	AHF	艹目二
钼	QHG	钅目一
募	AJDL	艹日大力
	AJDE98	艹日大力
墓	AJDF	艹日大土
幕	AJDH	艹日大丨
	AJDH98③	艹日大丨
睦	HFWF	目土八土
	HFWF98③	目土八土
慕	AJDN	艹日大⺗
暮	AJDJ	艹日大日
穆	TRIE③	禾白小彡

n

嗯	KLDN	口囗大心

na

那	VFBH③	刀二阝丨
	NGB98	乙⺇阝
拿	WGKR	人一口手
镎	QWGR	钅人一手
纳	XMWY③	纟冂人丶
	XMWY98②	纟冂人丶
肭	EMWY③	月冂人丶
娜	VVFB③	女刀二阝
	VNGB98③	女乙⺇阝
衲	PUMW	衤冂人
钠	QMWY③	钅冂人丶
捺	RDFI	扌大二小
呐	KMWY③	口冂人丶

nai

乃	ETN	乃丿乙
	BNT98	乃乙丿
佴	WBG	亻耳一
捺	RDFI	扌大二小
奶	VEN②	女乃乙
	VBT98	女乃丿
艿	AEB	艹乃《
	ABR98	艹乃彡
氖	RNEB③	⺫乙乃《
	RBE98	气乃彡
奈	DFIU③	大二小丷
柰	SFIU	木二小丷
耐	DMJF	プ冂刂寸
萘	ADFI	艹大二小
鼐	EHNN③	乃目乙乙
	BHNN98③	乃目乙乙

nan

男	LLB②	田力《
	LER98②	田力彡
囡	LVD	囗女三
南	FMUF②	十冂丷十
难	CWYG②	又亻圭一
喃	KFMF③	口十冂十
楠	SFMF③	木十冂十
赧	FOBC	土业阝又
腩	EFMF③	月十冂十
蝻	JFMF③	虫十冂十

nang

囊	GKHE③	一口丨农
嚷	KGKE	口一口农
馕	QNGE	勹乙一农
曩	JYKE③	日亠口农
	JYKE98	日亠口农
攮	RGKE	扌一口农

nao

闹	UYMH③	门亠冂丨
孬	GIVB③	一小女子
	DHVB98	⺈卜女子
呶	KVCY③	口女又丶
挠	RATQ	扌七儿

	RATQ98③	扌七儿
硇	DTLQ③	石丿囗乂
	DTLR98③	石丿囗乂
铙	QATQ③	钅七儿
猱	QTCS	犭丿マ木
蛲	JATQ	虫七儿
垴	FYBH	土文山丨
	FYRB98③	土亠乂山
恼	NYBH③	⺖文山丨
	NYRB98③	⺖亠乂山
脑	EYBH③	月文山丨
	EYRB98②	月亠乂山
瑙	GVTQ③	王巛丿乂
	GVTR98③	王巛丿乂
淖	IHJH③	氵卜早丨

ne

呢	KNXN③	口尸匕乙
讷	YMWY③	讠冂人丶

nei

内	MWI②	冂人冫
馁	QNEV③	勹乙爫女

nen

嫩	VGKT③	女一口攵
	VSKT98③	女木口攵
恁	WTFN	亻丿士心

neng

能	CEXX②	厶月匕匕

ni

泥	INXN③	氵尸匕乙
	INXN98②	氵尸匕乙
妮	VNXN③	女尸匕乙
尼	NXV②	尸匕巛
坭	FNXN③	土尸匕乙
怩	NNXN③	⺖尸匕乙
倪	WVQN③	亻臼儿乙
	WEQN98②	亻臼儿乙
铌	QNXN③	钅尸匕乙
猊	QTVQ	犭丿臼儿
	QTEQ98	犭丿臼儿
霓	FVQB③	雨臼儿《
	FEQB98③	雨臼儿《
鲵	QGVQ	鱼一臼儿
	QGEQ98	鱼一臼儿
伲	WNXN③	亻尸匕乙
你	WQIY②	亻⺈小丶
	WQIY98③	亻⺈小丶
拟	RNYW③	扌乙丶人
昵	JNXN③	日尸匕乙
逆	UBTP③	丷山丿辶
	UBTP98	丷山丿辶
匿	AADK	匚艹ナ口
	AADK98③	匚艹ナ口
溺	IXUU③	氵弓丷丷
睨	HVQN③	目臼儿乙
	HEQ98	目臼儿

腻	EAFM③	月弋二贝
	EAFY98③	月七二、
愿	AADN	匚卄厂心

nian

年	RHFK②	匸丨十川
	TG98②	丿牛
拈	RHKG	扌卜口一
	RHKG98③	扌卜口一
鲇	QGHK	鱼一卜口
鲶	QGWN	鱼一人心
黏	TWIK	禾人水口
捻	RWYN	扌人、心
辇	FWFL	二人二车
	GGLJ98	夫夫车刂
撵	RFWL	扌二人车
	RGGL98③	扌夫夫车
碾	DNAE	石尸卄☰
廿	AGHG	卄一丨一
	AGHG98	卄一丨一
念	WYNN	人、乙心
埝	FWYN	土人、心
蔫	AGHO	卄一止灬
	AGHO98③	卄一止灬
粘	OHKG②	米卜口一
	OHKG98	米卜口一

niang

娘	VYVE③	女、彐☰
	VYV98②	女、艮
酿	SGYE	西一、☰
	SGYV98	西一、艮

niao

鸟	QYNG	勹、乙一
	QGD98	鸟一三
茑	AQYG	卄勹、一
	AQGF98	卄鸟一二
袅	QYNE	勹、乙衣
	QYEU98	鸟一衣冫
嬲	LLVL③	田力女力
	LEVE98③	田力女力
尿	NII	尸水氵
脲	ENIY③	月尸水、

nie

捏	RJFG	扌日土一
	RJFG98③	扌日土一
陧	BJFG③	阝日土一
涅	IJFG	氵日土一
	IJFG98③	氵日土一
聂	BCCU③	耳又又丷
臬	THSU③	丿目木丷
嗫	KHWB	口止人凵
嘬	KBCC③	口耳又又
镊	QBCC③	钅耳又又
镍	QTHS③	钅丿目木
	QTHS98	钅丿目木
颞	BCCM	耳又又贝
蹑	KHBC③	口止耳又
	KHBC98	口止耳又

孽	AWNB	卄亻口子
蘖	ATNB98	卄丿目子
	AWNS	卄亻口木
	ATNS98	卄丿目木

nin

您	WQIN	亻勺小心

ning

宁	PSJ②	宀丁刂
咛	KPSH③	口宀丁丨
拧	RPSH③	扌宀丁丨
狞	QTPS③	犭丿宀丁
柠	SPSH③	木宀丁丨
聍	BPSH③	耳宀丁丨
凝	UXTH③	冫匕𠂆𤴕
佞	WFVG③	亻二女一
泞	IPSH③	氵宀丁丨
甯	PNEJ③	宀心用刂
苎	APGF③	卄宀一二

niu

牛	RHK	匸丨川
	TGK98	丿牛川
拗	RXL③	扌幺力
	RXET98③	扌幺力丿
妞	VNFG③	女乙土一
	VNHG98	女乙丨一
忸	NNFG③	忄乙土一
	NNHG98	忄乙丨一
扭	RNFG③	扌乙土一
	RNHG98③	扌乙丨一
狃	QTNF	犭丿乙土
	QTNG98	犭丿乙一
纽	XNFG③	纟乙土一
	XNHG98③	纟乙丨一
钮	QNFG③	钅乙土一
	QNHG98③	钅乙丨一

nong

农	PEI	冖衣氵
	PEI98②	冖衣氵
侬	WPEY③	亻冖衣、
哝	KPEY③	口冖衣、
浓	IPEY③	氵冖衣、
脓	EPEY③	月冖衣、
	EPEY98	月冖衣、
弄	GAJ	王卅刂

nou

耨	DIDF③	三小厂寸
	FSDF98③	二木厂寸

nu

奴	VCY	女又、
孥	VCBF	女又子二
	VCBF98③	女又子二
弩	VCCF	女又马二
	VCCG98③	女又马一
努	VCLB③	女又力《
	VCER98③	女又力《

胬	VCXB③	女又弓《
胬	VCMW	女又门人
怒	VCNU③	女又心丷

nü

女	VVVV③	女女女女
钕	QVG	钅女一
恧	DMJN	丆门刂心
衄	TLNF	丿皿乙土
	TLNG98	丿皿乙一

nuan

暖	JEFC③	日爫二又
	JEGC98	日爫扌又

nue

虐	HAAG③	虍七匚一
	HAG98③	虍匚三
疟	UAGD	疒匚一三

nuo

挪	RVFB③	扌刀二阝
	RNGB98③	扌乙邦
傩	WCWY	亻又亻隹
诺	YADK③	讠卄𠂆口
喏	KADK	口卄𠂆口
	KADK98③	口卄𠂆口
搦	RXUU③	扌弓冫冫
锘	QADK③	钅卄𠂆口
懦	NFDJ	忄雨𠂆刂
	NFDJ98③	忄雨𠂆刂
糯	OFDJ③	米雨𠂆刂
	OFDJ98	米雨𠂆刂

o

哦	KTRT③	口丿扌丿
	KTRY98③	口丿扌、
喔	KNGF	口尸一土
噢	KTMD	口丿门大

ou

欧	AQQ③	匚乂勹人
	ARQ98③	匚乂勹人
讴	YAQY③	讠匚乂、
	YARY98③	讠匚乂、
殴	AQMC③	匚乂几又
	ARWC98③	匚乂几又
瓯	AQGN	匚乂一乙
	ARGY98③	匚乂一、
鸥	AQQG	匚乂勹一
	ARQG98	匚乂鸟一
呕	KAQY	口匚乂、
	KARY98③	口匚乂、
偶	WJMY③	亻日门、
耦	DIJY③	三小日、
	FSJY98	二木日、
藕	ADIY	卄三小、
	AFSY98	卄二木、
怄	NAQY	忄匚乂、
	NARY98③	忄匚乂、
沤	IAQY③	氵匚乂、

	IARY98③	氵匚乂丶

pa

怕	NRG②	忄白一
扒	RWY	扌八丶
趴	KHWY③	口止八乀
	KHWY98	口止八乀
啪	KRRG③	口扌白一
葩	ARCB③	艹白巴《
杷	SCN	木巴乙
爬	RHYC	厂乀巴
耙	DICN③	三小巴乙
	FSCN98③	二木巴乙
琶	GGCB③	王王巴《
筢	TRCB③	竹扌巴《
帕	MHRG③	冂丨白一

pai

拍	RRG	扌白一
俳	WDJD	亻三刂三
	WHDD98③	亻丨三三
徘	TDJD	彳三刂三
	THDD98	彳丨三三
排	RDJD③	扌三刂三
	RHDD98③	扌丨三三
牌	THGF	丿丨一十
哌	KREY③	口厂乀丶
派	IREY③	氵厂乀丶
	IREY98②	氵厂乀丶
湃	IRDF③	氵尹三十
	IRDF98	氵尹三十
蒎	AIRE③	艹氵厂乀

pan

潘	ITOL	氵丿米田
	ITOL98③	氵丿米田
攀	SQQR	木乂乂手
	SRRR98③	木乂乂手
爿	NHDE	乙丨丆彡
	UNHT98	丬乙丨丿
盘	TELF③	丿舟皿二
	TULF98③	丿舟皿二
磐	TEMD	丿舟几石
	TUWD98	丿舟几石
蹒	KHAW	口止艹人
蟠	JTOL	虫丿米田
判	UDJH	丷大刂丨
	UGJH98	丷丰刂丨
泮	IUFH③	氵丷十丨
	IUGH98	氵丷丰丨
叛	UDRC	丷大丆又
	UGRC98	丷丰丆又
盼	HWVN	目八刀乙
	HWVT98	目八刀丿
畔	LUFH③	田丷十丨
	LUGH98	田丷丰丨
袢	PUUF③	衤丷丷十
	PUUG98③	衤丷丷丰
襻	PUSR	衤丷木手

pang

旁	UPYB③	立冖方《
	YUPY98③	亠丷冖方
彷	TYN	彳方乙
	TYT98	彳方丿
乓	RGYU③	厂一丶丷
	RYU98	丘丶丷
滂	IUPY③	氵立冖方
	IYUY98	氵亠丷方
庞	YDXV③	广ナ匕巛
	ODXY98③	广ナ匕丶
螃	JUPY③	虫立冖方
	JYUY98③	虫亠丷方
耪	DIUY	三小立方
	FSYY98	二木冖方
胖	EUFH③	月丷十丨
	EUGH98	月丷丰丨

pao

抛	RVLN③	扌九力乙
	RVET98③	扌九力丿
脬	EEBG③	月爫子一
刨	QNJH	勹巳刂丨
咆	KQNN③	口勹巳乙
庖	YQNV③	广勹巳巛
	OQNV98	广勹巳巛
狍	QTQN	犭丿勹巳
炮	OQNN②	火勹巳乙
	OQNN98③	火勹巳乙
袍	PUQN③	衤丷勹巳
匏	DFNN	大二乙巳
跑	KHQN	口止勹巳
泡	IQNN③	氵勹巳乙
疱	UQNV③	疒勹巳巛

pei

胚	EGIG③	月一小一
	EDHG98③	月丆卜一
呸	KGIG③	口一小一
	KDHG98	口丆卜一
醅	SGUK	西一立口
陪	BUKG③	阝立口一
培	FUKG③	土立口一
赔	MUKG③	贝立口一
锫	QUKG	钅立口一
裴	DJDE	三刂三衣
	HDHE98	丨三丨衣
沛	IGMH	氵一冂丨
	IGMH98③	氵一冂丨
佩	WMGH③	亻几一丨
	WWGH98③	亻几一丨
帔	MHHC	冂丨广又
	MHBY98③	冂丨皮丶
旆	YTGH③	方𠂉一丨
配	SGNN③	西一己乙
辔	XLXK	纟车纟口
霈	FIGH③	雨氵一丨

pen

喷	KFAM③	口十艹贝
盆	WVLF③	八刀皿二
溢	IWVL	氵八刀皿

peng

烹	YBOU③	亠了灬丶
怦	NGUH③	忄一丷丨
抨	RGUH	扌一丷丨
	RGUF98	扌一丷十
砰	DGUH③	石一丷丨
	DGUF98③	石一丷十
嘭	KFKE	口士口彡
朋	EEG②	月月一
	EEG98	月月一
堋	FEEG③	土月月一
彭	FKUE	士口丷彡
棚	SEEG③	木月月一
	SEEG98②	木月月一
硼	DEEG③	石月月一
	DEEG98	石月月一
蓬	ATDP	艹夂三辶
鹏	EEQG③	月月勹一
澎	IFKE	氵士口彡
篷	TTDP	竹夂三辶
膨	EFKE③	月士口彡
蟛	JFKE③	虫士口彡
捧	RDWH③	扌三人丨
	RDWG98③	扌三人丰
碰	DUOG③	石丷业一
	DUO98③	石丷业

pi

丕	GIGF	一小一二
	DHGD98	丆卜一三
批	RXXN②	扌匕匕乙
	RXXN98③	扌匕匕乙
纰	XXXN	纟匕匕乙
	XXXN98③	纟匕匕乙
邳	GIGB	一小一阝
	DHGB98	丆卜一阝
坯	FGIG	土一小一
	FDHG98	土丆卜一
披	RHCY③	扌广又丶
	RBY98	扌皮丶
砒	DXXN③	石匕匕乙
铍	QHCY③	钅广又丶
	QBY98	钅皮丶
劈	NKUV	尸口辛刀
噼	KNKU③	口尸口辛
霹	FNKU③	雨尸口辛
皮	HCI②	广又氵
	BNTY98③	皮乙丿丶
芘	AXXB③	艹匕匕《
枇	SXXN	木匕匕乙
毗	LXXN	田匕匕乙
疲	UHCI③	疒广又氵
	UBI98	疒皮氵
蚍	JXXN	虫匕匕乙
郫	RTFB	白丿十阝
陴	BRTF③	阝白丿十

啤	KRTF③	口白丿十	撇	RUMT	扌丷冂夂	迫	RPD	白辶三
埤	FRTF③	土白丿十		RITY98	扌啇攵、	珀	GRG	王白一
琵	GGXX③	王王匕匕	气	RNTR	气乙丿丿	破	DHCY③	石广又、
脾	ERTF③	月白丿十		RTE98	气丿彡		DBY98	石皮、
罴	LFCO	罒土厶灬	氕	UMIH	⺀冂小目	粕	ORG	米白一
蜱	JRTF③	虫白丿十		ITHF98	啇攵目二	魄	RRQC	白白儿厶
貔	EETX	爫勿丿匕	芑	AGIG③	艹一小一	攴	HCU	卜又丶
	ETLX98③	豸丿口匕		ADHG98	艹一卜一			
鼙	FKUF	士口 十	**pin**			**pou**		
匹	AQV	匚儿巛	拼	RUAH③	扌丷廾丨	剖	UKJH③	立口刂丨
庀	YXV	广匕巛	姘	VUAH③	女丷廾丨	掊	RUKG③	扌立口一
	OXV98	广匕巛	贫	WVMU③	八刀贝丷		RUKG98	扌立口一
仳	WXXN③	亻匕匕乙	嫔	VPRW③	女宀斤八	裒	YVEU	一臼衣丷
屺	FNN	土已乙	频	HIDM③	止小厂贝		YEEU98③	一臼衣丷
痞	UGIK③	疒一小口		HHDF98	止少厂十	**pu**		
	UDHK98③	疒一卜口	颦	HHDF	止少厂十	扑	RHY	扌卜、
撇	RNKU③	扌尸口辛	品	KKKF③	口口口二	脯	EGEY③	月一月、
癖	UNKU③	疒尸口辛	榀	SKKK③	木口口口		ESY98	月甫、
屁	NXXV③	尸匕匕巛	牝	TRXN③	丿扌匕乙	仆	WHY	亻卜、
淠	ILGJ	氵田一刂		CXN98②	牛匕乙	铺	QGEY③	钅一月、
媲	VTLX③	女丿口匕	聘	BMGN③	耳由一乙		QSY98②	钅甫、
睥	HRTF②	目白丿十	**ping**			匍	QGEY	勹一月、
僻	WNKU③	亻尸口辛	乒	RGTR③	斤一丿丿		QSI98	勹甫氵
襞	NKUN	尸口辛乙		RTR98	丘丿丿	莆	AGEY③	艹一月、
	NKUY	尸口辛、	娉	VMGN	女由一乙		ASU98	艹甫丷
譬	NKUY	尸口辛言	平	GUHK②	一丷丨川	菩	AUKF③	艹立口二
疋	NHI	乙x氵		GUFK98③	一丷十川	葡	AQGY③	艹勹一、
pian			评	YGUH③	讠一丷丨		AQSU98③	艹勹甫丷
偏	WYNA	亻、尸廾		YGUF98③	讠一丷十	蒲	AIGY	艹氵一、
片	THGN③	丿丨一乙	凭	WTFM	亻丿士几		AISU98	艹氵甫丷
	THGN98	丿丨一乙	坪	FGUH③	土一丷丨	璞	GOGY	王业一、
编	TRYA	丿扌、		FGUF98③	土一丷十		GOUG98③	王业丷夫
	CYNA98③	牛、尸廾	苹	AGUH③	艹一丷丨	濮	IWOY③	氵亻业、
篇	TYNA	竹、尸廾		AGUF98	艹一丷十		IWOG98	氵亻业夫
	TYNA98③	竹、尸廾	屏	NUAK③	尸丷廾川	镤	QOGY③	钅业一、
翩	YNMN	、尸门羽	枰	SGUH③	木一丷丨		QOUG98	钅业丷夫
骈	CUAH②	马丷廾丨		SGUF98③	木一丷十	朴	SHY	木卜、
	CGUA98③	马一丷廾	瓶	UAGN③	丷廾一乙	圃	LGEY	囗一月、
胼	EUAH③	月丷廾丨		UAGY98③	丷廾一、		LSI98	囗甫氵
蹁	KHYA	口止、廾	萍	AIGH	艹氵一丨	埔	FGEY	土一月、
谝	YYNA	讠、尸廾		AIGF98③	艹氵一十		FSY98	土甫、
骗	CYNA	马、尸廾	鲆	QGGH③	鱼一一丨	浦	IGEY	氵一月、
	CGYA98	马一、廾		QGGF98③	鱼一一十		ISY98	氵甫、
piao			**po**			普	UOGJ②	丷业一日
飘	SFIQ	西二小乂	坡	FHCY③	土广又、		UOJF98③	丷业日二
	SFIR98	西二小乂		FB98②	土皮	溥	IGEF	氵一月寸
剽	SFIJ	西二小刂	钋	QHY	钅卜、		ISFY98	氵甫寸、
漂	ISFI③	氵西二小	泼	INTY	氵乙丿、	谱	YUOJ③	讠丷业日
缥	XSFI③	纟西二小		INTY98③	氵乙丿、	氆	TFNJ	丿二乙日
	XSFI98	纟西二小	颇	HCDM③	广又厂贝		EUOJ98③	毛丷业日
螵	JSFI③	虫西二小		BDMY98③	皮厂贝、	镨	QUOJ③	钅丷业日
瓢	SFIY	西二小、	婆	IHCV	氵广又女	蹼	KHOY③	口止业、
殍	GQEB	一夕爫子		IBVF98③	氵皮女二		KHOG98	口止业夫
瞟	HSFI③	目西二小	鄱	TOLB	丿米田阝	瀑	IJAI③	氵日共水
票	SFIU	西二小丷	皤	RTOL	白丿米田	曝	JJAI③	日日共水
嘌	KSFI③	口西二小	叵	AKD	匚口三	**qi**		
嫖	VSFI③	女西二小	钷	QAKG③	钅匚口一	七	AGN②	七一乙
pie			笸	TAKF	竹匚口二	沏	IAVN③	氵七刀乙
							IAVT98	氵七刀丿

妻	GVHV②	一ヨ丨女			OXXW98	声匕匕八		签	TWGI	⺮人一丷

字	编码	字根
妻	GVHV②	一ヨ丨女
染	IASU③	氵七木丶
凄	UGVV	丷一ヨ女
栖	SSG	木西一
椤	SMNN	木山己乙
	SMNN98③	木山己乙
戚	DHIT③	厂上小丿
	DHII98	戊上小氵
萋	AGVV③	艹一ヨ女
期	ADWE	艹三八月
	DWEG98	其八月一
欺	ADWW	艹三八人
	DWQW98③	其八勹人
喊	KDHT③	口厂上丿
	KDHI98	口戊上小
槭	SDHT③	木厂上丿
	SDHI98	木戊上小
漆	ISWI③	氵木人水
蹊	KHED③	口止⺀大
兀	FJJ	二丿丨
祁	PYBH③	礻丶阝丨
齐	YJJ	文丿丨
圻	FRH	土斤丨
岐	MFCY③	山十又丶
芪	AQAB③	艹匚七⺀
其	ADWU③	艹三八丷
	DWU98②	其八丷
奇	DSKF	大丁口二
	DSKF98	大丁口二
歧	HFCY③	止十又丶
祈	PYRH③	礻丶斤丨
耆	FTXJ	土丿匕日
脐	EYJH③	月文丿丨
颀	RDMY③	斤厂贝丶
	RDMY98	斤厂贝丶
崎	MDSK③	山大丁口
淇	IADW	氵艹三八
	IDWY98	氵其八丶
畦	LFFG③	田土土一
萁	AADW	艹艹三八
	ADWU98	艹其八丷
骐	CADW	马艹三八
	CGDW98	马一三八
骑	CDSK③	马大丁口
	CGDK98	马一大口
棋	SADW③	木艹三八
	SDWY98③	木其八丶
琦	GDSK③	王大丁口
琪	GADW③	王艹三八
	GDWY98③	王其八丶
祺	PYAW③	礻丶艹八
	PYDW98	礻丶其八
蛴	JYJH③	虫文丿丨
旗	YTAW③	方⺀艹八
	YTDW98③	方⺀其八
綦	ADWI	三八小
	DWXI98③	其八幺小
蜞	JADW③	虫艹三八
	JDWY	虫其八丶
蕲	AUJR	艹丷日斤
鳍	QGFJ	鱼一土日
麒	YNJW	广コ丿八

字	编码	字根
	OXXW98	声匕匕八
乞	TNB	⺀乙《
企	WHF	人止二
圮	MNN	山己乙
岂	MNB②	山己《
	MNB98	山己《
芑	ANB	艹己《
启	YNKD③	丶尸口三
杞	SNN	木己乙
起	FHNV③	土止己《
绮	XDSK③	纟大丁口
气	RNB	一乙《
	RTGN98	气丿一乙
讫	YTNN	讠⺀乙乙
汔	ITNN③	氵⺀乙乙
	ITNN98	氵⺀乙乙
迄	TNPV③	⺀乙辶《
	TNPV98	⺀乙辶《
弃	YCAJ③	亠厶廾丨
汽	IRNN③	氵一乙乙
	IRN98	氵气乙
泣	IUG	氵立一
契	DHVD③	三丨刀大
砌	DAVN③	石七刀乙
	DAVT98③	石七刀丿
葺	AKBF③	艹口耳二
碛	DGMY③	石主贝丶
器	KKDK③	口口犬口
憩	TDTN	⺀古丿心
敧	DSKW	大丁口人

qia

字	编码	字根
恰	NWGK	↑人一口
	NW98②	↑人一口
袷	PUWK	礻丶人口
掐	RQVG③	扌勹臼一
	RQEG98③	扌勹臼一
葜	ADHD	艹三丨大
洽	IWGK③	氵人一口
髂	MEPK③	⺴月宀口

qian

字	编码	字根
千	TFK	丿十川
仟	WTFH	亻丿十丨
阡	BTFH③	阝丿十丨
扦	RTFH	扌丿十丨
芊	ATFJ③	艹丿十丨
迁	TFPK③	丿十辶川
金	WGIF	人一丷二
	WGIG98	人一一
岍	MGAH	山一廾丨
钎	QTFH	钅丿十丨
	QTFH98	钅丿十丨
牵	DPRH③	大冖纟丨
	DPTG98③	大冖丿丰
悭	NJCF③	↑丨又土
铅	QMKG③	钅几口一
	QWKG98③	钅几口一
谦	YUVO③	讠丷ヨ氺
	YUVW98③	讠丷ヨ八
慊	TIFN③	忄氵二丨
	TIGN98③	忄氵一心

字	编码	字根
签	TWGI	⺮人一丷
	TWGG98	⺮人一一
骞	PFJC	宀二川马
	PAWG98	宀共八一
搴	PFJR	宀二川手
	PAWR98	宀共八手
褰	PFJE	宀二川衣
	PAWE98	宀共八衣
前	UEJJ②	丷月刂刂
荨	AVFU②	艹ヨ寸丷
钤	QWYN	钅人丶乙
虔	HAYI③	广七文氵
	HYI98	虍文氵
钱	QGT②	钅戋丿
	QGAY98②	钅一戈丶
钳	QAFG③	钅艹二一
	QFG98	钅甘一
乾	FJTN③	十早⺀乙
掮	RYNE③	扌丶尸月
箝	TRAF	⺮扌艹二
	TRFF98	⺮扌甘二
潜	IFWJ③	氵二人曰
	IGGJ98③	氵夫夫曰
黔	LFON	罒土灬乙
浅	IGT	氵戋丿
	IGAY98③	氵一戈丶
肷	EQWY③	月⺈人丶
慊	NUVO③	忄丷ヨ氺
	NUVW98③	忄丷ヨ八
遣	KHGP	口丨一辶
	YKHP	讠口丨辶
缱	XKHP	纟口丨辶
欠	QWU②	⺈人丷
芡	AQWU③	艹⺈人丶
茜	ASF	艹西二
倩	WGEG③	亻丰月一
堑	LRFF③	车斤土二
嵌	MAFW③	山艹二人
	MFQW98③	山甘勹人
椠	LRSU③	车斤木丷
歉	UVOW	丷ヨ氺人
	UVJW98③	丷ヨ刂人

qiang

字	编码	字根
枪	SWBN③	木人巳乙
呛	KWBN③	口人巳乙
羌	UDNB	丷尹乙《
	UNV98	羊乙《
戕	NHDA	乙丨厂戈
	UAY98	爿戈丶
戗	WBAT③	人巳戈丿
	WBAY98③	人巳戈丶
跄	KHWB	口止人巳
腔	EPWA③	月宀八工
蜣	JUDN	虫丷尹乙
	JUN98	虫羊乙
锖	QGEG	钅丰月一
	QGEG98③	钅丰月一
锵	QUQF	钅丷夕寸
	QUQF98③	钅丷夕寸
镪	QXKJ③	钅弓口虫
强	XKJY②	弓口虫丶

墙	FFUK	土十丷口
	FFUK98③	土十丷口
嫱	VFUK	女十丷口
蔷	AFUK③	艹十丷口
樯	SFUK③	木十丷口
抢	RWBN③	扌人巳乙
羟	UDCA	丷尹ス工
	UCAG98	羊ス工一
襁	PUXJ③	衤冫弓虫
炝	OWBN③	火人巳乙

qiao

敲	YMKC	亠冂口又
峤	MTDJ	山丿大刂
悄	NIEG②	忄⺌月一
硗	DATQ③	石七丿儿
跷	KHAQ	口止七儿
劁	WYOJ	亻圭灬刂
锹	QTOY③	钅禾火㇏
橇	STFN③	木丿二乙
	SEEE98	木毛毛毛
缲	XKKS③	纟口口木
乔	TDJJ③	丿大川刂
侨	WTDJ③	亻丿大川
荞	ATDJ	艹丿大川
桥	STDJ③	木丿大川
谯	YWYO	讠亻圭灬
憔	NWYO	忄亻圭灬
鞒	AFTJ	廿串丿川
樵	SWYO	木亻圭灬
瞧	HWYO③	目亻圭灬
巧	AGNN	工一乙乙
愀	NTOY③	忄禾火㇏
俏	WIEG③	亻⺌月一
诮	YIEG③	讠⺌月一
峭	MIEG②	山⺌月一
窍	PWAN	宀八工乙
翘	ATGN	七丿一羽
撬	RTFN	扌丿二乙
	REEE98③	扌毛毛毛
鞘	AFIE	廿串⺌月

qie

切	AVN②	七刀乙
	AVT98②	七刀丿
趄	FHEG③	土止目一
茄	ALKF	艹力口二
	AEKF③	艹力口二
且	EGD②	目一三
	EGD③	目一三
妾	UVF	立女二
怯	NFCY	忄土厶丶
窃	PWAV	宀八七刀
挈	DHVR	三丨刀手
惬	NAGW③	忄匚一人
	NAGD98③	忄匚一大
箧	TAGW	⺮匚一人
	TAGD98	⺮匚一大
锲	QDHD③	钅三丨大
	QDH98③	钅三丨大
郄	QDCB③	乂ナ厶阝
	RDCB98	乂ナ厶阝

qin

亲	USU②	立木冫
	USU98	立木冫
侵	WVPC③	亻彐冖又
钦	QQWY③	钅勹人㇏
衾	WYNE	人丶乙𧘇
芩	AWYN	艹人丶乙
芹	ARJ	艹斤刂
秦	DWTU③	三人禾冫
琴	GGWN③	王王人乙
禽	WYBC③	人文凵厶
	WYRC	人亠㐅厶
勤	AKGL	廿口丰力
	AKGE98③	廿口丰力
嗪	KDWT	口三人禾
溱	IDWT③	氵三人禾
	IDWT98	氵三人禾
噙	KWYC	口人文厶
擒	RWYC	扌人文厶
檎	SWYC	木人文厶
螓	JDWT	虫三人禾
锓	QVPC③	钅彐冖又
寝	PUVC	宀丬彐又
吣	KNY	口心丶
沁	INY②	氵心丶
揿	RQQW③	扌钅勹人
覃	SJJ	西早刂

qing

青	GEF	龶月二
请	YGEG	讠龶月一
綮	YNTI	丶尸夂小
氢	RNCA③	𠂉乙ス工
	RCAD③	气ス工三
轻	LCAG②	车ス工一
倾	WXDM③	亻匕𠂆贝
卿	QTVB	匚丿彐卩
圊	LGED	囗龶月三
清	IGEG③	氵龶月一
蜻	JGEG	虫龶月一
鲭	QGGE	鱼一龶月
情	NGEG③	忄龶月一
晴	JGEG③	日龶月一
氰	RNGE	𠂉乙龶月
	RGED③	气龶月三
擎	AQKR	艹勹口手
檠	AQKS	艹勹口木
黥	LFOI	罒土灬小
苘	AMKF③	艹冂口二
顷	XDMY②	匕𠂆贝㇏
	fYGEG③	讠龶月一
謦	FNMY	士尸几言
	FNWY98	士尸几言
庆	YDI②	广大氵
	ODI98③	广大氵
箐	TGEF③	⺮龶月二
磬	FNMD	士尸几石
	FNWD98	士尸几石
罄	FNMM	士尸几山
	FNWB98	士尸几凵

qiong

穷	PWLB③	宀八力
	PWEB98③	宀八力巜
跫	AMYH	工几丶龰
	AWYH98	工几丶龰
銎	AMYQ	工几丶金
	AWYQ98	工几丶金
邛	ABH	工阝丨
穹	PWXB③	宀八弓巜
茕	APNF③	艹冖乙十
	APNF98	艹冖乙十
筇	TABJ③	⺮工阝刂
琼	GYIY	王亠小丶
蛩	AMYJ	工几丶虫
	AWYJ98	工几丶虫

qiu

秋	TOY②	禾火㇏
湫	ITOY	氵禾火丶
丘	RGD	斤一三
	RTHG98	丘丿丨一
邱	RGBH③	斤一阝丨
	RBH98	丘阝丨
蚯	JRGG	虫斤一一
	JRG98③	虫丘一
楸	STOY③	木禾火㇏
鳅	QGTO	鱼一禾火
囚	LWI	囗人氵
犰	QTVN	犭丿九乙
求	FIYI③	十氺丶氵
	GIY98③	一水丶
虬	JNN	虫乙乙
泅	ILWY③	氵囗人丶
俅	WFIY	亻十氺丶
	WGIY98	亻一水丶
酋	USGF	丷西一二
逑	FIYP	十氺丶辶
	GIYP98	一水丶辶
球	GFIY③	王十氺丶
	GGIY98	王一水丶
赇	MFIY③	贝十氺丶
	MGIY98③	贝一水丶
巯	CAYQ③	ス工亠儿
	CAYK98	ス工亠儿
遒	USGP	丷西一辶
裘	FIYE	十氺丶𧘇
	GIYE98	一水丶𧘇
蝤	JUSG③	虫丷西一
鼽	THLV	丿目田九
糗	OTHD	米丿目犬

qu

区	AQI②	匚乂氵
	AR98②	匚乂
瞿	HHWY	目目亻圭
曲	MAD②	冂艹三
岖	MAQY③	山匚乂丶
	MARY98③	山匚乂丶
诎	YBMH③	讠凵山丨
驱	CAQY③	马匚乂丶
	CGAR98	马一匚乂

字	编码	拆分
屈	NBMK③	尸凵山川
祛	PYFC	礻丶土厶
蛆	JEGG	虫目一一
躯	TMDQ	丿门三乂
	TMDR98	丿门三乂
蛐	JMAG③	虫门卄一
趋	FHQV	土龰夕彐
	FHQV98③	土龰夕彐
麴	FWWO	十人人米
	SWWO98	木人人米
黢	LFOT	囗土灬夂
劬	QKLN③	勹口力乙
	QKET98	勹口力丿
胸	EQKG③	月勹口一
鸲	QKQG	勹口勹一
渠	IANS	氵匚彐木
蕖	AIAS	卄氵匚木
磲	DIAS	石氵匚木
璩	GHAE	王虍七豕
	GHGE98	王虍一豕
蘧	AHAP③	卄虍七辶
	AHGP98	卄虍一辶
氍	HHWN	目目人乙
	HHWE98	目目人毛
瞿	UHHY③	丷目目主
衢	THHH	彳目目丨
	THHS98	彳目目丁
蠼	JHHC	虫目目又
取	BCY②	耳又丶
娶	BCVF③	耳又女二
龋	HWBY	止人凵丨
去	FCU③	土厶丷
阒	UHDI③	门目犬氵
觑	HAOQ	虍七业儿
	HOMQ98	虍业门儿
趣	FHBC③	土龰耳又

quan

字	编码	拆分
圈	LUDB③	囗丷大巳
	LUGB98	囗丷夫巳
悛	NCWT③	忄厶八夂
全	WGF②	人王二
权	SCY②	木又丶
诠	YWGG③	讠人王一
泉	RIU	白水丷
荃	AWGF	卄人王二
拳	UDRJ③	丷大手刂
	UGR98	丷夫手
轻	LWGG	车人王一
痊	UWGD③	疒人王一
铨	QWGG③	钅人王一
筌	TWGF	⺮人王二
蜷	JUDB	虫丷大巳
	JUGB98	虫丷夫巳
醛	SGAG	西一卄王
鬈	DEUB③	镸彡丷巳
颧	AKKM③	卄口口贝
犬	DGTY	犬一丿丶
畎	LDY	田犬丶
绻	XUDB	纟丷大巳
	XUGB98	纟丷夫巳
劝	CLN②	又力乙

字	编码	拆分
	CET98	又力丿
券	UDVB③	丷大刀《
	UGVR98③	丷夫刀彡

que

字	编码	拆分
缺	RMNW③	𠂊山乛人
	TFBW98	丿干乛人
炔	ONWY③	火人人丶
瘸	ULKW③	疒力口人
	UEKW98③	疒力口人
却	FCBH③	土厶卩丨
悫	FPMN	士冖几心
	FPWN98	士冖几心
雀	IWYF	小亻主二

qun

字	编码	拆分
逡	CWTP③	厶八夂辶
裙	PUVK	礻丷彐口
群	VTKD③	彐丿口手
	VTKU98	彐丿口羊

ran

字	编码	拆分
然	QDOU②	夕犬灬丷
蚺	JMFG③	虫门土一
	JMFG98	虫门土一
髯	DEMF③	镸彡门土
燃	OQDO	火夕犬灬
冉	MFD	门土三
苒	AMFF③	卄门土二
染	IVSU③	氵九木丷

rang

字	编码	拆分
嚷	KYKE③	口丶口𧘇
瀼	PYYE	礻丶亠𧘇
瓤	YKKY	亠口口丶
穰	TYKE③	禾亠口𧘇
壤	FYKE③	土亠口𧘇
攘	RYKE③	扌亠口𧘇
让	YHG②	讠上一

rao

字	编码	拆分
饶	QNAQ③	饣乙七儿
荛	AATQ③	卄七丿儿
桡	SATQ③	木七丿儿
扰	RDNN③	扌犭乙乙
	RDNY98③	扌犭乙丶
娆	VATQ③	女七丿儿
绕	XATQ③	纟七丿儿

re

字	编码	拆分
惹	ADKN③	卄𠃌口心
热	RVYO	扌九丶灬

ren

字	编码	拆分
人	WWWW	人人人人
仁	WFG	亻二一
壬	TFD	丿士三
忍	VYNU	刀丶心丷
	VYNU98	刀丶心丷
荏	AWTF	卄亻丿士

字	编码	拆分
	AWTF98③	卄亻丿士
稔	TWYN	禾人丶心
刃	VYI	刀丶氵
认	YWY②	讠人丶
仞	WVYY③	亻刀丶丶
任	WTFG③	亻丿士一
纫	XVYY③	纟刀丶丶
妊	VTFG③	女丿士一
轫	LVYY③	车刀丶丶
韧	FNHY③	二乙丨丶
饪	QNTF③	饣乙丿士
衽	PUTF③	礻丨丿士
葚	AADN③	卄艹三乙
	ADWN98③	卄廿八乙

reng

字	编码	拆分
扔	REN②	扌乃乙
	RBT98	扌乃丿
仍	WEN②	亻乃乙
	WBT98	亻乃丿

ri

字	编码	拆分
日	JJJJ	日日日日

rong

字	编码	拆分
冗	PMB	冖几《
容	PWWK③	宀八人口
戎	ADE	戈𠂇彡
	ADI98	戈𠂇氵
肜	EET	月彡丿
狨	QTAD	犭丿戈𠂇
绒	XADT③	纟戈𠂇丿
	XADY98③	纟戈𠂇丶
茸	ABF	卄耳二
荣	APSU③	卄冖木丷
嵘	MAPS	山卄冖木
溶	IPWK	氵宀八口
蓉	APWK③	卄宀八口
榕	SPWK	木宀八口
熔	OPWK③	火宀八口
蝾	JAPS	虫卄冖木
	JAPS98③	虫卄冖木
融	GKMJ③	一口门虫

rou

字	编码	拆分
柔	CBTS	乛卩丿木
	CNHS98	乛乙丨木
揉	RCBS	扌乛卩木
	RCNS98	扌乛乙木
糅	OCBS	米乛卩木
	OCNS98	米乛乙木
蹂	KHCS	口止乛木
鞣	AFCS	廿革乛木
肉	MWWI	门人人氵

ru

字	编码	拆分
如	VKG②	女口一
茹	AVKF③	卄女口二
儒	WFDJ③	亻雨而刂
嚅	KFDJ③	口雨而刂

孺	BFDJ③	子雨冂刂
濡	IFDJ③	氵雨冂刂
薷	AFDJ	++雨冂刂
襦	PUFJ	衤冫雨刂
蠕	JFDJ	虫雨冫
颥	FDMM	雨冂门贝
汝	IVG	氵女一
乳	EBNN③	孚乙乙
辱	DFEF	厂二⊠寸
入	TYI②	丿丶
洳	IVKG	氵女口一
溽	IDFF	氵厂二寸
缛	XDFF	纟厂二寸
	XDFF98③	纟厂二寸
蓐	ADFF	++厂二寸
褥	PUDF	衤冫厂寸
蚋	JMWY③	虫冂人
㑊	WADK③	亻卄丆口

ruan

软	LQWY③	车夕人乀
阮	BFQN③	阝二儿乙
朊	EFQN③	月二儿乙

rui

锐	QUKQ③	钅丷口儿
蕊	ANNN③	++心心心
芮	AMWU	++冂人冫
枘	SMWY③	木冂人乀
瑞	GMDJ③	王山一刂
睿	HPGH	⺊冖一目

run

润	IUGG	氵门王一
闰	UGD②	门王三

ruo

弱	XUXU②	弓冫弓冫
若	ADKF③	++丆口二
偌	WADK	亻卄丆口
	WADK98③	亻卄丆口
箬	TADK	⺮卄丆口
	TADK98③	⺮卄丆口

sa

撒	RAET③	扌卄月攵
仨	WDG	亻三一
洒	ISG②	氵西一
卅	GKK	一川刂
飒	UMQY	立几乂丶
	UWRY98	立几乂丶
脎	EQSY③	月乂木丶
	ERSY98③	月乂木丶
萨	ABUT③	++阝立丿
挲	IITR	氵小丿手

sai

赛	PFJM	宀二刂贝
	PA98②	宀卄八贝
塞	PFJF	宀二刂土
	PAWF 98	宀卄八土

腮	ELNY③	月田心丶
噻	KPFF③	口宀二土
	KPAF98③	口宀卄土
鳃	QGLN③	鱼一田心

san

三	DGGG②	三一一一
叁	CDDF③	厶大三二
	CDDF98②	厶大三二
毵	CDEN	厶大彡乙
	CDEE98	厶大彡毛
伞	WUHJ②	人丷丨刂
	WUFJ98③	人丷十刂
散	AETY③	卄月攵丶
糁	OCDE③	米厶大彡
馓	QNAT	冖乙卄攵
霰	FAET③	雨卄月攵

sang

桑	CCCS	又又又木
嗓	KCCS③	口又又木
搡	RCCS	扌又又木
磉	DCCS③	石又又木
颡	CCCM	又又又贝
丧	FUEU③	十丷⊠冫

sao

搔	RCYJ	扌又丶虫
骚	CCYJ	马又丶虫
	CGCJ98	马一又虫
缫	XVJS③	纟巛日木
臊	EKKS	月口口木
鳋	QGCJ	鱼一又虫
扫	RVG②	扌彐一
嫂	VVHC③	女臼丨又
	VEHC98③	女臼丨又
埽	FVPH③	土彐冖丨
瘙	UCYJ③	疒又丶虫

se

涩	IVYH③	氵刀丶止
色	QCB②	⺈巴《
啬	FULK	十丷口口
铯	QQCN	钅⺈巴乙
瑟	GGNT③	王王心丿
穑	TFUK	禾十丷口

sen

森	SSSU③	木木木冫

seng

僧	WULJ③	亻丷罒日

sha

杀	QSU	⋎木冫
	RSU98	⋎木冫
沙	IITT③	氵小丿丿
纱	XITT③	纟小丿丿
刹	QSJH③	⋎木刂丨
	RSJH98③	⋎木刂丨

砂	DITT③	石小丿丿
莎	AIIT	++氵小丿
铩	QQSY③	钅乂木丶
	QRSY98③	钅乂木丶
痧	UIIT③	疒氵小丿
裟	IITE	氵小丿𧘇
鲨	IITG	氵小丿一
傻	WTLT	亻丿口夂
	WTLT98③	亻丿口夂
唼	KUVG③	口立女一
啥	KWFK	口人干口
歃	TFVW③	丿十臼人
	TFEW98	丿十臼人
煞	QVTO③	夕彐攵灬
霎	FUVF③	雨立女二

shai

筛	TJGH	⺮刂一丨
晒	JSG	日西一

shan

山	MMMM③	山山山山
删	MMGJ	冂冂一刂
芟	AMCU③	++几又冫
	AWCU98	++几又冫
姗	VMMG③	女冂冂一
杉	SET	木彡丿
	SET98②	木彡丿
衫	PUET③	衤冫彡丿
钐	QET	钅彡丿
珊	GMMG③	王冂冂一
舢	TEMH	丿舟山丨
	TUMH98③	丿舟山丨
跚	KHMG	口止冂一
煽	OYNN	火丶尸羽
潸	ISSE	氵木木月
膻	EYLG③	月亠口一
闪	UWI②	门人冫
陕	BGUW	阝一丷人
	BGUD98③	阝丷一大
讪	YMH	讠山丨
汕	IMH	氵山丨
疝	UMK	疒山川
苫	AHKF③	++⺊口二
扇	YNND	丶尸羽三
善	UDUK	丷王丷口
	UUKF98	羊丷口二
骟	CYNN	马丶尸羽
	CGYN98	马一丶羽
鄯	UDUB	丷王丷阝
	UUKB98	羊丷口阝
缮	XUDK③	纟丷王口
	XUUK98③	纟丷羊口
嬗	VYLG	女亠口一
	VYLG98③	女亠口一
擅	RYLG③	扌亠口一
鳝	QGUK	鱼一丷口
膳	EUDK	月丷王口
	EUUK98	月羊丷口
赡	MQDY	贝⺈厂言
蟮	JUDK	虫丷王口
	JUUK③	虫羊丷口

shang

商	UMWK②	立冂八口
	YUMK98③	一冂口
伤	WTLN③	亻丿力
	WTE98	亻丿力
殇	GQTR	一夕丿
觞	QETR	夕用丿
墒	FUMK③	土立冂口
	FYUK98	土一冂口
熵	OUMK③	火立冂口
	OYUK98③	火一冂口
裳	IPKE	⺌冖口衣
垧	FTMK③	土丿冂口
晌	JTMK③	日丿冂口
赏	IPKM	⺌冖口贝
上	HHGG	上丨一一
	HHGG98	上丨一一
尚	IMKF	⺌冂口二
	IMKF98③	⺌冂口二
绱	XIMK③	纟⺌冂口

shao

杓	SQYY	木勹、、
捎	RIEG③	扌⺌月一
梢	SIEG③	木⺌月一
烧	OATQ③	火七丿儿
稍	TIEG③	禾⺌月一
筲	TIEF	𥫗⺌月二
艄	TEIE	丿舟⺌月
	TUIE98	丿舟⺌月
蛸	JIEG③	虫⺌月一
勺	QYI	勹、冫
芍	AQYU③	艹勹、冫
苕	AVKF	艹刀口二
韶	UJVK③	立日刀口
少	ITR②	小丿丿
	ITE98②	小丿丿
劭	VKLN③	刀口力乙
	VKET98	刀口力丿
邵	VKBH③	刀口阝丨
绍	XVKG③	纟刀口一
哨	KIEG③	口⺌月一
潲	ITIE③	氵禾⺌月

she

奢	DFTJ③	大土丿日
猞	QTWK	犭丿人口
赊	MWFI③	贝人二小
畲	WFIL	人二小田
舌	TDD	丿古三
佘	WFIU	人二小⺀
蛇	JPXN③	虫宀匕乙
舍	WFKF③	人干口二
厍	DLK	厂车⺌
设	YMCY③	讠几又、
	YWCY98③	讠几又、
社	PYFG②	礻、土一
射	TMDF	丿门三寸
	TMDF98③	丿门三寸
涉	IHIT③	氵止小丿
	IHHT98③	氵止丿

赦	FOTY③	土⺌攵、
	FOTY98	土⺌攵、
慑	NBCC③	忄耳又又
摄	RBCC	扌耳又又
滠	IBCC③	氵耳又又
麝	YNJF	广⺕丨寸
	OXXF98	声匕匕寸
歙	WGKW	人一口人

shei

谁	YWYG	讠亻隹一

shen

深	IPWS③	氵宀八木
	IPWS98	氵宀八木
申	JHK	日丨⺌
伸	WJHH③	亻日丨丨
身	TMDT③	丿门三丿
	TMDT98②	丿门三丿
呻	KJHH③	口日丨丨
绅	XJHH③	纟日丨丨
诜	YTFQ	讠丿土儿
娠	VDFE③	女厂二⺪
砷	DJHH③	石日丨丨
神	PYJH③	礻、日丨
沈	IPQN③	氵宀儿乙
审	PJHJ②	宀日丨⺌
哂	KSG	口西一
矧	TDXH	⺧大弓丨
谂	YWYN	讠人、心
婶	VPJH③	女宀日丨
渖	IPJH③	氵宀日丨
	IPJH98	氵宀日丨
肾	JCEF③	刂又月二
甚	ADWN	艹三八乙
	DWNB98	其八乙《
胂	EJHH	月日丨丨
渗	ICDE③	氵厶大彡
慎	NFHW③	忄十且八
椹	SADN	木艹三乙
	SDWN98	木其八乙
蜃	DFEJ	厂二⺪虫
什	WFH	亻十丨
	WFH98②	亻十丨
莘	AUJ	艹辛丨

sheng

升	TAK	丿廾⺌
生	TGD②	丿⺀三
	TGD98	丿⺀三
声	FNR	士尸丿
牲	TRTG	丿扌丿⺀
	CTG98	牜⺀
胜	ETGG③	月丿⺀一
笙	TTGF	𥫗丿⺀二
甥	TGLL	丿⺀田力
	TGLE98	丿⺀田力
绳	XKJN	纟口日乙
省	ITHF③	小丿目二
眚	TGHF	丿⺀目二
圣	CFF	又土二

晟	JDNT③	日厂乙丿
	JDN98	日厂乙
盛	DNNL	厂乙乙皿
	DNLF98③	戊乙皿二
剩	TUXJ	禾⺌匕刂
嵊	MTUX③	山禾⺌匕

shi

诗	YFFY③	讠土寸、
匙	JGHX	日一止匕
尸	NNGT	尸乙一丿
失	RWI③	⺧人冫
	TGI98	丿夫冫
师	JGMH③	刂一冂丨
虱	NTJI③	乙丿虫冫
施	YTBN③	方⺊也乙
狮	QTJH	犭丿刂丨
湿	IJOG③	氵日业一
蓍	AFTJ	艹土丿日
鲺	QGNJ③	鱼一乙虫
十	FGH	十一丨
	FGH98②	十一丨
石	DGTG	石一丿一
时	JFY②	日寸、
识	YKWY③	讠口八、
实	PUDU②	宀⺀大⺀
拾	RWGK	扌人一口
炻	ODG	火石一
蚀	QNJY③	夕乙虫、
食	WYVE③	人、彐⺪
	WYVU98③	人、艮⺀
埘	FJFY	土日寸、
莳	AJFU	艹日寸⺀
鲥	QGJF	鱼一日寸
史	KQI③	口乂冫
	KRI98	口乂冫
矢	TDU	⺧大⺀
豕	EGTY③	豕一丿、
	GEI98	一豕冫
使	WGKQ	亻一口乂
	WGKR98③	亻一口乂
始	VCKG③	女厶口一
驶	CKQY③	马口乂、
	CGKR98	马一口乂
屎	NOI	尸米冫
士	FGHG	士一丨一
氏	QAV②	⻇七巛
世	ANV②	廿乙巛
	ANV98	廿乙巛
仕	WFG	亻士一
市	YMHJ	亠冂丨⺌
	YMHJ98②	亠冂丨⺌
示	FIU	二小⺀
	FIU98②	二小⺀
式	AAD②	弋工三
	AAYI98②	七工、冫
事	GKVH③	一口彐丨
侍	WFFY	亻土寸、
	WFFY98	亻土寸、
势	RVYL	扌九、力
	RVYE98	扌九、力
视	PYMQ③	礻、冂儿

字	编码	字根
试	YAAG③	讠弋工一
	YAAY②	讠弋工丶
饰	QNTH	⺈乙丿丨
	QNTH98	⺈乙丿丨
室	PGCF③	宀一厶土
恃	NFFY③	忄土寸丶
拭	RAAG③	扌弋工一
	RAAY98③	扌弋工丶
是	JGHU③	日一⻊丷
	JGHU98	日一⻊丷
柿	SYMH	木亠冂丨
	SYMH98③	木亠冂丨
贳	ANMU③	廿乙贝丷
适	TDPD③	丿古辶三
舐	TDQA	丿古厂七
	TDQA98③	丿古厂七
轼	LAAG②	车弋工一
	LAAY98②	车弋工丶
逝	RRPK③	扌斤辶彡
铈	QYMH	钅亠冂丨
弑	QSAA③	乂木弋工
	RSAY98③	乂木七丶
谥	YUWL③	讠丷八皿
释	TOCH③	丿米又丨
	TOCG98③	丿米又丰
嗜	KFTJ③	口土丿日
筮	TAWW③	竹工人人
	TAWW98③	竹工人人
誓	RRYF	扌斤言二
噬	KTAW③	口丿业人
螫	FOTJ③	土业夂虫
峙	MFFY③	山土寸丶
酾	SGGY	西一一丶

shou

字	编码	字根
收	NHTY②	乙丨攵丶
手	RTGH②	手丿一丨
守	PFU②	宀寸丷
首	UTHF③	丷丿目二
艏	TEUH③	丿舟丷目
	TUUH98	丿舟丷目
寿	DTFU③	三丿寸丷
受	EPCU③	爫冖又丷
狩	QTPF③	犭丿宀寸
兽	ULGK③	丷田一口
售	WYKF③	亻圭口二
授	REPC③	扌爫冖又
绶	XEPC③	纟爫冖又
瘦	UVHC③	疒臼丨又
	UEHC98③	疒臼丨又
殳	MCU	几又丷
	WCU98	几又丷

shu

字	编码	字根
书	NNHY③	乙乙丨丶
抒	RCBH③	扌マ乙丨
	RCNH98	扌マ乙丨
纾	XCBH③	纟マ乙丨
	XCNH98③	纟乙丨
叔	HICY③	上小又丶
	HICY98	上小又丶
枢	SAQY③	木匚乂丶
	SARY98③	木匚乂丶
姝	VRIY③	女⺁小丶
	VTFY98	女丿未丶
倏	WHTD③	亻丨夂犬
殊	GQRI③	一夕⺁小
	GQTF98③	一夕丿未
梳	SYCQ③	木亠厶儿
	SYCK98③	木亠厶儿
淑	IHIC③	氵上小又
	IHIC98③	氵上小又
菽	AHIC③	艹上小又
疏	NHYQ③	乙止亠儿
	NHYK98③	乙止亠儿
舒	WFKB	人干口卩
	WFKH98	人干口丨
摅	RHAN③	扌卢七心
	RHNY98③	扌卢心丶
毹	WGEN	人一月乙
	WGEE98	人一月乙
输	LWGJ③	车人一刂
蔬	ANHQ③	艹乙止儿
	ANHK98③	艹乙止儿
秫	TSYY③	禾木丶丶
孰	YBVO③	亠子九灬
	YBV98③	亠子九灬
孰	YBVY	亠子九丶
赎	MFND③	贝十乙大
塾	YBVF	亠子九土
暑	JFTJ③	日土丿日
黍	TWIU③	禾人水丷
署	LFTJ③	罒土丿日
鼠	VNUN③	臼乙丷乙
	ENUN98③	臼乙丷乙
蜀	LQJU③	罒勹虫丷
薯	ALFJ③	艹罒土日
曙	JLFJ②	日罒土日
术	SYI②	木丶丷
戍	DYNT	厂丶乙丿
	AWI98	戈人丷
束	GKII③	一口小丷
	SKD98	木口三
沭	ISYY	氵木丶丶
述	SYPI③	木丶辶丷
树	SCFY③	木又寸丶
竖	JCUF③	刂又立二
恕	VKNU③	女口心丷
庶	YAOI③	广廿灬丷
	OAOI98③	广廿灬丷
数	OVTY③	米女攵丶
	OVTY98②	米女攵丶
腧	EWGJ③	月人一刂
墅	JFCF③	日土マ土
漱	IGKW③	氵一口人
	ISKW98③	氵木口人
澍	IFKF③	氵士口寸
蟀	JYXF③	虫亠幺十
属	NTKY③	尸丿口丶

shua

字	编码	字根
刷	NMHJ③	尸冂丨刂
耍	DMJV	丆冂刂女

shuai

字	编码	字根
衰	YKGE	亠口一衣
摔	RYXF③	扌亠幺十
甩	ENV②	月乙巛
	ENV98	月乙巛
帅	JMHH③	刂冂丨丨
率	YXIF③	亠幺氺十
蟀	JYXF③	虫亠幺十

shuan

字	编码	字根
闩	UGD	门一三
拴	RWGG③	扌人王一
	RWGG98	扌人王一
栓	SWGG③	木人王一
涮	INMJ③	氵尸冂刂

shuang

字	编码	字根
双	CCY②	又又丶
霜	FSHF②	雨木目二
	FSHF98③	雨木目二
孀	VFSH③	女雨木目
	VFSH98	女雨木目
爽	DQQQ③	大乂乂乂
	DRRR98③	大乂乂乂

shui

字	编码	字根
水	IIII②	水水水水
税	TUKQ③	禾丷口儿
睡	HTGF②	目丿一士

shun

字	编码	字根
吮	KCQN③	口厶儿乙
顺	KDMY②	川丆贝丶
舜	EPQH③	爫冖夕丨
	EPQG98	爫冖夕一
瞬	HEPH③	目爫冖丨
	HEPG98③	目爫冖一

shuo

字	编码	字根
说	YUKQ②	讠丷口儿
	YUK98③	讠丷口儿
妁	VQYY③	女勹丶丶
烁	OQIY③	火⺁小丶
	OTNI98③	火丿乙小
朔	UBTE	丷凵丿月
铄	QQIY③	钅⺁小丶
	QTNI98	钅丿乙小
硕	DDMY③	石丆贝丶
搠	RUBE③	扌丷凵月
蒴	AUBE③	艹丷凵月
槊	UBTS③	丷凵丿木

si

字	编码	字根
思	LNU②	田心丷
厶	CNY	厶乙丶

汉字	编码	字根
丝	XXGF③	纟纟一二
司	NGKD③	乙一口三
私	TCY	禾厶丶
咝	KXXG	口纟纟一
鸶	XXGG	纟纟一一
斯	ADWR	艹三八斤
	DWRH98	其八斤丨
缌	XLNY	纟田心丶
蛳	JJGH③	虫丨一丨
厮	DADR	厂艹三斤
	DDWR98	厂其八斤
锶	QLNY③	钅田心丶
嘶	KADR③	口艹三斤
	KDWR98	口其八斤
撕	RADR③	扌艹三斤
	RDWR98	扌其八斤
澌	IADR③	氵艹三斤
	IDWR98	氵其八斤
死	GQXB③	一夕匕《
巳	NNGN	己乙一乙
四	LHNG②	四丨乙一
寺	FFU③	土寸丶
汜	INN	氵巳乙
伺	WNGK③	亻乙一口
兕	MMGQ	几门一儿
	HNHQ98	丨乙丨儿
姒	VNYW③	女乙丶人
祀	PYNN	礻丶巳乙
泗	ILG	氵四一
似	WNYW③	亻乙丶人
饲	QNNK	ク乙乙口
驷	CLG	马四一
	CGLG98	马一四一
俟	WCTD③	亻厶丿大
笥	TNGK③	竹乙一口
耜	DINN③	三小コ乙
	FSNG98	二木丨一
嗣	KMAK③	口门艹口
肆	DVFH③	镸ヨ二丨
	DVGH98	镸ヨ丰丨

song

松	SWCY③	木八厶丶
忪	NWCY③	忄八厶丶
凇	USWC③	冫木八厶
崧	MSWC③	山木八厶
淞	ISWC	氵木八厶
菘	ASWC③	艹木八厶
嵩	MYMK③	山亠门口
怂	WWNU③	人人心丶
	WWNU98	人人心丶
悚	NGKI③	忄一口小
	NSKG98	忄木口一
耸	WWBF③	人人耳二
竦	UGKI	立一口小
	USKG98	立木口一
讼	YWCY③	讠八厶丶
	YWCY98	讠八厶丶
宋	PSU	宀木丶
诵	YCEH	讠マ用丨
送	UDPI③	丷大辶丶
颂	WCDM③	八厶丆贝

sou

搜	RVHC③	扌臼丨又
	REHC98	扌臼丨又
嗖	KVHC③	口臼丨又
	KEHC98	口臼丨又
溲	IVHC③	氵臼丨又
	IEHC98	氵臼丨又
馊	QNVC	ク乙臼又
	QNEC98	ク乙臼又
飕	MQVC	几乂臼又
	WREC98	几乂臼又
锼	QVHC	钅臼丨又
	QEHC98	钅臼丨又
艘	TEVC	丿丹臼又
	TUEC98	丿丹臼又
螋	JVHC③	虫臼丨又
	JEHC98	虫臼丨又
叟	VHCU③	臼丨又丶
	EHCU98	臼丨又丶
嗾	KYTD③	口方𠂆大
瞍	HVHC③	目臼丨又
	HEHC98	目臼丨又
擞	ROVT	扌米女攵
薮	AOVT	艹米女攵

su

苏	ALWU③	艹力八丶
	AEW98	艹力八
酥	SGTY	西一禾丶
稣	QGTY	鱼一禾丶
俗	WWWK	亻八人口
夙	MGQI	几一夕丶
诉	YRYY②	讠斤丶丶
	YRYY98③	讠斤丶丶
肃	VIJK③	ヨ小丿川
	VHJW98	ヨ丨刂八
涑	IGKI	氵一口小
	ISKG98	氵木口一
素	GXIU③	丰幺小丶
速	GKIP	一口小辶
	SKP98	木口辶
宿	PWDJ	宀亻丆日
粟	SOU	西米丶
谡	YLWT③	讠田八攵
嗉	KGXI	口丰幺小
塑	UBTF	丷凵丿土
愫	NGXI③	忄丰幺小
溯	IUBE③	氵丷凵月
僳	WSOY③	亻西米丶
蔌	AGKW③	艹一口人
	ASKW98	艹木口人
觫	QEGI	ク用一小
	QESK98	ク用木口
嗽	KGKW	口一口人
	KSKW98	口木口人
簌	TGKW	竹一口人
	TSKW98	竹木口人

suan

| 酸 | SGCT③ | 西一厶攵 |
| 狻 | QTCT | 犭丿厶攵 |

sui

虽	KJU③	口虫丶
荽	AEVF③	艹爫女二
眭	HFFG③	目土土一
睢	HWYG	目亻圭一
濉	IHWY③	氵目亻圭
绥	XEVG③	纟爫女一
隋	BDAE③	阝ナ工月
随	BDEP③	阝ナ月辶
髓	MEDP③	骨月ナ辶
岁	MQU	山夕丶
崇	BMFI③	凵山二小
谇	YYWF③	讠亠人十
遂	UEPI③	丷豕辶丶
碎	DYWF③	石亠人十
隧	BUEP③	阝丷豕辶
燧	OUEP③	火丷豕辶
穗	TGJN	禾一日心
邃	PWUP	宀八丷辶

sun

孙	BIY②	子小丶
狲	QTBI	犭丿子小
荪	ABIU③	艹子小丶
飧	QWYE	夕人丶乚
	QWYV98	夕人丶艮
损	RKMY③	扌口贝丶
笋	TVTR③	竹ヨ丿丿
隼	WYFJ	亻圭十刂
榫	SWYF	木亻圭十

suo

梭	SCWT③	木厶八攵
唆	KCWT③	口厶八攵
娑	IITV	氵小丿女
桫	SIIT③	木氵小丿
睃	HCWT③	目厶八攵
嗦	KFPI③	口十冖小
羧	UDCT	丷𦭜厶攵
	UCWT98	羊厶八攵
蓑	AYKE	艹亠口衣
缩	XPWJ③	纟宀亻日
所	RNRH②	厂コ斤丨
唢	KIMY③	口⺌贝丶
索	FPXI③	十冖幺小
琐	GIMY③	王⺌贝丶
锁	QIMY③	钅⺌贝丶

ta

他	WBN②	亻也乙
她	VBN	女也乙
它	PXB②	宀匕《
趿	KHEY	口止乃丿
	KHBY98	口止乃丶
铊	QPXN③	钅宀匕乙
塌	FJNG③	土日羽一
溻	IJNG③	氵日羽一

塔	FAWK	土卄人口
獭	QTGM	犭丿一贝
	QTSM98	犭丿木贝
鳎	QGJN	鱼一日羽
挞	RDPY③	扌大辶丶
闼	UDPI	门大辶氵
遢	JNPD③	日羽辶三
榻	SJNG③	木日羽一
踏	KHIJ	口止水日
蹋	KHJN	口止日羽

tai

胎	ECKG③	月厶口一
台	CKF②	厶口二
邰	CKBH③	厶口阝丨
抬	RCKG③	扌厶口一
苔	ACKF③	艹厶口二
炱	CKOU③	厶口火丷
跆	KHCK	口止厶口
鲐	QGCK③	鱼一厶口
薹	AFKF③	艹士口土
太	DYI②	大丶氵
汰	IDYY③	氵大丶丶
态	DYNU③	大丶心二
肽	EDYY③	月大丶丶
钛	QDYY③	钅大丶丶
泰	DWIU③	三人水丷
酞	SGDY	西一大丶

tan

贪	WYNM	人丶乙贝
澹	IQDY86	氵勹厂言
	IQD98	氵勹厂
坍	FMYG	土门一一
摊	RCWY③	扌又亻主
滩	ICWY③	氵又亻主
瘫	UCWY③	疒又亻主
坛	FFCY③	土二厶丶
昙	JFCU	日二厶丷
谈	YOOY③	讠火火丶
郯	OOBH③	火火阝丨
痰	UOOI③	疒火火氵
锬	QOOY③	钅火火丶
谭	YSJH③	讠西早丨
潭	ISJH③	氵西早丨
檀	SYLG③	木一口一
忐	HNU	上心丷
坦	FJGG③	土日一一
袒	PUJG③	衤丷日一
钽	QJGG③	钅日一一
毯	TFNO	丿二乙火
	EOOI98	毛火火氵
叹	KCY	口又丶
炭	MDOU③	山ナ火丷
探	RPWS③	扌冖八木
碳	DMDO③	石山ナ火

tang

汤	INRT③	氵乙丿丿
铴	QINR③	钅氵乙丿
羰	UDMO③	丷𦍌山火
镗	QIPF③	钅⺌冖土
唐	YVHK③	广彐丨口
	OVH98③	广彐丨
堂	IPKF③	⺌冖口土
棠	IPKS	⺌冖口木
塘	FYVK③	土广彐口
	FOVK98	土广彐口
搪	RYVK③	扌广彐口
	ROVK98	扌广彐口
溏	IYVK	氵广彐口
	IOVK98	氵广彐口
瑭	GYVK	王广彐口
	GOVK98	王广彐口
樘	SIPF③	木⺌冖土
膛	EIPF③	月⺌冖土
糖	OYVK③	米广彐口
	OOVK98	米广彐口
螗	JYVK	虫广彐口
	JOVK98	虫广彐口
螳	JIPF③	虫⺌冖土
醣	SGYK	西一广口
	SGOK98	西一广口
帑	VCMH③	女又冂丨
倘	WIMK③	亻⺌冂口
淌	IIMK③	氵⺌冂口
傥	WIPQ	亻⺌冖儿
耥	DIIK	三小⺌口
	FSIK98	二木⺌口
躺	TMDK	丿冂三口
烫	INRO	氵乙丿火
趟	FHIK③	土⻊⺌口

tao

涛	IDTF③	氵三丿寸
焘	DTFO	三丿寸灬
绦	XTSY③	纟夂木丶
掏	RQRM③	扌勹𠂊山
	RQTB98	扌勹𠂊凵
滔	IEVG③	氵爫臼一
	IEEG98	氵爫臼一
韬	FNHV	二乙丨臼
	FNHE98	二乙丨臼
饕	KGNE	口一乙𠁥
	KGNV98	口一乙艮
洮	IIQN③	氵水儿乙
	IQIY98	氵儿水丶
逃	IQPV③	水儿辶巛
	QIP98	儿水辶
桃	SIQN③	木水儿乙
	SQI98	木儿水
陶	BQRM③	阝勹𠂊山
	BQRM98	阝勹𠂊山
啕	KQRM	口勹𠂊山
	KQTB98	口勹𠂊凵
淘	IQRM③	氵勹𠂊山
	IQTB98	氵勹𠂊凵
萄	AQRM③	艹勹𠂊山
	AQTB98	艹勹𠂊凵
鼗	IQFC③	水儿士又
	QIFC98	儿水士又
讨	YFY	讠寸丶

| 套 | DDU | 大镸丶 |

te

特	TRFF③	丿扌土寸
	CFFY98	牜土寸丶
忑	GHNU	一卜心丷
忒	ANI	弋心氵
	ANYI98	七心丶氵
铽	QANY	钅弋心丶
慝	AADN	匚艹𠃌心

teng

疼	UTUI③	疒夂冫氵
腾	EUDC③	月䒑大马
	EUGG98	月䒑大马
誊	UDYF	䒑大言二
	UGYF98	丷夫言二
滕	EUDI	月䒑大水
	EUGI98	月丷夫水
藤	AEUI③	艹月䒑水

ti

梯	SUXT③	木丷弓丿
剔	JQRJ	日勹𠂊刂
锑	QUXT③	钅丷弓丿
绨	XUXT③	纟丷弓丿
踢	KHJR③	口止日丿
啼	KUPH②	口立冖丨
	KYUH98	口亠丷丨
提	RJGH②	扌日一⻊
缇	XJGH③	纟日一⻊
鹈	UXHG	丷弓丨一
题	JGHM	日一⻊贝
蹄	KHUH	口止立丨
	KHYH98	口止亠丨
醍	SGJH	西一日⻊
体	WSGG③	亻木一一
屉	NANV③	尸廿乙巛
剃	UXHJ	丷弓丨刂
倜	WMFK③	亻冂土口
悌	NUXT③	忄丷弓丿
涕	IUXT③	氵丷弓丿
逖	QTOP③	犭丿火辶
惕	NJQR③	忄日勹丿
替	FWFJ③	二人二日
	GGJF98	夫夫日二
嚏	KFPH③	口十冖丨

tian

天	GDI②	一大氵
添	IGDN③	氵一大㣺
田	LLLL③	田田田田
恬	NTDG③	忄丿古一
畋	LTY	田攵丶
甜	TDAF	丿古艹二
	TDFG98	丿古甘一
填	FFHW③	土十且八
阗	UFHW③	门十且八
	UFHW	门十且八
忝	GDNU③	一大小丷
殄	GQWE	一夕人彡

腆	EMAW③	月门卅八		同	MGKD②	门一口三	瞳	LUJF③	田立日土
舔	TDGN	丿古一小			MGKD98③	门一口三	彖	XEU	彑豕丷
掭	RGDN	扌一大小		佟	WTUY	亻夂丷、			

tiao

挑	RIQN③	扌乂儿乙	彤	MYET③	冂、彡丿			
	RQIY98	扌儿乂、	苘	AMGK③	卅门一口			

tui

推	RWYG	扌亻圭一

佻	WIQN③	亻乂儿乙	桐	SMGK	木门一口	颓	TMDM	禾几丆贝
	WQIY98	亻儿乂、	砼	DWAG③	石人工一		TWDM98	禾几丆贝
祧	PYIQ	礻、乂儿	铜	QMGK③	钅门一口	腿	EVEP③	月彐𧘇辶
	PYQI98	礻、儿乂	童	UJFF	立日土二		EVP98	月艮辶
条	TSU②	夂木丷	酮	SGMK	西一门口	退	VEPI③	彐𧘇辶丷
迢	VKPD③	刀口辶三	僮	WUJF③	亻立日土		VPI98	艮辶丷
笤	TVKF③	⺮刀口二	潼	IUJF	氵立日土	煺	OVEP③	火彐𧘇辶
韶	HWBK	止人凵口	瞳	HUJF②	目立日土		OVPY98	火艮辶、
蜩	JMFK	虫门土口	统	XYCQ③	纟亠厶儿	蜕	JUKQ③	虫丷口儿
髫	DEVK③	镸彡刀口	捅	RCEH③	扌龴用丨	褪	PUVP	礻丷彐辶
鲦	QGTS	鱼一夂木	桶	SCEH③	木龴用丨			
窕	PWIQ③	宀八乂儿	筒	TMGK③	⺮门一口			
眺	HIQN③	目乂儿乙	恸	NFCL	忄二厶力			

tun

吞	GDKF③	一大口二

	HQIY98	目儿乂、		NFCE98	忄二厶力	囤	LGBN③	囗一凵乙
粜	BMOU③	凵山米丷	痛	UCEK③	疒龴用冂	暾	JYBT③	日亠子夂
跳	KHIQ③	口止乂儿				屯	GBNV②	一凵乙巛
	KHQI98	口止儿乂				饨	QNGN	夕乙一乙

tou

			偷	WWGJ	亻人一刂	豚	EEY	月豕、

tie

贴	MHKG	贝卜口一	钭	QUFH③	钅丷十丨		EGEY98	月一豕、
萜	AMHK	卅门丨口	头	UDI	丷大丷	臀	NAWE	尸共八月
铁	QRWY②	钅𠂉人、	投	RMCY③	扌几又、	余	WIU	人水丷
	QTGY98	钅丿夫、		RWCY98	扌几又、			

tuo

帖	MHHK③	门丨卜口	殳	MEMC③	凡月几又	拖	RTBN③	扌𠂇也乙
	MHHK98	门丨卜口		MEWC98	凡月几又	毛	TAV	丿七巛
餮	GQWE	一夕人㇏	透	TEPV③	禾乃辶巛	托	RTAN③	扌丿七乙
	GQWV98	一夕人艮		TBP98	禾乃辶	脱	EUKQ③	月丷口儿

ting

听	KRH②	口斤丨				驮	CDY	马大、

tu

厅	DSK②	厂丁川	凸	HGMG③	丨一冂一		CGDY98	马一大、
汀	ISH	氵丁丨		HGH98③	丨一丨	佗	WPXN③	亻宀匕乙
烃	OCAG②	火又工一	秃	TMB	禾几《	陀	BPXN③	阝宀匕乙
	OCAG98③	火又工一		TWB98	禾几《	坨	FPXN	土宀匕乙
廷	TFPD	丿士廴三	突	PWDU③	宀八犬丷	沱	IPXN③	氵宀匕乙
亭	YPSJ③	亠冖丁刂	图	LTUI③	囗夂丷丷	驼	CPXN②	马宀匕乙
庭	YTFP	广丿士廴	徒	TFHY	彳土止、		CGPX98	马一宀匕
	OTFP98	广丿士廴	涂	IWTY③	氵人禾、	柁	SPXN③	木宀匕乙
莛	ATFP	卅丿士廴		IWGS98	氵人一木	砣	DPXN③	石宀匕乙
停	WYPS③	亻亠冖丁	荼	AWTU③	卅人禾丷	鸵	QYNX	勹、乙匕
婷	VYPS③	女亠冖丁		AWGS98	卅人一木		QGPX98	鸟一宀匕
葶	AYPS③	卅亠冖丁	酴	WTPI③	人禾辶丷	跎	KHPX	口止宀匕
蜓	JTFP	虫丿士廴		WGSP98	人一木辶	酡	SGPX③	西一宀匕
霆	FTFP③	雨丿士廴	屠	NFTJ③	尸土丿日	橐	GKHS	一口丨木
挺	RTFP	扌丿士廴	酴	SGWT	西一人禾	鼍	KKLN③	口口田乙
梃	STFP	木丿士廴		SGWS98	西一人木	妥	EVF②	爫女二
铤	QTFP	钅丿士廴	土	FFFF	土土土土	庹	YANY	广廿尸、
艇	TETP③	丿舟丿廴	吐	KFG	口土一		OANY98	广廿尸、
	TUTP98	丿舟丿廴	釷	QFG	钅土一	椭	SBDE	木阝𠂇月
			兔	QKQY	夕口儿、	拓	RDG②	扌石一
			堍	FQKY③	土夕口丶	柝	SRYY	木斤、、
				FQKY98	土夕口丶	唾	KTGF③	口丿一士
			菟	AQKY	卅夕口	箨	TRCH	⺮扌又丨

tong

通	CEPK③	龴用辶川

tuan

嗵	KCEP③	口龴用辶	团	LFTE③	囗十丿彡		TRCG98	⺮扌又丰

wa

仝	WAF	人工二	湍	IMDJ③	氵山厂刂	挖	RPWN	扌宀八乙
			抟	RFNY③	扌二乙、			

哇	KFFG③	口土土一	
娃	VFFG③	女土土一	
	VFFG98	女土土一	
洼	IFFG	氵土土一	
娲	VKMW③	女口冂人	
蛙	JFFG③	虫土土一	
瓦	GNYN③	一乙、乙	
	GNNY98	一乙乙、	
佤	WGNN③	亻一乙乙	
	WGNY98	亻一乙、	
袜	PUGS③	衤丶一木	
腽	EJLG③	月日皿一	

wai

歪	GIGH③	一小一止
	DHGH98	犬卜一止
崴	MDGT	山厂一丿
	MDGV98	山戊一女
外	QHY②	夕卜、

wan

弯	YOXB③	一业弓《
剜	PQBJ	⌒夕巴刂
湾	IYOX③	氵一业弓
蜿	JPQB③	虫⌒夕巴
豌	GKUB	一口业巴
丸	VYI	九、氵
纨	XVYY	纟九、丶
芄	AVYU③	艹九、冫
完	PFQB③	⌒二儿《
玩	GFQN③	王二儿乙
顽	FQDM③	二儿丆贝
烷	OPFQ③	火⌒二儿
宛	PQBB②	⌒夕巴《
挽	RQKQ	扌勹口儿
晚	JQKQ②	日夕口儿
莞	APFQ	艹⌒二儿
婉	VPQB③	女⌒夕巴
惋	NPQB	忄⌒夕巴
绾	XPNN③	纟⌒コ コ
脘	EPFQ③	月⌒二儿
菀	APQB	艹⌒夕巴
琬	GPQB③	王⌒夕巴
皖	RPFQ③	白⌒二儿
畹	LPQB③	田⌒夕巴
碗	DPQB③	石⌒夕巴
万	DNV	丆乙《
	GQ98②	一勹
腕	EPQB③	月⌒夕巴

wang

汪	IGG②	氵王一
	IGG98	氵王一
亡	YNV	一乙《
王	GGGG③	王王王王
网	MQQI③	冂乂乂氵
	MRR98	冂乂乂
往	TYGG③	彳丶王一
枉	SGG	木王一
罔	MUYN③	冂丷一乙
惘	NMUN③	忄冂丷乙

辋	LMUN③	车冂丷乙	
魍	RQCN	白儿厶乙	
妄	YNVF	一乙女二	
忘	YNNU	一乙心冫	
旺	JGG	日王一	
望	YNEG	一乙月王	
尢	DNV	尢乙《	

wei

危	QDBB③	勹厂巴《
威	DGVT③	厂一女丿
	DGVD98③	戊一女三
偎	WLGE	亻田一K
逶	TVPD③	禾女辶三
隈	BLGE③	阝田一K
葳	ADGT③	艹厂一丿
	ADGV98③	艹戊一女
微	TMGT③	彳山一攵
煨	OLGE③	火田一K
薇	ATMT③	艹彳山攵
巍	MTVC③	山禾女厶
囗	LHNG	囗丨乙一
为	YLYI③	、力、氵
	YEYI98	、力、氵
韦	FNHK③	二乙丨二
围	LFNH	囗二乙丨
帏	MHFH③	冂丨二丨
沩	IYLY③	氵、力、
	IYEY98	氵、力、
违	FNHP	二乙丨辶
闱	UFNH③	门二乙丨
桅	SQDB③	木勹厂巴
涠	ILFH③	氵囗二丨
唯	KWYG	口亻隹一
帷	MHWY③	冂丨亻隹
惟	NWYG③	忄亻隹一
维	XWYG③	纟亻隹一
嵬	MRQC③	山白儿厶
潍	IXWY③	氵纟亻隹
伟	WFNH③	亻二乙丨
	WFNH98	亻二乙丨
伪	WYLY③	亻、力、
	WYEY98	亻、力、
尾	NTFN③	尸丿二乙
	NEV98②	尸毛《
纬	XFNH③	纟二乙丨
苇	AFNH③	艹二乙丨
委	TVF③	禾女二
	TVF98②	禾女二
炜	OFNH③	火二乙丨
玮	GFNH③	王二乙丨
洧	IDEG	氵ナ月一
娓	VNTN③	女尸丿乙
	VNEN98③	女尸毛乙
诿	YTVG③	讠禾女一
萎	ATVF③	艹禾女二
隗	BRQC③	阝白儿厶
猥	QTLE	犭丿田K
	QTLE98③	犭丿田K
痿	UTVD③	疒禾女三
艉	TENN③	丿舟尸乙
	TUNE98③	丿舟尸毛

韪	JGHH③	日一止丨	
鲔	QGDE	鱼一ナ月	
卫	BGD②	卩一三	
未	FII	二小氵	
	FGGY98	未一一丶	
位	WUG③	亻立一	
味	KFIY③	口二小丶	
	KFY98	口未丶	
畏	LGEU③	田一K冫	
胃	LEF③	田月二	
書	GJFK86	一日十口	
	LKF98	车口二	
尉	NFIF	尸二小寸	
谓	YLEG③	讠田月一	
喂	KLGE③	口田一K	
	KLGE98②	口田一K	
渭	ILEG③	氵田月一	
猬	QTLE	犭丿田月	
蔚	ANFF③	艹尸二寸	
慰	NFIN③	尸二小心	
魏	TVRC③	禾女白厶	

wen

温	IJLG③	氵日皿一
瘟	UJLD③	疒日皿三
文	YYGY	文丶一丶
纹	XYY	纟文丶
闻	UBD	门耳三
蚊	JYY	虫文丶
阌	UEPC	门𧘇⌒又
雯	FYU	雨文冫
刎	QRJH③	勹丿刂丨
吻	KQRT③	口勹丿攵
紊	YXIU	文幺小冫
	YXIU98③	文幺小冫
稳	TQVN	禾⌒彐心
	TQVN98②	禾⌒彐心
问	UKD	门口三
	UKD98②	门口三
汶	IYY	氵文丶
璺	WFMY③	亻二冂丶
	EMGY98	臼冂一丶

weng

翁	WCNF③	八厶羽二
嗡	KWCN③	口八厶羽
蓊	AWCN③	艹八厶羽
瓮	WCGN③	八厶一乙
蕹	AYXY	艹一幺丨

wo

窝	PWKW	⌒八口人
挝	RFPY③	扌寸辶丶
倭	WTVG③	亻禾女一
涡	IKMW③	氵口冂人
莴	AKMW③	艹口冂人
蜗	JKMW③	虫口冂人
我	TRNT③	丿扌乙丿
沃	ITDY	氵丿大丶
肟	EFNN③	月二乙乙
卧	AHNH	匚丨乙丨

字	编码	字根
喔	MHNF	门丨尸土
握	RNGF③	扌尸一土
渥	INGF③	氵尸一土
破	DTRT③	石丿扌丿
	DTRY98	石丿扌、
斡	FJWF③	十早人十
龌	HWBF	止人凵土

wu

字	编码	字根
污	IFNN③	氵二乙乙
乌	QNGD③	勹乙一三
	TNNG98③	丿乙乙一
圬	FFNN③	土二乙乙
	FFNN98	土二乙乙
邬	QNGB	勹乙一阝
	TNNB98	丿乙乙阝
呜	KQNG	口勹乙一
	KTNG98	口丿乙一
巫	AWWI③	工人人氵
屋	NGCF③	尸一厶土
诬	YAWW③	讠工人人
钨	QQNG③	钅勹乙一
	QTNG98	钅丿乙一
无	FQV②	二儿《
毋	XDE	母ナ彡
	NNDE98③	乙乙ナ彡
吴	KGDU③	口一大丷
吾	GKF	五口二
芜	AFQB③	艹二儿《
	AFQ98	艹二儿
梧	SGKG③	木五口一
浯	IGKG③	氵五口一
蜈	JKGD③	虫口一大
顗	VNUK③	臼乙丷口
	ENUK98	臼乙丷口
五	GGHG②	五一丨一
午	TFJ	丿十刂
仵	WTFH	亻丿十丨
伍	WGG	亻五一
坞	FQNG	土勹乙一
	FTNG98	土丿乙一
妩	VFQN③	女二儿乙
庑	YFQV③	广二儿《
	OFQV98③	广二儿《
忤	NTFH	忄丿十丨
怃	NFQN③	忄二儿乙
迕	TFPK	丿十辶川
武	GAHD③	一弋止三
	GAHY98③	一弋止、
侮	WTXU③	亻丿母丷
	WTXY98③	亻丿母、
捂	RGKG③	扌五口一
悟	TRGK	丿扌五口
	CGKG98	牛五口一
鹉	GAHG③	一弋止一
舞	RLGH③	无皿一丨
	TGLG98③	无皿丨
兀	GQV	一儿《
勿	QRE	勹彡
	QRE98②	勹力彡
务	TLB③	夂力《
	TER98②	夂力彡

字	编码	字根
戊	DNYT	厂乙、丿
	DGTY98	戊一丿、
阢	BGQN③	阝一儿乙
机	SGQN	木一儿乙
芴	AQRR	艹勹彡彡
物	TRQR③	丿扌勹彡
	CQR98②	牛勹彡
误	YKGD③	讠口一大
悟	NGKG③	忄五口一
晤	JGKG③	日五口一
焐	OGKG③	火五口一
婺	CBTV	マ卩丿女
	CNHV98	マ乙丨女
痦	UGKD③	疒五口三
鹜	CBTC	マ卩丿马
	CNHG98	マ乙丨一
雾	FTLB③	雨夂力《
	FTER98	雨夂力彡
寤	PNHK	宀乙丨口
	PUGK98	宀丬五口
鋈	CBTG	マ卩丿一
	CNHG98	マ乙丨一
鋈	ITDQ	氵丿大金

xi

字	编码	字根
西	SGHG	西一丨一
蹊	KHED	口止四大
褉	PUJR	礻丬日彡
夕	QTNY	夕丿乙、
兮	WGNB	八一乙《
	WGNB98③	八一乙《
汐	IQY	氵夕、
吸	KEYY②	口乃乀乀
	KBYY98③	口乃乀乀
希	QDMH③	乄ナ门丨
	RDMH98③	乄ナ门丨
昔	AJF	共日二
析	SRH②	木斤丨
矽	DQY	石夕、
穸	PWQU③	宀八夕丷
	PWQU98	宀八夕丷
郗	QDMB	乄ナ门阝
	RDMB98	乄ナ门阝
唏	KQDH③	口乄ナ丨
	KRDH98③	口乄ナ丨
奚	EXDU③	四幺大丷
息	THNU③	丿目心丷
浠	IQDH③	氵乄ナ丨
	IRDH98	氵乄ナ丨
牺	TRSG③	丿扌西一
	CSG98②	牛西一
悉	TONU③	丿米心丷
惜	NAJG③	忄共日一
欷	QDMW③	乄ナ门人
	RDMW98	乄ナ门人
淅	ISRH③	氵木斤丨
烯	OQDH③	火乄ナ丨
	ORDH98③	火乄ナ丨
硒	DSG	石西一
菥	ASRJ③	艹木斤刂
晰	JSRH③	日木斤丨
犀	NIRH③	尸水二丨

字	编码	字根
	NITG98③	尸水丿丰
稀	TQDH③	禾乄ナ丨
	TRDH98②	禾乄ナ丨
栖	OSG	米西一
禽	WGKN	人一口羽
艏	TESG③	丿舟西一
	TUSG98	丿舟西一
溪	IEXD③	氵四幺大
皙	SRRF③	木斤白二
锡	QJQR③	钅日勹彡
僖	WFKK③	亻士口口
熄	OTHN③	火丿目心
熙	AHKO③	匚丨口灬
蜥	JSRH③	虫木斤丨
嘻	KFKK③	口士口口
嬉	VFKK③	女士口口
膝	ESWI③	月木人水
椋	SNIH③	木尸水丨
	SNIG98③	木尸水丰
熹	FKUO③	士口丷灬
羲	UGTT③	丷王禾丿
	UGTY98③	丷王禾、
螅	JTHN③	虫丿目心
蟋	JTON③	虫丿米心
醯	SGYL③	西一丶皿
曦	JUGT③	日丷王丿
	JUGY98③	日丷王、
巇	VNUD③	臼乙丷大
	ENUD98	臼乙丷大
习	NUD②	乙丷三
席	YAMH③	广廿门丨
	OAMH98②	广廿门丨
袭	DXYE③	尤匕乀衣
	DXYE98	尤匕乀衣
觋	AWWQ	工人人儿
媳	VTHN③	女丿目心
隰	BJXO③	阝日幺灬
檄	SRYT③	木白方攵
洗	ITFQ③	氵丿土儿
玺	QIGY③	夕小王、
徙	THHY③	彳止止、
	THHY98	彳止止、
铣	QTFQ	钅丿土儿
喜	FKUK③	士口丷口
蕙	ALNU	艹田心丷
	ALNU98③	艹田心丷
屣	NTHH	尸彳止止
	NTHH98③	尸彳止止
葈	ATHH③	艹彳止止
禧	PYFK	礻、士口
戏	CAT②	又戈丿
	CAY98②	又戈、
系	TXIU③	丿幺小丷
忾	QNRN	夕乙二乙
细	XLG③	纟田一
阋	UVQV③	门臼儿《
	UEQV98③	门臼儿《
舄	VQOU③	臼勹灬丷
	EQO98	臼勹灬
隙	BIJI③	阝小日小
褉	PYDD	礻、三大
枵	SKGN③	木口一乙

xia

虾	JGHY	虫一卜、
呷	KLH	口甲丨
瞎	HPDK②	目宀三口
匣	ALK	匚甲Ⅲ
侠	WGUW③	亻一丷人
	WGUD98③	亻一丷大
狎	QTLH③	犭丿甲丨
峡	MGUW③	山一丷人
	MGUD98③	山一丷大
柙	SLH	木甲丨
狭	QTGW	犭丿一人
硖	DGUW	石一丷人
	DGUD98	石一丷大
遐	NHFP③	코丨二辶
暇	JNHC③	日코丨又
瑕	GNHC③	王코丨又
辖	LPDK③	车宀三口
霞	FNHC	雨코丨又
黠	LFOK	罒土灬口
下	GHI②	一卜氵
吓	KGHY③	口一卜、
夏	DHTU③	厂目夂
厦	DDHT③	厂丆目夂
罅	RMHH	仁山虍丨
	TFBF98	仁十山十

xian

先	TFQB③	丿土儿《
仙	WMH②	亻山丨
纤	XTFH③	纟丿十丨
氙	RNMJ③	仁乙山刂
	RMK98	气山川
祆	PYGD	礻、一大
籼	OMH	米山丨
苀	AWGI③	艹人一丷
	AWGG98	艹人一一
掀	RRWW③	扌斤乄人
跹	KHTP	口止丿辶
酰	SGTQ	西一丿儿
锨	QRWW③	钅斤乄人
鲜	QGUD③	鱼一丷手
	QGUH98③	鱼一羊丨
暹	JWYP③	日亻圭辶
闲	USI③	门木氵
弦	XYXY③	弓亠幺
贤	JCMU③	刂又贝丷
咸	DGKT③	厂一口丿
	DGKD98	戌一口三
涎	ITHP	氵丿止廴
娴	VUSY③	女门木
舷	TEYX	丿舟亠幺
	TUYX98	丿舟亠幺
衔	TQFH③	彳钅二丨
	TQGS98③	彳钅一丁
痫	UUSI③	疒门木氵
鹇	USQG③	门木勹一
嫌	VUVO②	女丷彐小
	VUVW98②	女丷彐八
冼	UTFQ③	冫丿土儿
显	JOGF②	日业一二

	JOF98②	日业二
险	BWGI③	阝人一丷
	BWGG98	阝人一一
猃	QTWI	犭丿人丷
	QTWG98	犭丿人一
蚬	JMQN③	虫门儿乙
筅	TTFQ	竹丿土儿
跣	KHTQ	口止丿儿
藓	AQGD	艹鱼一手
	AQGU98	艹鱼一羊
燹	EEOU①	豕豕火丷
	GEGO98③	一豕一火
县	EGCU①	目一厶丷
岘	MMQN③	山门儿乙
苋	AMQB③	艹门儿《
现	GMQN③	王门儿乙
线	XGT②	纟戋丿
	XGAY98②	纟一戈、
限	BVEY②	阝彐L\
	BVY98②	阝艮、
宪	PTFQ③	宀丿土儿
陷	BQVG③	阝⺈臼一
	BQEG98③	阝⺈臼一
馅	QNQV	勹乙⺈臼
	QNQE98	勹乙⺈臼
羡	UGUW③	丷王丷人
献	FMUD	十门丷犬
	FMUD98③	十门丷犬
腺	ERIY③	月白水、

xiang

香	TJF	禾日二
乡	XTE	纟丿彡
	XTE98②	纟丿彡
芗	AXTR③	艹纟丿
相	SHG②	木目一
厢	DSHD②	厂木目三
湘	ISHG③	氵木目一
缃	XSHG③	纟木目一
葙	ASHF③	艹木目一
箱	TSHF③	竹木目二
襄	YKKE③	亠口口𧘇
骧	CYKE③	马亠口𧘇
	CGYE98	马一亠𧘇
镶	QYKE③	钅亠口𧘇
详	YUDH③	讠丷三丨
	YUH98②	讠羊丨
庠	YUDK	广丷手川
	OUK98	广羊川
祥	PYUD③	礻、丷羊
	PYUH98③	礻、羊丨
翔	UDNG	丷手羽一
	UNG98	羊羽一
享	YBF	亠子二
	YBF98②	亠子二
响	KTMK③	口丿门口
饷	QNTK	勹乙丿口
飨	XTWE③	纟丿人𧘇
	XTWV98③	纟丿人艮
想	SHNU③	木目心丷
鲞	UDQG	丷大鱼一
	UGQG98	丷夫鱼一

向	TMKD②	丿门口三
	TMKD98③	丿门口三
巷	AWNB③	共八巳《
项	ADMY③	工丆贝、
象	QJEU②	⺈日豕丷
像	QKEU98③	⺈口豕丷
像	WQJE③	亻⺈日豕
	WQKE98③	亻⺈口豕
橡	SQJE③	木⺈日豕
	SQKE98③	木⺈口豕
蟓	JQJE③	虫⺈日豕
	JQKE98	虫⺈口豕

xiao

消	IIEG③	氵⺌月一
枭	QYNS	⺈、乙木
	QSU98	鸟木丷
哓	KATQ③	口七丿儿
骁	CATQ	马七丿儿
	CGAQ98	马一七儿
宵	PIEF②	宀⺌月二
绡	XIEG③	纟⺌月一
逍	IEPD③	⺌月辶三
萧	AVIJ	艹彐小刂
	AVHW98	艹彐丨八
硝	DIEG③	石⺌月一
销	QIEG③	钅⺌月一
潇	IAVJ	氵艹彐刂
	IAVW98	氵艹彐八
箫	TVIJ	竹彐小刂
	TVHW98③	竹彐丨八
霄	FIEF③	雨⺌月二
魈	RQCE	白儿厶月
嚣	KKDK	口口⼑口
崤	MQDE	山乄ナ月
	MRDE98	山乄ナ月
淆	IQDF③	氵乄ナ月
	IRDE98③	氵乄ナ月
小	IHTY②	小丨丿、
晓	JATQ③	日七丿儿
筱	TWHT③	竹亻丨夂
孝	FTBF③	土丿子二
肖	IEF②	⺌月二
哮	KFTB③	口土丿子
效	UQTY③	六乄夂、
	URTY98	六乄夂、
校	SUQY③	木六乄、
	SURY98③	木六乄、
笑	TTDU③	竹丿大丷
啸	KVIJ③	口彐小刂
	KVHW98②	口彐丨八

xie

些	HXFF③	止匕二二
楔	SDHD③	木三丨大
歇	JQWW③	日勹人人
蝎	JJQN③	虫日勹乙
协	FLWY③	十力八、
	FEW98②	十力八
邪	AHTB	匚丨丿⻖
胁	ELWY③	月力八、
	EEW98③	月力八

字	编码	字根
挟	RGUW③	扌一丷人
	RGUD98③	扌一丷大
偕	WXXR	亻比比白
	WXXR98③	亻比比白
斜	WTUF	人禾冫十
	WGSF98	人一木十
谐	YXXR	讠比比白
	YXXR98③	讠比比白
携	RWYE	扌亻圭乃
	RWYB98	扌亻圭乃
飆	LLLN	力力力心
	EEEN98	力力力心
撷	RFKM	扌土口贝
缬	XFKM	纟士口贝
鞋	AFFF	廿革土土
写	PGNG	冖一乙一
泄	IANN	氵廿乙乙
泻	IPGG	氵宀一一
	IPGG98③	氵宀一一
绁	XANN	纟廿乙乙
卸	RHBH③	⺈止卩丨
	TGHB98	𠂹一止卩
屑	NIED	尸⺌月三
械	SAAH②	木戈井丨
	SAAH98③	木戈井丨
襄	YRVE③	亠㇇九㐄
渫	IANS	氵廿乙木
谢	YTMF③	讠丿门寸
楔	SNIE③	木尸彡月
	SNIE98	木尸彡月
榭	STMF③	木丿门寸
廨	YQEH③	广⺈用丨
	OQEG98	广⺈用一
懈	NQEH②	忄⺈用丨
	NQEG98③	忄⺈用丨
獬	QTQH③	犭丿⺈丨
	QTQG98	犭丿⺈一
薤	AGQG	艹一⺈一
邂	QEVP	⺈用刀辶
燮	OYOC③	火言火又
	YOOC98	言火火又
瀣	IHQG③	氵⺊⺈一
蟹	QEVJ	⺈用刀虫
躞	KHOC	口止火又
	KHYC98	口止言又

xin

字	编码	字根
心	NYNY②	心丶乙丶
忻	NRH	忄斤丨
芯	ANU	艹心丷
辛	UYGH	辛丶一丨
昕	JRH	日斤丨
欣	RQWY③	斤⺈人丶
锌	QUH	钅辛丨
新	USRH③	立木斤丨
歆	UJQW	立日⺈人
薪	AUSR③	艹立木斤
馨	FNMJ③	士尸几日
	FNWJ98	士尸几日
鑫	QQQF③	金金金二
	QQQF98	金金金二
囟	TLQI	丿囗乂氵

字	编码	字根
	TLRI98③	丿囗乂氵
信	WYG②	亻言一
衅	TLUF③	丿皿丷十
	TLUG98③	丿皿丷十

xing

字	编码	字根
星	JTGF③	日丿一二
饧	QNNR	⺈乙乙丿
兴	IWU②	⺍八丷
	IGWU98③	⺍一八丷
惺	NJTG③	忄日丿㇀
猩	QTJG	犭丿日㇀
腥	EJTG③	月日丿㇀
刑	GAJH	一廾刂丨
行	TFHH②	彳二丨丨
	TGSH98③	彳一丁丨
邢	GABH③	一廾阝丨
形	GAET③	一廾彡丿
陉	BCAG③	阝ㄡ工一
型	GAJF	一廾刂土
硎	DGAJ	石一廾刂
醒	SGJG③	西一日㇀
擤	RTHJ③	扌丿目十
	RTHJ98	扌丿目十
杏	SKF	木口二
姓	VTGG③	女丿㇀一
幸	FUFJ③	土丷十丨
性	NTGG③	忄丿㇀一
荇	ATFH	艹彳二丨
	ATGS98	艹彳一丁
悻	NFUF	忄土丷十

xiong

字	编码	字根
兄	KQB	口儿《
	KQB98②	口儿《
凶	QBK	乂凵Ⅲ
	RBK98	乂凵Ⅲ
匈	QQBK	勹乂凵Ⅲ
	QRBK98	勹乂凵Ⅲ
芎	AXB	艹弓《
汹	IQBH	氵乂凵丨
	IRBH98③	氵乂凵丨
胸	EQQB②	月勹乂凵
	EQRB98②	月勹乂凵
雄	DCWY③	ナ厶亻圭
熊	CEXO	厶月匕灬

xiu

字	编码	字根
休	WSY②	亻木丶
修	WHTE③	亻丨攵彡
咻	KWSY③	口亻木丶
庥	YWSI③	广亻木氵
	OWSI98③	广亻木氵
羞	UDNF③	丷𦍌乙土
	UNHG98	羊乙丨一
鸺	WSQG③	亻木勹一
貅	EEWS③	四勿亻木
	EWSY98③	豸亻木丶
馐	QNUF	勹乙丷土
	QNUG98	勹乙羊一
髹	DEWS③	镸彡亻木

字	编码	字根
朽	SGNN	木一乙乙
秀	TEB	禾乃《
	TBR98②	禾乃彡
岫	MMG	山由一
绣	XTEN	纟禾乃乙
	XTBT98③	纟禾乃丿
袖	PUMG③	衤冫由一
锈	QTEN	钅禾乃乙
	QTBT98	钅禾乃丿
溴	ITHD	氵丿目犬
嗅	KTHD	口丿目犬

xu

字	编码	字根
需	FDMJ③	雨丆门刂
圩	FGF	土一十
戌	DGNT③	厂一乙丿
	DGD98	戊一三
盱	HGFH③	目一十丨
胥	NHEF③	乙止月二
须	EDMY③	彡丆贝丶
项	GDMY③	王丆贝丶
虚	HAOG③	虍七业一
	HOD98	虍业三
嘘	KHAG	口虍七一
	KHOG98	口虍业一
墟	FHAG	土虍七一
	FHOG98③	土虍业一
徐	TWTY③	彳人禾丶
	TWGS98③	彳人一木
许	YTFH③	讠丿十丨
诩	YNG	讠羽一
栩	SNG	木羽一
糈	ONHE③	米乙止月
醑	SGNE	西一乙月
旭	VJD	九日三
序	YCBK③	广マ卩Ⅲ
	OCNH98	广マ乙丨
叙	WTCY③	人禾又丶
	WGSC98	人一木又
恤	NTLG③	忄丿皿一
洫	ITLG	氵丿皿一
畜	YXLF③	亠幺田二
勖	JHLN③	日目力乙
	JHET98③	日目力丿
绪	XFTJ③	纟土丿日
续	XFND③	纟土乙大
酗	SGQB	西一乂凵
	SGRB98	西一乂凵
婿	VNHE	女乙止月
溆	IWTC	氵人禾又
	IWGC98	氵人一又
絮	VKXI③	女口幺小
煦	JQKO	日勹口灬
蓄	AYXL③	艹亠幺田
蓿	APWJ	艹宀亻日
吁	KGFH	口一十丨

xuan

字	编码	字根
宣	PGJG③	宀一日一
轩	LFH	车干丨
谖	YEFC③	讠爫二又
喧	KPGG②	口宀一一

字	编码	字根
揎	RPGG③	扌宀一一
萱	APGG	艹宀一一
暄	JPGG③	日宀一一
煊	OPGG③	火宀一一
儇	WLGE	亻罒一𧘇
玄	YXU	亠幺丷
痃	UYXI③	疒亠幺氵
悬	EGCN	月一厶心
旋	YTNH③	方𠂉乙龰
	YTNH	方𠂉乙龰
漩	IYTH	氵方𠂉龰
璇	GYTH	王方𠂉龰
选	TFQP	丿土儿辶
癣	UQGD③	疒鱼一手
	UQGU98	疒鱼一羊
泫	IYXY③	氵亠幺、
炫	OYXY③	火亠幺、
绚	XQJG③	纟勹日一
眩	HYXY②	目亠幺一
	HYXY98	目亠幺一
铉	QYXY③	钅亠幺、
渲	IPGG	氵宀一一
楦	SPGG③	木宀一一
碹	DPGG③	石宀一一
镟	QYTH	钅方𠂉龰

xue

字	编码	字根
靴	AFWX	廿革亻匕
削	IEJH③	丷月刂丨
薛	AWNU	艹亻㖾辛
	ATNU98	艹亻㖾辛
穴	PWU	宀八丷
学	IPBF②	丷宀子一
	IPB98③	丷宀子一
泶	IPIU③	丷宀水丷
鳕	RRKH	扌斤口丨
雪	FVF②	雨彐丨
鳕	QGFV	鱼一雨彐
血	TLD	丿皿三
谑	YHAG③	讠虍厂一

xun

字	编码	字根
勋	KMLN③	口贝力乙
	KMET98③	口贝力丿
郇	QJBH③	勹日阝丨
浚	ICWT	氵厶八夂
塤	FKMY	土口贝、
	FKMY98③	土口贝、
熏	TGLO	丿一囗灬
	TGLO98	丿一囗灬
獯	QTTO	犭丿丿灬
薰	ATGO	艹丿一灬
曛	JTGO	日丿一灬
醺	SGTO	西一丿灬
寻	VFU②	彐寸丷
巡	VPV	巛辶巛
旬	QJD	勹日三
驯	CKH	马川丨
	CGKH98③	马一川丨
询	YQJG③	讠勹日一
峋	MQJG	山勹日一
	MQJG98③	山勹日一
恂	NQJG③	忄勹日一
洵	IQJG③	氵勹日一
浔	IVFY	氵彐寸、
荀	AQJF③	艹勹日一
循	TRFH	彳厂十目
	TRFH98③	彳厂十目
鲟	QGVF	鱼一彐寸
	QGVF98	鱼一彐寸
训	YKH②	讠川丨
讯	YNFH③	讠乙十丨
汛	INFH③	氵乙十丨
	INFH98	氵乙十丨
迅	NFPK③	乙十辶川
徇	TQJG③	彳勹日一
逊	BIPI③	子小辶氵
殉	GQQJ③	一歹勹日
巽	NNAW③	巳巳共八
蕈	ASJJ③	艹西早丨

ya

字	编码	字根
呀	KAHT②	口匚丨丿
丫	UHK	丷丨川
压	DFYI③	厂土、丷
押	RLH②	扌甲丨
鸦	AHTG	匚丨丿一
桠	SGOG	木一业一
鸭	LQYG③	甲勹、一
	LQGG98③	甲鸟一一
牙	AHTE②	匚丨丿㇗
伢	WAHT③	亻匚丨丿
岈	MAHT③	山匚丨丿
芽	AAHT③	艹匚丨丿
邪	AHTB③	匚丨丿阝
蚜	JAHT③	虫匚丨丿
崖	MDFF③	山厂土土
涯	IDFF③	氵厂土土
睚	HDFF③	目厂土土
衙	TGKH③	彳五口丨
	TGKS98	彳五口丁
哑	KGOG③	口一业一
痖	UGOG③	疒一业一
	UGO98③	疒一业一
雅	AHTY③	匚丨丿龶
亚	GOGD③	一业一三
	GOD98	一业三
讶	YAHT③	讠匚丨丿
迓	AHTP③	匚丨丿辶
垭	FGOG③	土一业一
娅	VGOG③	女一业一
砑	DAHT③	石匚丨丿
氩	RNGG	气乙一一
	RGOD98③	气一业三
揠	RAJV	扌匚日女

yan

字	编码	字根
烟	OLDY②	火囗大、
	OLDY98	火囗大、
剡	OOJH③	火火刂丨
阏	UYWU	门方人丷
埏	FTHP③	土丿止辶
咽	KLDY③	口囗大、
恹	NDDY	忄厂犬、
胭	ELDY③	月囗大、
崦	MDJN③	山大日乙
淹	IDJN③	氵大日乙
焉	GHGO③	一止一灬
菸	AYWU	艹方人丷
阉	UDJN	门大日乙
	UDJN98③	门大日乙
湮	ISFG	氵西土一
腌	EDJN	月大日乙
	EDJN98③	月大日乙
鄢	GHGB	一止一阝
嫣	VGHO③	女一止灬
延	THPD③	丿止辶三
	THNP98	丿卜乙辶
闫	UDD	门三三
严	GODR③	一业厂丿
	GOTE98	一业丿彡
妍	VGAH③	女一开丨
芫	AFQB	艹二儿《
	AFQB98③	艹二儿《
言	YYYY③	言言言言
岩	MDF	山石二
沿	IMKG③	氵几口一
	IWKG98③	氵几口一
炎	OOU②	火火丷
研	DGAH③	石一开丨
盐	FHLF③	土卜皿二
阎	UQVD	门夕臼三
	UQED98③	门夕臼三
筵	TTHP	竹丿止辶
	TTHP98③	竹丿止辶
蜒	JTHP	虫丿止辶
颜	UTEM	立丿彡贝
檐	SQDY	木夕厂言
兖	UCQB③	六厶儿《
奄	DJNB③	大日乙《
俨	WGOD③	亻一业厂
	WGOT98	亻一业丿
衍	TIFH③	彳氵二丨
	TIGS98③	彳氵一丁
偃	WAJV	亻匚日女
厣	DDLK③	厂犬甲川
掩	RDJN	扌大日乙
	RDJN98③	扌大日乙
眼	HVEY②	目彐以乀
	HVY98②	目艮、
郾	AJVB③	匚日女阝
琰	GOOY③	王火火、
罨	LDJN	罒大日乙
	LDJN98③	罒大日乙
演	IPGW③	氵宀一八
	IPGW98	氵宀一八
魇	DDRC③	厂犬白厶

字	编码	字根
曛	VNUV	曰乙冫女
	ENUV98	曰乙冫女
厌	DDI	厂犬冫
彦	UTER	立丿彡
	UTEE98	立丿彡
砚	DMQN③	石门儿乙
喑	KYG	口言一
宴	PJVF③	宀日女二
晏	JPVF③	日宀女二
艳	DHQC③	三丨夕巴
验	CWGI③	马人一冫
	CGWG98	马一人一
谚	YUTE③	讠立丿彡
堰	FAJV	土匚日女
焰	OQVG③	火⺈臼一
	OQE98	火⺈臼
焱	OOOU	火火火冫
雁	DWWY③	厂亻亻圭
沲	IDHC	氵三丨巴
酽	SGGD	西一一厂
	SGGT98	西一一丿
谳	YFMD③	讠十门犬
厣	DDWE③	厂犬人⺊
	DDWV98	厂犬人艮
燕	AUKO②	廿丬口灬
	AKUO③	廿口丬灬
赝	DWWM	厂亻亻贝

yang

字	编码	字根
央	MDI②	冂大冫
泱	IMDY	氵冂大
殃	GQMD③	一夕冂大
秧	TMDY	禾冂大
鸯	MDQG③	冂大勹一
鞅	AFMD	廿革冂大
扬	RNRT③	扌乙⺀丿
羊	UDJ	丷⺸丿丨
	UYT98③	羊丶丿丨
阳	BJG②	阝日一
杨	SNRT②	木乙⺀丿
	SNRT98	木乙⺀丿
炀	ONRT	火乙⺀丿
佯	WUDH	亻丷⺸丨
	WUH98③	亻羊丨
疡	UNRE③	疒乙⺀彡
祥	TUDH③	礻丷⺸丨
	TUH98③	礻羊丨
洋	IUDH②	氵丷⺸丨
	IU98②	氵羊丨
烊	OUDH③	火丷⺸丨
	OUH98③	火羊丨
蛘	JUDH③	虫丷⺸丨
	JUH	虫羊丨
仰	WQBH	亻⺈卩丨
	WQBH98③	亻⺈卩丨
养	UDYJ	丷⺸丶丿
	UGJ98③	丷夫丿丨
氧	RNUD③	气乙丷⺸
	RUK98③	气羊川
痒	UUDK③	疒丷⺸川
	UUK98③	疒羊川
怏	NMDY	忄冂大丶
恙	UGNU③	丷王心冫
样	SUDH②	木丷⺸丨
	SU98②	木羊丨
漾	IUGI	氵丷王水

yao

字	编码	字根
腰	ESVG③	月西女一
幺	XNNY	幺乙乙丶
	XXXX98	幺幺幺幺
夭	TDI	丿大冫
吆	KXY	口幺丶
妖	VTDY③	女丿大丶
邀	RYTP	白方攵辶
爻	QQU	乂乂冫
	RRU98③	乂乂冫
尧	ATGQ	七丿一儿
肴	QDEF③	乂ナ月二
	RDEF98③	乂ナ月二
姚	VIQN③	女⺀儿乙
	VQIY98③	女儿⺀丶
轺	LVKG③	车刀口一
珧	GIQN③	王⺀儿乙
	GQIY98	王儿⺀丶
窑	PWRM③	宀八⺈山
	PWTB98	宀八⺈凵
谣	YERM③	讠⺈山
	YETB98③	讠⺈凵
徭	TERM③	彳⺈山
	TETB98③	彳⺈凵
摇	RERM③	扌⺈山
	RETB98③	扌⺈凵
遥	ERMP②	爫⺈山辶
	ETFP98③	爫⺈十辶
瑶	GERM③	王爫⺈山
	GETB98③	王爫⺈凵
繇	ERMI	爫⺈山小
	ETFI98	爫⺈十小
鳐	QGEM	鱼一爫山
	QGEB98	鱼一爫凵
杳	SJF	木日二
咬	KUQY③	口六乂丶
	KURY98③	口六乂丶
窈	PWXL	宀八幺力
	PWXE98	宀八幺力
舀	EVF	爫臼二
	EEF98	爫臼二
崾	MSVG③	山西女一
药	AXQY②	艹纟勹丶
要	SVF①	西女二
鹞	ERMG	爫⺈山一
	ETFG98	爫⺈十一
曜	JNWY③	日羽亻圭
耀	IQNY	光儿羽圭
	IGQY98	光一儿圭
钥	QEG	钅月一

ye

字	编码	字根
爷	WQBJ③	八乂卩丨
	WRBJ98③	八乂卩丨
椰	SBBH③	木耳阝丨
噎	KFPU③	口士冖丷
耶	BBH	耳阝丨
揶	RBBH③	扌耳阝丨
铘	QAHB	钅匚丨阝
	QAHB98	钅匚丨阝
也	BNHN②	也乙丨乙
冶	UCKG③	冫厶口一
野	JFCB③	日土マ阝
	JFCH98③	日土マ丨
业	OGD②	业一三
	OHHG98②	业丨丨一
叶	KFH②	口十丨
曳	JXE	日匕彡
	JNTE98③	日乙丿彡
页	DMU	厂贝冫
邺	OGBH③	业一阝丨
	OBH98	业阝丨
夜	YWTY③	亠亻夂丶
晔	JWXF③	日亻七十
烨	OWXF③	火亻七十
掖	RYWY③	扌亠亻丶
液	IYWY③	氵亠亻丶
谒	YJQN③	讠日勹乙
腋	EYWY	月亠亻丶
靥	DDDL	厂犬厂口
	DDDF98	厂犬厂二

yi

字	编码	字根
一	GGLL①	一（单笔）
伊	WVTT③	亻彐丿丿
衣	YEU②	亠⻇冫
医	ATDI③	匚ナ大冫
依	WYEY③	亻亠⻇丶
咿	KWVT	口亻彐丿
猗	QTDK	犭丿大口
铱	QYEY③	钅亠⻇丶
壹	FPGU③	士冖一丷
揖	RKBG③	扌口耳一
漪	IQTK	氵犭丿口
噫	KUJN	口立日心
黟	LFOQ	囗土灬多
仪	WYQY③	亻丶乂丶
	WYRY98③	亻丶乂丶
圯	FNN	土巳一
夷	GXWI③	一弓人冫
沂	IRH	氵斤丨
诒	YCKG③	讠厶口一
宜	PEGF③	宀月一二
怡	NCKG③	忄厶口一
迤	TBPV③	⺧也辶巛
	TBPV98	⺧也辶巛
饴	QNCK③	夕乙厶口
咦	KGXW③	口一弓人
姨	VGXW②	女一弓人
	VGXW98③	女一弓人
荑	AGXW③	艹一弓人
贻	MCKG③	贝厶口一
眙	HCKG③	目厶口一
胰	EGXW③	月一弓人
酏	SGBN③	西一也乙
痍	UGXW	疒一弓人
	UGXW98③	疒一弓人
移	TQQY③	禾夕夕丶
遗	KHGP	口丨一辶

颐	AHKM	匚丨口贝
	AHKM98③	匚丨口贝
疑	XTDH	匕𠂉大龰
	XTDH98③	匕𠂉大龰
嶷	MXTH③	山匕𠂉龰
彝	XGOA③	彑一米廾
	XOXA98	彑米幺廾
乙	NNLL③	乙（单笔）
已	NNNN	已乙乙乙
以	NYWY	乙丶人丶
钇	QNN	钅乙乙
矣	CTDU②	厶𠂉大冫
苡	ANYW③	艹乙丶人
	ANYW98	艹乙丶人
舣	TEYQ	丿舟丶乂
	TUYR98	丿舟丶乂
蚁	JYQY③	虫丶乂丶
	JYR98③	虫丶乂
倚	WDSK③	亻大丁口
椅	SDSK③	木大丁口
旖	YTDK	方𠂉大口
义	YQI②	丶乂氵
	YRI②	丶乂氵
亿	WNN②	亻乙乙
弋	AGNY	弋一乙丶
	AYI98③	七丶氵
刈	QJH	乂刂丨
	RJH	乂刂丨
忆	NNN②	忄乙乙
	NNN98③	忄乙乙
艺	ANB	艹乙巛
	ANB98②	艹乙巛
议	YYQY③	讠丶乂丶
	YYRY98③	讠丶乂丶
亦	YOU	亠小冫
	YOU98②	亠小冫
屹	MTNN	山𠂉乙乙
	MTNN98③	山𠂉乙乙
异	NAJ	巳廾刂
	NAJ98②	巳廾刂
佚	WRWY③	亻𠂉人丶
	WTGY98	亻丿夫丶
呓	KANN③	口艹乙乙
	KANN98	口艹乙乙
役	TMCY③	彳几又㇏
	TWCY98③	彳几又丶
抑	RQBH③	扌𠂊卩丨
译	YCFH③	讠又二丨
	YCGH98③	讠又丰丨
邑	KCB	口巴巛
佾	WWEG③	亻八月一
	WWEG98	亻八月一
峄	MCFH③	山又二丨
	MCGH98	山又丰丨
怿	NCFH	忄又二丨
	NCGH98③	忄又丰丨
易	JQRR③	日勹彡彡
绎	XCFH③	纟又二丨
	XCGH98③	纟又丰丨
诣	YXJG③	讠匕日一
驿	CCFH③	马又二丨
	CGCG98	马一又丰
奕	YODU③	亠小大冫
弈	YOAJ③	亠小廾刂
疫	UMCI③	疒几又氵
	UWC98	疒几又
羿	NAJ	羽廾刂
轶	LRWY③	车𠂉人丶
	LTG98	车丿夫
悒	NKCN③	忄口巴乙
挹	RKCN③	扌口巴乙
益	UWLF③	䒑八皿二
谊	YPEG③	讠宀月一
	YPEG98	讠宀月一
埸	FJQR③	土日勹彡
翊	UNG	立羽一
翌	NUF	羽立二
逸	QKQP	勹口儿辶
意	UJNU③	立日心冫
溢	IUWL③	氵䒑八皿
缢	XUWL③	纟䒑八皿
肄	XTDH	匕𠂉大丨
	XTDG98	匕𠂉大丰
裔	YEMK③	亠衣冂口
	YEMK98	亠衣冂口
瘗	UGUF	疒一䒑土
蜴	JJQR	虫日勹彡
毅	UEMC③	立豕几又
	UEWC98③	立豕几又
熠	ONRG	火羽白一
镒	QUWL③	钅䒑八皿
劓	THLJ	丿目田刂
殪	GQFU	一夕士䒑
薏	AUJN	艹立日心
翳	ATDN	匚𠂉大羽
翼	NLAW③	羽田艹八
臆	EUJN③	月立日心
癔	UUJN	疒立日心
镱	QUJN	钅立日心
懿	FPGN	士冖一心

yin

音	UJF	立日二
因	LDI②	囗大氵
窨	PWUJ	宀八立日
阴	BEG②	阝月一
姻	VLDY③	女囗大㇏
洇	ILDY	氵囗大丶
茵	ALDU③	艹囗大冫
荫	ABEF③	艹阝月二
殷	RVNC③	厂彐乙又
氤	RNLD③	𠂉乙囗大
	RLDI98③	气囗大氵
铟	QLDY	钅囗大㇏
喑	KUJG③	口立日一
堙	FSFG③	土西土一
	FSFG98	土西土一
吟	KWYN	口人丶乙
垠	FVEY③	土彐𧘇㇏
	FVY98	土艮丶
狺	QTYG	犭丿言一
寅	PGMW③	宀一由八
淫	IETF③	氵爫丿士
银	QVEY③	钅彐𧘇㇏
	QVY98	钅艮丶
鄞	AKGB	廿口丰阝
夤	QPGW	夕宀一八
龈	HWBE	止人凵𧘇
	HWBV98	止人凵艮
霪	FIEF	雨氵爫士
尹	VTE	彐丿彡
引	XHH②	弓丨丨
吲	KXHH③	口弓丨丨
饮	QNQW③	𠂊乙𠂊人
蚓	JXHH③	虫弓丨丨
隐	BQVN②	阝𠂊彐心
	BQVN98③	阝𠂊彐心
瘾	UBQN③	疒阝𠂊心
印	QGBH③	𠂊一卩丨
茚	AQGB	艹𠂊一卩
胤	TXEN	丿幺月乙

ying

英	AMDU③	艹冂大冫
应	YID	广⺍三
	OIGD98②	广⺍一三
莺	APQG③	艹冖勹一
婴	MMVF③	贝贝女二
瑛	GAMD③	王艹冂大
嘤	KMMV③	口贝贝女
撄	RMMV③	扌贝贝女
缨	XMMV③	纟贝贝女
罂	MMRM③	贝贝𠂉山
	MMTB98③	贝贝𠂉凵
樱	SMMV	木贝贝女
	SMMV98③	木贝贝女
鹦	MMVG	贝贝女一
膺	YWWE	广亻亻月
	OWWE98	广亻亻月
鹰	YWWG	广亻亻一
	OWWG98	广亻亻一
迎	QBPK③	𠂊卩辶川
茔	APFF	艹冖土二
盈	ECLF③	乃又皿二
	BCLF98③	乃又皿二
荥	APIU③	艹冖水冫
荧	APOU③	艹冖火冫
莹	APGY	艹冖王丶
萤	APJU③	艹冖虫冫
营	APKK③	艹冖口口
萦	APXI③	艹冖幺小
楹	SECL③	木乃又皿
	SBCL98③	木乃又皿
滢	IAPY	氵艹冖丶
蓥	APQF	艹冖金二
潆	IAPI	氵艹冖小
蝇	JKJN②	虫口日乙
嬴	YNKY	亠乙口丶
	YEVY98③	亡月女丶
赢	YNKY	亠乙口丶
	YEMY98③	亡月贝丶
瀛	IYNY	氵亠乙丶
	IYEY98③	氵亡月丶
郢	KGBH	口王阝丨
颍	XIDM③	匕水𠂆贝
颖	XTDM③	匕禾𠂆贝

第一列

	XTDM98	比禾广贝
影	JYIE	日亠小彡
瘿	UMMV③	广贝贝女
映	JMDY98	日门大丶
硬	DGJQ③	石一日乂
	DGJR98	石一日乂
腰	EUDV	月覀大女
	EUGV98	月丷夫女

yo

哟	KXQY②	口纟勹丶
唷	KYCE③	口亠厶月

yong

拥	REH	扌用丨
佣	WEH	亻用丨
痈	UEK	广用川
邕	VKCB③	巛口巴《
庸	YVEH	广ヨ用丨
	OVEH98	广ヨ用丨
雍	YXTY③	亠纟丿丨
墉	FYVH	土广ヨ丨
	FOVH98	土广ヨ丨
慵	NYVH	忄广ヨ丨
	NOVH98	忄广ヨ丨
壅	YXTF	亠纟丿土
镛	QYVH	钅广ヨ丨
	QOVH98	钅广ヨ丨
滕	EYXY③	月亠纟
鳙	QGYH	鱼一广丨
	QGOH98	鱼一广丨
饔	YXTE	亠纟丿月
	YXTV98	亠纟丿艮
喁	KJMY③	口日门丶
永	YNII③	丶乙X水
甬	CEJ	マ用丨
咏	KYNI③	口丶乙X
泳	IYNI	氵丶乙X
俑	WCEH③	亻マ用丨
勇	CELB③	マ用力
	CEER98③	マ用力彡
涌	ICEH③	氵マ用丨
恿	CENU③	マ用心丶
蛹	JCEH	虫マ用丨
踊	KHCE③	口止マ用
用	ETNH②	用丿乙丨

you

优	WDNN③	亻尢乙乙
忧	NDNN③	忄尢乙乙
攸	WHTY	亻丨攵丶
呦	KXLN③	口幺力乙
	KXET98	口幺力丿
幽	XXMK③	幺幺山川
	MXXI98	山幺幺氵
悠	WHTN	亻丨攵心
尤	DNV	尢乙《
	DNY98③	尢乙丶氵
由	MHNG②	由丨乙一
犹	QTDN	犭丿尢乙
	QTDY98	犭丿尢丶
油	IMG	氵由一

第二列

柚	SMG	木由一
疣	UDNV	广尢乙巛
	UDNY98	广尢乙丶
莜	AWHT③	艹亻丨攵
莸	AQTN	艹犭丿乙
	AQTY98	艹犭丿丶
铀	QMG	钅由一
蚰	JMG	虫由一
游	IYTB	氵方𠂉子
鱿	QGDN③	鱼一尢乙
	QGDY98	鱼一尢丶
獂	USGD	丷西一犬
蝣	JYTB	虫方𠂉子
友	DCU②	ナ又丷
有	DEF	ナ月二
卣	HLNF③	卜口冂二
酉	SGD	西一三
莠	ATEB	艹禾乃《
	ATBR98	艹禾乃彡
锈	QDEG	钅ナ月一
牖	THGY	丿丨一丶
	THGS98	丿丨一甫
黝	LFOL	囗土灬力
	LFOE98	囗土灬力
又	CCCC③	又又又又
	CCC98③	又又又又
右	DKF②	ナ口二
幼	XLN	幺力乙
	XET98③	幺力丿
佑	WDKG③	亻ナ口一
侑	WDEG③	亻ナ月一
囿	LDED③	囗ナ月三
宥	PDEF	宀ナ月二
诱	YTEN③	讠禾乃乙
	YTBT98	讠禾乃丿
蚴	JXLN③	虫幺力乙
	JXET98	虫幺力丿
釉	TOMG③	丿米由一
鼬	VNUM	臼乙冫由
	ENUM98	臼乙冫由

yu

于	GFK②	一十川
纡	XGFH③	纟一十丨
迂	GFPK③	一十辶川
淤	IYWU	氵方人丷
瘀	UYWU	广方人丷
予	CBJ	マ卩刂
	CNHJ98	マ乙丨刂
余	WTU	人禾丷
	WGSU98	人一木丷
妤	VCBH	女マ卩丨
	VCNH98	女マ乙丨
欤	GNGW	一乙一人
於	YWUY③	方人丷丶
盂	GFLF③	一十皿二
臾	VWI	臼人丷
	EWI98	臼人丷
鱼	QGF	鱼一二
俞	WGEJ	人一月刂
禺	JMHY	日门丨丶

第三列

竽	TGFJ③	竹一十刂
舁	VAJ	臼廾刂
	EAJ98	臼廾刂
娱	VKGD	女口一大
狳	QTWT	犭丿人禾
	QTWS98	犭丿人木
谀	YVWY	讠臼人丶
	YEWY98	讠臼人丶
馀	QNWT③	夂乙人禾
	QNWS98	夂乙人木
渔	IQGG	氵鱼一一
萸	AVWU	艹臼人丷
	AVWU98	艹臼人丷
隅	BJMY③	阝日门丶
雩	FFNB	雨二乙《
嵛	MWGJ③	山人一刂
愉	NWGJ③	忄人一刂
	NWGJ98	忄人一刂
揄	RWGJ	扌人一刂
腴	EVWY	月臼人丶
	EEWY98	月臼人丶
逾	WGEP	人一月辶
愚	JMHN	日门丨心
榆	SWGJ	木人一刂
瑜	GWGJ③	王人一刂
虞	HAKD③	虍七口大
	HKGD98	虍口一大
觎	WGEQ	人一月儿
窬	PWWJ	宀八人刂
舆	WFLW	亻二车八
	ELGW98	臼车一八
蝓	JWGJ	虫人一刂
与	GNGD②	一乙一三
伛	WAQY	亻匚乂
	WARY98	亻匚乂
宇	PGFJ③	宀一十刂
屿	MGNG③	山一乙一
羽	NNYG③	羽乙丶一
雨	FGHY	雨一丨丶
俣	WKGD	亻口一大
禹	TKMY③	丿口门丶
语	YGKG③	讠五口一
圄	LGKD	囗五口三
圉	LFUF③	囗土丷十
庾	YVWI	广臼人丷
	OEWI98	广臼人丷
瘐	UVWI③	广臼人丷
	UEWI98	广臼人
窳	PWRY	宀八厂丶
龉	HWBK	止人山口
玉	GYI②	王丶丶
	GY98②	王、
驭	CCY	马又丶
	CGCY98	马一又丶
吁	KGFH	口一十丨
聿	VFHK	ヨ二丨川
	VGK98	ヨ聿川
芋	AGFJ③	艹一十刂
妪	VAQY③	女匚乂
	VAR98	女匚乂
妖	QNTD	夂乙丿大
育	YCEF③	亠厶月二

第一列

字	编码	字根
	YCEF98②	亠厶月二
郁	DEBH③	ナ月阝丨
昱	JUF	日立二
狱	QTYD	犭丿讠犬
峪	MWWK	山八人口
浴	IWWK③	氵八人口
钰	QGYY	钅王丶丶
预	CBDM③	マ阝ナ贝
	CNHM98	マ乙ナ贝
域	FAKG	土戈口一
欲	WWKW	八人口人
谕	YWGJ	讠人一刂
阈	UAKG③	门戈口一
喻	KWGJ	口人一刂
寓	PJMY③	宀日门丶
御	TRHB③	彳⺒止卩
	TTGB98	彳⺒一卩
裕	PUWK③	衤冫八口
遇	JMHP②	日门丨辶
愈	WGEN	人一月心
煜	OJUG③	火日立一
蓣	ACBM	艹マ阝贝
	ACNM98	艹マ乙贝
誉	IWYF	⺍八言二
	IGWY98	⺍一八言
毓	TXGQ	⺀口一儿
	TXYK98	⺀母一儿
蜮	JAKG③	虫戈口一
豫	CBQE③	マ阝⺈豕
	CNHE98	マ乙丨豕
燠	OTMD③	火丿门大
鹆	CBTG	マ阝丿一
	CNHG98	マ乙丨一
鬻	XOXH	弓米弓丨

yuan

字	编码	字根
渊	ITOH③	氵丿米丨
鸢	AQYG	弋勹丶一
	AYQG98	七丶鸟一
冤	PQKY③	冖⺈口丶
鸳	QBQG③	夕巳勹一
箢	TPQB③	⺮宀夕巳
元	FQB	二儿《
员	KMU②	口贝冫
园	LFQV③	口二儿巛
沅	IFQN③	氵二儿乙
垣	FGJG	土一日一
爰	EFTC③	⺳二丿又
	EGDC98	⺳一ナ又
原	DRII②	厂白小氵
圆	LKMI	口口贝小
	LKMI98③	口口贝小
袁	FKEU③	土口⾐冫
援	REFC③	扌⺳二又
	REGC98	扌⺳一又
缘	XXEY③	纟⺈豕丶
鼋	FQKN	二儿口乙
塬	FDRI③	土厂白小
源	IDRI③	氵厂白小
猿	QTFE③	犭丿土⾐
辕	LFKE③	车土口⾐
橼	SXXE	木纟⺈豕

第二列

字	编码	字根
蚖	JDRI③	虫厂白小
远	FQPV③	二儿辶巛
苑	AQBB③	艹夕巳巛
怨	QBNU③	夕巳心冫
院	BPFQ③	阝宀二儿
垸	FPFQ③	土宀二儿
媛	VEFC	女⺳二又
	VEGC98	女⺳一又
掾	RXEY③	扌⺈豕丶
	RXEY98	扌⺈豕丶
瑗	GEFC	王⺳二又
	GEGC98	王⺳一又
愿	DRIN	厂白小心

yue

字	编码	字根
约	XQYY②	纟勹丶丶
曰	JHNG	曰丨乙一
月	EEEE③	月月月月
刖	EJH	月刂丨
岳	RGMJ③	斤一山刂
悦	NUKQ③	忄⺊口儿
	QAN98	钅匚乙
阅	UUKQ③	门⺊口儿
跃	KHTD	口止丿大
粤	TLON③	丿口米乙
越	FHAT③	土⺊戈丿
樾	SFHT	木土⺊丿
	SFHN98	木土⺊乙
龠	WGKA	人一口艹
瀹	IWGA	氵人一艹

yun

字	编码	字根
晕	JPLJ②	日冖车刂
	JPLJ98③	日冖车刂
云	FCU	土厶冫
匀	QUD②	勹冫三
纭	XFCY③	纟土厶丶
芸	AFCU	艹二厶冫
昀	JQUG③	日勹冫一
郧	KMBH③	口贝阝丨
耘	DIFC	三小二厶
	FSFC98	二木二厶
氲	RNJL	气乙日皿
	RJLD98	气日皿三
允	CQB②	厶儿《
	CQB98	厶儿《
狁	QTCQ	犭丿厶儿
	QTCQ98	犭丿厶儿
陨	BKMY③	阝口贝丶
殒	GQKM③	一夕口贝
	GQKM98	一夕口贝
孕	EBF	乃子二
运	FCPI③	二厶辶冫
郓	PLBH③	冖车阝丨
恽	NPLH③	忄冖车丨
酝	SGFC③	西一土厶
	SGFC98	西一土厶
愠	NJLG	忄日皿一
韫	FNHL	二乙丨皿
韵	UJQU	立日勹冫
熨	NFIO	尸小火
蕴	AXJL③	艹纟日皿

za

字	编码	字根
匝	AMHK③	匚门丨Ⅲ
咂	KAMH③	口匚门丨
拶	RVQY③	扌巛夕丶
	RVQY98	扌巛夕丶
杂	VSU②	九木冫
砸	DAMH	石匚门丨
咋	KTHF	口⺀丨二

zai

字	编码	字根
栽	FASI	十戈木冫
灾	POU②	宀火
甾	VLF	巛田二
哉	FAKD	十戈口三
宰	PUJ	宀辛刂
载	FALK②	十戈车Ⅲ
	FALI98	十戈车冫
崽	MLNU③	山田心冫
再	GMFD③	一门土三
在	DHFD	ナ丨土三

zan

字	编码	字根
糌	OTHJ	米夂⼘日
簪	TAQJ③	⺮匚儿日
咱	KTHG③	口丿目一
昝	THJF③	夂⼘日二
攒	RTFM	扌丿土贝
趱	FHTM③	土⺊丿贝
暂	LRJF③	车斤日二
瓒	GTFM	王丿土贝

zang

字	编码	字根
脏	EYFG③	月广土一
	EOFG98	月广土一
赃	MYFG③	贝广土一
	MOFG98	贝广土一
臧	DNDT③	厂乙厂丿
	AUAH98	戈⼃匚丨
驵	CEGG③	马月一一
	CGEG98	马一月一
奘	NHDD	乙丨ナ大
	UFDU98	丬士大冫
葬	AGQA③	艹一夕廾

zao

字	编码	字根
遭	GMAP	一门⺀辶
	GMAP98③	一门⺀辶
糟	OGMJ	米一门日
凿	OGUB③	业一丷凵
	OUFB98	业丷十凵
早	JHNH②	早丨乙丨
枣	GMIU	一门小冫
	SMUU98	木门丷冫
蚤	CYJU③	又丶虫冫
澡	IKKS②	氵口口木
	IKKS98③	氵口口木
藻	AIKS③	艹氵口木
灶	OFG②	火土一
	OFG98③	火土一
皂	RAB	白七《

呛	KRAN③	口白七乙
造	TFKP	丿土口辶
噪	KKKS	口口口木
燥	OKKS③	火口口木
躁	KHKS	口止口木

ze

则	MJH②	贝刂丨
择	RCFH③	扌又二丨
	RCGH98	扌又丰丨
泽	ICFH③	氵又二丨
	ICGH98	氵又丰丨
责	GMU	丰贝丷
啧	KGMY③	口丰贝丶
帻	MHGM③	门丨丰贝
笮	TTHF③	竹丿丨二
	TTHF98	竹丿丨二
舴	TETF	丿舟丿二
	TUTF98	丿舟丿二
箦	TGMU	竹丰贝丷
赜	AHKM	匚丨口贝
仄	DWI	厂人氵
昃	JDWU③	日厂人丷
	JDWU98	日厂人丷

zei

贼	MADT	贝戈ナ丿

zen

怎	THFN	丿丨二心
潛	YAQJ	讠匚儿日

zeng

增	FULJ②	土丷囗日
憎	NULJ③	忄丷囗日
缯	XULJ③	纟丷囗日
罾	LULJ③	罒丷囗日
锃	QKGG③	钅口王一
甑	ULJN	丷囗日乙
	ULJY98	丷囗日丶
赠	MULJ②	贝丷囗日

zha

扎	RNN	扌乙乙
猹	QTSG③	犭丿木一
	QTSG98	犭丿木一
吒	KTAN	口丿七乙
喳	KRRH	口扌斤丨
喳	KSJG③	口木日一
揸	RSJG③	扌木日一
	RSJG98	扌木日一
渣	ISJG	氵木日一
楂	SSJG③	木木日一
鲝	THLG	丿目田一
札	SNN	木乙乙
轧	LNN	车乙乙
闸	ULK	门甲川
铡	QMJH③	钅贝刂丨
眨	HTPY③	目丿之丶
砟	DTHF③	石丿丨二
乍	THFD③	丿丨二三

诈	YTHF③	讠丿丨二
	YTHF98	讠丿丨二
咤	KPTA	口宀丿七
栅	SMMG③	木门门一
	SMMG98	木门门一
炸	OTHF③	火丿丨二
痄	UTHF	疒丿丨二
蚱	JTHF③	虫丿丨二
榨	SPWF③	木宀八二

zhai

摘	RUMD③	扌立冂古
	RYUD98	扌讠丷古
斋	YDMJ③	文ナ冂刂
宅	PTAB③	宀丿七《
翟	NWYF	羽亻圭二
窄	PWTF	宀八丿二
债	WGMY③	亻丰贝丶
砦	HXDF③	止匕石二
寨	PFJS	宀二刂木
	PAWS98	宀共八木
瘵	UWFI③	疒癶二小

zhan

沾	IHKG③	氵卜口一
旃	YTMY	方丿冂一
詹	QDWY③	勹厂八言
谵	YQDY	讠勹厂言
瞻	HQDY③	目勹厂言
斩	LRH②	车斤丨
展	NAEI③	尸共长氵
盏	GLF	戋皿二
	GALF98	一戈皿二
崭	MLRJ②	山车斤刂
辗	LNAE③	车尸共长
占	HKF②	卜口二
战	HKAT③	卜口戈丿
	HKA98	卜口戈
栈	SGT	木戋丿
	SGAY98	木一戈丶
站	UHKG②	立卜口一
	UHKG98	立卜口一
绽	XPGH③	纟宀一止
湛	IADN③	氵卅三乙
	IDWN98	氵其八乙
蘸	ASGO	卅西一灬

zhang

章	UJJ	立早刂
张	XTAY②	弓丿七丶
	XTAY98	弓丿七丶
鄣	UJBH③	立早阝丨
嫜	VUJH	女立早
彰	UJET③	立早彡丿
漳	IUJH③	氵立早
獐	QTUJ	犭丿立早

樟	SUJH③	木立早丨
璋	GUJH③	王立早丨
蟑	JUJH	虫立早丨
仉	WMN	亻几乙
	WWN98	亻几乙
涨	IXTY②	氵弓丿丶
掌	IPKR	肀宀口手
丈	DYI	ナ乀氵
仗	WDYY③	亻ナ乀丶
帐	MHTY③	门丨丿丶
杖	SDYY③	木ナ乀丶
胀	ETAY③	月丿七丶
账	MTAY③	贝丿七丶
障	BUJH③	阝立早丨
嶂	MUJH③	山立早丨
幛	MHUJ	门丨立早
瘴	UUJK	疒立早川

zhao

招	RVKG③	扌刀口一
钊	QJH	钅刂丨
昭	JVKG③	日刀口一
啁	KMFK③	口冂土口
找	RAT②	扌戈丿
	RA98②	扌戈
沼	IVKG③	氵刀口一
召	VKF	刀口二
兆	IQV	冫儿《
	QII98	儿冫氵
诏	YVKG③	讠刀口一
赵	FHQI③	土止乂氵
	FHRI98	土止乂氵
笊	TRHY	竹厂丨丶
棹	SHJH③	木卜早丨
照	JVKO	日刀口灬
罩	LHJJ③	罒卜早刂
肇	YNTH	聿尸攵丨
	YNTG98	聿尸攵丰

zhe

遮	YAOP	广廿灬辶
	OAOP98	广廿灬辶
蜇	RRJU③	扌斤虫丷
折	RRH②	扌斤丨
哲	RRKF③	扌斤口二
辄	LBNN③	车耳乙乙
蛰	RVYJ	扌九丶虫
谪	YUMD③	讠立冂古
	YYUD98	讠丶丷古
摺	RNRG	扌羽白一
磔	DQAS	石夕匚木
	DQGS98	石夕牛木
辙	LYCT③	车亠厶攵
者	FTJF③	土丿日二
锗	QFTJ③	钅土丿日
赭	FOFJ	土灬土日
褶	PUNR	衤冫羽白
这	YPI	文辶氵
柘	SDG	木石一
浙	IRRH③	氵扌斤丨
蔗	AYAO③	卅广廿灬

AOA98③ 艹广廿灬

zhen

针	QFH	钅十丨
贞	HMU	卜贝丷
侦	WHMY③	亻卜贝丶
浈	IHMY③	氵卜贝丶
珍	GWET②	王人彡丿
真	FHWU③	十且八丷
砧	DHKG	石卜口一
祯	PYHM	礻丶卜贝
斟	ADWF	艹三八十
	DWNF98	甘八乙十
甄	SFGN	西土一乙
	SFGY98	西土一丶
蓁	ADWT	艹三人禾
榛	SDWT	木三人禾
箴	TDGT	⺮戊一口
	TDGK98	⺮戊一口
臻	GCFT	一厶土禾
诊	YWET③	讠人彡丿
枕	SPQN③	木冖儿乙
胗	EWET③	月人彡丿
轸	LWET③	车人彡丿
畛	LWET	田人彡丿
疹	UWEE③	疒人彡彡
缜	XFHW③	纟十且八
稹	TFHW	禾十且八
圳	FKH	土川丨
阵	BLH②	阝车丨
振	RDFE③	扌厂二㐅
	RDFE98	扌厂二㐅
朕	EUDY	月䒑大丶
赈	MDFE	贝厂二㐅
镇	QFHW	钅十且八

zheng

征	TGHG③	彳一止一
争	QVHJ②	𠂊ヨ丨丨
怔	NGHG③	忄一止一
峥	MQVH③	山𠂊ヨ丨
挣	RQVH	扌𠂊ヨ丨
	RQVH98③	扌𠂊ヨ丨
狰	QTQH	犭丿𠂊丨
钲	QGHG	钅一止一
睁	HQVH③	目𠂊ヨ丨
铮	QQVH③	钅𠂊ヨ丨
筝	TQVH	⺮𠂊ヨ丨
蒸	ABIO	艹了水灬
徵	TMGT	彳山一夊
拯	RBIG③	扌了水一
整	GKIH	一口小止
	SKT98③	木口夊
正	GHD③	一止三
证	YGHG③	讠一止一
净	YQVH	冫𠂊ヨ丨
郑	UDBH③	䒑大阝丨
帧	MHHM	冂丨卜贝
政	GHTY③	一止夂丶

zhi

之	PPPP②	之之之之
支	FCU	十又冫
汁	IFH	氵十丨
芝	APU②	艹之冫
吱	KFCY③	口十又丶
枝	SFCY③	木十又丶
知	TDKG②	𠂉大口一
织	XKWY③	纟口八丶
肢	EFCY③	月十又丶
栀	SRGB	木厂一巴
祇	PYQY	礻丶𠂊七
脂	EXJG②	月匕日一
蜘	JTDK	虫𠂉大口
执	RVYY③	扌九丶丶
侄	WGCF	亻一厶土
直	FHF②	十且二
值	WFHG	亻十且一
埴	FFHG	土十且一
职	BKWY②	耳口八丶
植	SFHG	木十且一
殖	GQFH③	一夕十且
跖	KHDG	口止石一
摭	RYAO③	扌广廿灬
	ROA98③	扌广廿灬
躑	KHUB	口止䒑阝
止	HHHG②	丨丨丨一
	HHG98③	丨卜一
只	KWU②	口八丷
旨	XJF②	匕日二
址	FHG	土止一
纸	XQAN③	纟𠂊七乙
芷	AHF	艹止二
祉	PYHG③	礻丶止一
	PYHG98	礻丶止一
咫	NYKW③	尸丶口八
指	RXJG③	扌匕日一
枳	SKWY③	木口八丶
轵	LKWY③	车口八丶
趾	KHHG③	口止止一
黹	OGUI	⺌一丷小
	OIU98③	业⺌丷
酯	SGXJ③	西一匕日
至	GCFF③	一厶土二
志	FNU②	士心冫
忮	NFCY	忄十又丶
豸	EER	㣺丿彡
	ETYT98	豸丿丿
制	RMHJ	ノ冂丨丨
	TGMJ98	丿一冂丨
帙	MHRW	冂丨𠂉人
	MHTG98	冂丨丿夫
帜	MHKW	冂丨口八
治	ICKG③	氵厶口一
炙	QOU	夕火丷
质	RFMI③	厂十贝丷
郅	GCFB	一厶土阝
峙	MFFY③	山土寸丶
栉	SABH③	木艹卩丨
陟	BHIT	阝止小丿

	BHHT98	阝止少丿
挚	RVYR	扌九丶手
桎	SGCF	木一厶土
秩	TRWY③	禾𠂉人丶
	TTGY98	禾丿夫
致	GCFT	一厶土夂
贽	RVYM	扌九丶贝
轾	LGCF③	车一厶土
掷	RUDB	扌䒑大阝
痔	UFFI	疒土寸冫
窒	PWGF	宀八一土
鸷	RVYG	扌九丶一
骘	XGXX	马一匕匕
	XTDX98	马丿大匕
智	TDKJ	𠂉大口日
滞	IGKH③	氵一川丨
痣	UFNI	疒士心冫
蛭	JGCF③	虫一厶土
鸷	BHIC	阝止小马
	BHHG98	阝止少一
稚	TWYG③	禾亻圭一
置	LFHF	罒十且二
雉	TDWY	𠂉大亻圭
膣	EPWF	月宀八土
觯	QEUF	𠂊用䒑十
颥	KHRM	口止厂贝

zhong

忠	KHNU③	口丨心丷
中	KHK①	口丨川
	K98①	口丨川
盅	KHLF	口丨皿二
终	XTUY③	纟夂丷丶
钟	QKHH	钅口丨丨
肿	TEKH③	丿舟口丨
	TUKH98	丿舟口丨
螽	YKHE	一口丨𧘇
蚤	TUJJ	夂丷虫虫
肿	EKHH②	月口丨丨
	EKHH98③	月口丨丨
种	TKHH③	禾口丨丨
冢	PEYU③	冖豕丶
	PGEY98	冖一豕
踵	KHTF	口止丿土
仲	WKHH	亻口丨丨
众	WWWU③	人人人丷

zhou

舟	TEI	丿舟冫
	TUI98	丿舟冫
州	YTYH	丶丿丶丨
诌	YQVG	讠𠂊ヨ一
周	MFKD③	冂土口三
洲	IYTH③	氵丶丿丨
粥	XOXN③	弓米弓乙
妯	VMG	女由一
轴	LMG②	车由一
	LMG98	车由一
碡	DGXU③	石一母丷
	DGXY98	石一母丶
肘	EFY	月寸丶
帚	VPMH③	ヨ冖冂丨

纠 XFY 纟十、
咒 KKMB③ 口口几巛
　 KKWB98 口口几巛
宙 PMF② 宀由二
绉 XQVG③ 纟ク彐一
昼 NYJG③ 尸乀日一
胄 MEF 由月二
荮 AXFU③ 艹纟寸丷
酎 SGFY 西一寸、
骤 CBCI③ 马耳又水
　 CGBI98 马一耳水
籀 TRQL 竹扌勹田

zhu

朱 RII② 丿一小丷
　 TFI98 丿未丷
侏 WRIY③ 亻丿一小丷
　 WTFY98 亻丿未丷
诛 YRIY③ 讠丿一小丷
　 YTFY98 讠丿未丷
邾 RIBH③ 丿一小阝丨
　 TFBH98 丿未阝丨
洙 IRIY③ 氵丿一小丷
　 ITFY98 氵丿未丷
茱 ARIU③ 艹丿一小丷
　 ATFU98 艹丿未丷
株 SRIY③ 木丿一小丷
　 STFY98 木丿未丷
珠 GRIY③ 王丿一小丷
　 GTFY98 王丿未丷
诸 YFTJ 讠土丿日
猪 QTFJ 犭丿十日
铢 QRIY③ 钅丿一小丷
　 QTFY98 钅丿未丷
蛛 JRIY③ 虫丿一小丷
　 JTFY98 虫丿未丷
槠 SYFJ 木讠土日
潴 IQTJ 氵犭丿日
橥 QTFS 犭丿土木
竹 TTGH③ 丿一丨
　 THTH98 丿丨丿丨
竺 TFF 竹二二
烛 OJY③ 火虫、
逐 EPI 豕辶氵
　 GEPI98 一豕辶氵
舳 TEMG 丿舟由一
瘃 UEYI③ 疒豕、氵
　 UGEY98 疒一豕
躅 KHLJ 口止四虫
主 YGD② 、王三
拄 RYGG③ 扌、王一
渚 IFTJ③ 氵土丿日
煮 FTJO 土丿日灬
嘱 KNTY 口尸丿丶
　 OXXG98 声匕匕
瞩 HNTY 目尸丿丶
伫 WPGG③ 亻宀一
住 WYGG 亻、王一
助 EGLN③ 月一力乙
　 EGET98 月一力丿
杼 SCBH③ 木マ乙丨

SCNH98 木マ乙丨
注 IYGG② 氵、王一
　 IYG98 氵、王一
贮 MPGG③ 贝宀一一
驻 CYGG② 马、王一
　 CGYG98 马一、王
炷 OYGG③ 火、王一
祝 PYKQ③ 礻、口儿
疰 UYGD 疒、王三
著 AFTJ③ 艹土丿日
蛀 JYGG③ 虫、王一
筑 TAMY③ 竹工几、
　 TAW98③ 竹工几八
铸 QDTF③ 钅三丿寸
箸 TFTJ③ 竹土丿日
翥 FTJN 土丿日羽
倬 WHJH 亻卜早丨

zhua

抓 RRHY 扌厂爪、

zhuai

拽 RJXT③ 扌日匕丿
　 RJN98③ 扌日乙

zhuan

专 FNYI③ 二乙、氵
砖 DFNY 石二乙、
颛 MDMM 山厂门贝
转 LFNY③ 车二乙、
啭 KLFY 口车二、
赚 MUVO③ 贝丷彐灬
　 MUV98③ 贝丷彐八
撰 RNNW 扌巳巳八
篆 TXEU③ 竹彑豕
馔 QNNW 勹乙巳八

zhuang

庄 YFD③ 广土三
　 OF98② 广土
妆 UVG② 冫女一
桩 SYFG③ 木广土一
　 SOFG98 木广土一
装 UFYE③ 爿士一衣
壮 UFG③ 爿士一
状 UDY③ 爿犬、
撞 RUJF③ 扌立日土

zhui

追 WNNP 亻コ乛辶
　 TNP98③ 丿目辶
雅 CWYG 马亻圭一
　 CGWY98 马一亻圭
椎 SWYG③ 木亻圭一
锥 QWYG③ 钅亻圭一
坠 BWFF 阝人土二
缀 XCCC③ 纟又又又
惴 NMDJ 忄山厂刂

赘 GQTM 丰勹夂贝

zhun

谆 YYBG 讠亠子一
肫 EGBN③ 月一凵乙
准 UWYG③ 冫亻圭一
　 UWYG98 冫亻圭一

zhuo

捉 RKHY③ 扌口止、
焯 OHJH③ 火卜早丨
卓 HJJ 卜早刂
拙 RBMH③ 扌山山丨
倬 WHJH 亻卜早丨
着 UDHF③ 丷尹目二
　 UH98② 羊目
桌 HJSU③ 卜日木丷
涿 IEYY③ 氵豕、、
　 IGEY98 氵一豕
灼 OQYY③ 火勹、、
茁 ABMJ③ 艹凵山刂
斫 DRH 石斤丨
浊 IJY③ 氵虫、
淀 IKHY③ 氵口止、
琢 YEYY③ 讠豕、、
　 YGEY98 讠一豕
酌 SGQY③ 西一勹、
　 KGEY98 口一豕
琢 GEYY③ 王豕、、
　 GGEY98 王一豕
禚 PYUO③ 礻、丷灬
翟 RNWY 扌羽亻圭
濯 INWY③ 氵羽亻圭
镯 QLQJ 钅罒勹虫

zi

资 UQWM 冫勹人贝
呰 KHXN 口止匕乙
仔 WBG 亻子一
孜 BTY 子攵、
兹 UXXU③ 丷幺幺
咨 UQWK 冫勹人口
姿 UQWV 冫勹人女
淄 IVLG③ 氵巛田一
缁 XVLG③ 纟巛田一
谘 YUQK 讠冫勹口
嵫 MUXX 山丷幺幺
滋 IUXX③ 氵丷幺幺
粢 UQWO 冫勹人米
辎 LVLG③ 车巛田一
觜 HXQE③ 止匕勹用
赵 FHUW 土龰丷人
锱 QVLG③ 钅巛田一
龇 HWBX 止凵人匕
髭 DEHX③ 镸彡止匕
籽 OBG② 米子一
子 BBBB② 子子子子
姊 VTNT 女丿乙丿
秭 TTNT 禾丿乙丿
笫 TTNT 竹丿乙丿
梓 SUH 木辛丨

紫	HXXI③	止匕幺小	鲰	QGBC	鱼一耳又	嘴	KHXE③	口止匕用
滓	IPUH③	氵宀辛丨	走	FHU	土龰丶	罪	LDJD③	罒三刂三
訾	HXYF③	止匕言二	奏	DWGD③	三人一大		LHD98③	罒丨三三
字	PBF②	宀子二		DWGD98	三人一大	蕞	AJBC③	艹曰耳又
自	THD	丿目三	揍	RDWD	扌三人大	醉	SGYF③	西一丶十
恣	UQWN	冫勹人心					SGYF98	西一丶十
渍	IGMY③	氵丰贝丶		**zu**				
眦	HHXN③	目止匕乙	租	TEGG③	禾目一一		**zun**	

zong

宗	PFIU③	宀二小丶	菹	AIEG③	艹氵目一	尊	USGF③	丷西一寸
综	XPFI③	纟宀二小	足	KHU	口龰丶	遵	USGP	丷西一辶
棕	SPFI③	木宀二小	卒	YWWF	亠人人十	鳟	QGUF	鱼一丷寸
腙	EPFI	月宀二小	族	YTTD③	方┌┌大	撙	RUSF③	扌丷西寸
踪	KHPI③	口止宀小	诅	YEGG③	讠目一一			
鬃	DEPI③	镸彡宀小	阻	BEGG③	阝目一一		**zuo**	
总	UKNU③	丷口心丶	组	XEGG③	纟目一一	昨	JTHF②	日┌丨二
偬	WQRN	亻勹夕心	俎	WWEG	人人目一		JTH98	日┌丨
纵	XWWY③	纟人人丶	祖	PYEG③	礻丶目一	嘬	KJBC③	口日耳又
粽	OPFI	米宀二小	昨	BTHF③	阝┌丨二	左	DAF②	厂工二

zou

				zuan		佐	WDAG③	亻厂工一
邹	QVBH③	夕彐阝丨	钻	QHKG③	钅卜口一	作	WTHF②	亻┌丨二
驺	CQVG③	马夕彐一	躜	KHTM	口止丿贝		WTHF98	亻┌丨二
	CGQV98	马一夕彐	缵	XTFM	纟丿土贝	坐	WWFF③	人人土二
诹	YBCY③	讠耳又丶	纂	THDI	𥫗目大小	怍	NTHF③	忄┌丨二
陬	BBCY③	阝耳又丶	攥	RTHI	扌𥫗目小		NTHF98	忄┌丨二
鄹	BCTB	耳又丿阝				柞	STHF③	木┌丨二
	BCTB98	耳又丿阝		**zui**		祚	PYTF③	礻丶┌二
			最	JBCU②	曰耳又丶	唑	KWWF③	口人人土
						座	YWWF③	广人人土
							OWWF98③	广人人土

电子工业出版社精品丛书推荐

新电脑课堂

一目了然

轻而易举

Excel疑难千寻千解丛书

速查手册

电子工业出版社本季最新最热丛书

新电脑课堂·丛书10周年纪念版·畅销升级版

一目了然

自学成才

要想用好电脑,你需要技高一筹